国外引进烤烟品种K326特性及关键配套生产技术集成与应用

GUOWAI YINJIN KAOYAN PINZHONG
K326 TEXING JI GUANJIAN PEITAO
SHENGCHAN JISHU JICHENG YU YINGYONG

鲁 耀 刘 浩 谢永辉 董石飞 主编

中国农业出版社
农村设物出版社
北 京

图书在版编目（CIP）数据

国外引进烤烟品种K326特性及关键配套生产技术集成与应用/鲁耀等主编. —北京：中国农业出版社，2022.8

ISBN 978-7-109-29400-4

Ⅰ.①国… Ⅱ.①鲁… Ⅲ.①烟叶－品种②烟草－栽培技术－研究－云南 Ⅳ.①TS424②S572

中国版本图书馆CIP数据核字（2022）第080803号

中国农业出版社出版

地址：北京市朝阳区麦子店街18号楼

邮编：100125

责任编辑：司雪飞　　文字编辑：常　静

版式设计：王　晨　　责任校对：刘丽香

印刷：北京大汉方圆数字文化传媒有限公司

版次：2022年8月第1版

印次：2022年8月北京第1次印刷

发行：新华书店北京发行所

开本：700mm×1000mm　1/16

印张：18

字数：300千字

定价：68.00元

编写委员会

主　　编　鲁　耀　刘　浩　谢永辉　董石飞

副 主 编　肖旭斌　杨应明　李　伟　朱海滨　宋鹏飞　段宗颜

编写人员（以姓氏笔画为序）

马心灵　王　炽　王　超　王志江　王建新
王绍坤　王攀磊　计思贵　孔垂思　付　斌
宁德凯　吕　凯　朱　杰　朱海滨　刘　浩
刘冬梅　刘红光　闫　辉　孙　胜　扶艳艳
严　君　李　伟　李东节　李永亮　李枝武
杨　义　杨　明　杨大全　杨应明　杨树明
杨景华　肖旭斌　邱学礼　何晓健　余小芬
邹炳礼　宋鹏飞　张　兴　张　静　张石飞
张永贵　张忠武　张留臣　陈兴位　陈拾华
林　昆　欧阳进　易　斌　罗　云　罗华元
金　霞　周　敏　周绍松　赵新梅　荣凡番
胡万里　胡战军　段宗颜　侯战高　饶　智
耿川雄　聂　鑫　钱发聪　倪　明　徐天养
殷红慧　彭　云　彭漫江　董石飞　程昌新
鲁　耀　谢永辉　魏俊峰

前言

FOREWORD

K326品种于1981年在美国北卡罗来纳州育成，1984年引入我国，1985年引进云南省，1989年被全国品种审定委员会认定为优良品种。K326品种具有丰产、优质、抗病等特点，适应性非常强，叶片分层落黄好，容易烘烤，初烤烟叶颜色橘黄，油分多，叶片结构疏松，烤烟化学成分协调、香气量足、吃味纯净，工业可用性较好。K326曾是云南乃至全国的主栽品种，1999年在全省种植比例达45%，之后由于云系列品种的审定推广，K326品种种植面积迅速下滑，2000年降至30%，至2013年总种植面积为19.8万公顷，在全国种植比例下滑至14.2%。2014年受国家政策影响，K326品种在全国种植面积增加至29.2万公顷，占全国烤烟种植面积的23.8%，种植面积仅次于云烟87品种；在云南的种植面积为15.9万公顷，占云南总种植面积的32.8%。之后随着新品种推广面积不断扩大，K326种植面积逐年下降，至2020年全国种植面积仅有9.25万公顷，种植比例也下滑至10.42%，其中云南省种植6.34万公顷，种植比例为16.0%，虽然有下降，但目前该品种仍是全国和云南烟区的主栽品种之一。K326烟叶香气量足、饱满、底蕴厚实，目前国内没有一个品种在这些方面超过K326品种，将其使用在卷烟配方中能丰富烟气，形成消费者认可的产品风格。尤其是随着卷烟“减害降焦”行动的推进，K326品种在焦油降低的同时又能保持较高的香气浓度，因而受到多数卷烟工厂及品牌方的青睐，导致K326品种烟叶数量已无法满足各卷烟品牌方的需求。因此，为控制K326品种种植面积逐年下滑的势头，逐步恢复和稳定K326品种种植面积，很多卷烟企业重点解决区域布局不合理、田间病害发生严重（尤其是病毒病、黑胫病的抗性退化）、烘烤不当、烤后烟

叶杂色和青筋多、烟农种植效益比云烟系列低等问题，并积极探索新的技术措施和方法，投入大量的资金和技术来扶持烟农生产。在此特别感谢红云红河烟草（集团）有限责任公司、云南中烟工业有限责任公司、云南省烟草公司昆明市公司等单位对本书给予的帮助和支持，感谢云南省农业科学院农业环境资源研究所植物营养与肥料研发研究创新团队，以及合作单位各位同仁的辛勤付出。

本书内容共分为十章，第一章介绍了K326品种引育过程，历史地位及推广种植变迁，目前在卷烟工业中的应用规模，在卷烟配方中的地位、作用；第二章、第三章、第四章系统地介绍了K326的品种特征和烟叶品质及风格特征，以及影响K326品种产量、质量的适宜种植的生态环境及区域分布；第五章、第六章、第七章、第八章、第九章介绍了所开展的K326关键配套栽培及施肥技术，主要病虫害绿色防控技术，关键配套烘烤及调香技术，原烟储藏与片烟复烤、醇化及调香技术，以及生产、收购扶持政策等研究成果；第十章结合上述研究成果，介绍了K326关键配套生产技术成果应用。

本书内容涵盖了K326品种的农业生产技术、工业应用和商业收购扶植政策的研究成果，是工、商、研合作的结晶，可适用于烟草行业部门生产技术推广人员、卷烟企业烟叶原料开发部门的技术人员，以及从事烟草科学研究的人员阅读和参考。

由于水平有限，书中的疏漏和错误在所难免，敬请读者批评指正。

编　者

2022年1月

目录
CONTENTS

第一章 K326品种概述

一、K326品种引育过程

K326品种于1981年在美国北卡罗来纳州由美国诺斯朴·金种子公司（Northup King Seed Company）育成，是通过杂交方式选育的常规品种，其亲本为MC225×（MC30×NC95）纯系，现推广种植的是雄性不育MSK326品种。1984年引入我国，1985年引进云南省，1988年经云南省农作物品种审定委员会审定为推广品种，1986—1988年参加全国良种区域试验，1989年被全国烟草品种审定委员会认定为优良品种。K326品种具有丰产、优质、抗病等特点（龙大彬等，2012），适应性非常强，为我国主栽品种。K326叶片分层落黄好，容易烘烤，初烤烟叶颜色橘黄，油分多，叶片结构疏松，烤烟化学成分协调、香气量足、吃味纯净，工艺性状较好，受到卷烟工业企业的广泛青睐。宾柯等（2009）研究发现云南楚雄、大理、丽江等地的K326为清香型，贵阳、余庆等地的K326为中间香型，而桂阳、皖南等地的K326呈浓香型。

K326品种原烟橘黄色，油分多，光泽强，富弹性，叶片结构疏松，身份适中，主筋比28.97%；总糖26.38%左右，总氮2.07%，烟碱2.01%～3%，蛋白质10.77%左右，施木克值[①] 2.45，氮/碱为1.03，糖/碱为13.12；评吸香气质尚好，香气量足，浓度中等，杂气有，劲头适中，刺激性有，余味尚舒适，燃烧性强，灰色灰白。

---

① 施木克值，烟叶中水溶性糖类含量与蛋白质含量的比值。

二、K326品种历史地位及推广种植变迁

K326品种1985年引进云南种植，1989年通过全国品种审定后在全国推广种植。K326品种被称为超级种，是当时工业和农业性状结合最好的一个烤烟品种，并迅速成为全国第一大品种。

1989年K326品种推广种植2.9万 hm^2，之后种植面积迅速扩大，至1997年已超过33.3万 hm^2，在全国的种植比例高达43.0%。随着云烟85、云烟87等云系列品种的审定推广，K326品种种植面积迅速下滑，至2009年减少至20.2万 hm^2，在全国的种植比例降至18.0%。由于工业企业需求量较大，该品种种植面积在2010年又迅速恢复至26.1万 hm^2，在全国种植比例也提升至24.6%，其中云南省的种植面积最大，达16.8万 hm^2，占云南烤烟总种植面积的40.6%。但在随后几年又逐渐下滑，至2013年种植面积降至19.8万 hm^2，占全国的种植比例也下滑至14.2%。2014年受国家政策影响，K326品种种植面积大幅度增加，再次上升至29.2万 hm^2，占全国烤烟种植面积的23.8%，K326的种植面积仅次于云烟87，在云南的种植面积为15.9万 hm^2，占云南总种植面积的32.8%。之后，随着新品种推广面积的不断扩大，K326品种种植面积逐年下降，至2020年全国种植面积仅有9.25万 hm^2，种植比例再一次下滑至10.42%，在云南种植面积为6.34万 hm^2，种植比例为16.0%。目前，该品种仍是云南以及全国烟区的主栽品种之一。

三、K326品种在卷烟工业中的应用规模及地位、作用

（一）K326品种目前推广种植及在卷烟工业中的应用规模

2020年K326品种在全国的种植面积为9.25万 hm^2，收购量为365.53万担①。种植分布在云南、湖南、重庆、广西、湖北、贵州、福建、江西、山东、河南等省（直辖市、自治区），其中云南省种植6.34万 hm^2，收购量为261.73万担。

① 担，市制重量单位，一担等于50kg。——编者注

目前，K326 品种烟叶年工业应用量折合原烟 400 万担左右。K326 品种烟叶香气量足、饱满、底蕴厚实，现在国内没有任何一个品种在这些方面能超过 K326 品种。K326 使用在卷烟配方中能丰富烟气，从而形成消费者认可的产品风格。尤其是随着卷烟“减害降焦”行动的推进，K326 品种在焦油降低的同时又能保持较高的香气浓度，因而受到多数卷烟企业及品牌方的青睐，K326 烟草品种烟叶在卷烟品牌配方中的应用非常广泛。在某卷烟高端品牌中，主要应用 K326 品种的上等橘黄色组和柠檬色组烟叶，应用比例为 20％～27.5％；在中端卷烟品牌中，主要应用 K326 品种的中等橘黄色组和柠檬黄色组烟叶，应用比例为 25％。

（二）K326 品种在卷烟配方中的地位、作用

K326 品种烟叶的质量特点决定了其在卷烟产品叶组配方中的功能，为了研究其在卷烟产品配方中的具体表现，项目组选择了某卷烟高端品牌，将其叶组中的 K326 品种烟叶分别用同地区、同年份、同等级的红花大金元、云 87、云 85 等品种烟叶进行替换试验，并将进行替换试验的叶组配方与对照的叶组配方进行比较评吸，根据叶组配方感官质量的变化情况来判断 K326 品种烟叶的配方功能。试验结果表明：某卷烟高端品牌的产品配方中 K326 品种烟叶用红花大金元品种烟叶替换后，会导致烟草本香、香气底蕴、烟气浓度等指标明显下降，替换后的叶组配方香气和烟气呈现扁平状，没有立体感和层次感。用云烟 87 品种烟叶替换后，会导致烟草本香、香气底蕴、烟气浓度等指标明显下降，替换后的叶组配方的香气和烟气呈现扁平状，没有立体感和层次感，香气头香较足，体香、基香偏弱。用云烟 85 品种烟叶替换后，对该卷烟产品香气和烟气影响很大，会导致云烟品牌风格特征减弱，整体香气、烟气质量明显下降。因此，目前 K326 品种烟叶在某卷烟高端品牌产品配方中难以替代。

根据 K326 品种烟叶的品质特点，结合上述配方试验结果，可知 K326 品种烟叶在某卷烟产品配方中的主要功能是：强化卷烟产品的烟草本香，夯实卷烟产品的香气底蕴，提高卷烟产品的烟气浓度。在其高端卷烟品牌中，K326 品种主要配方功能是强化烟草本香和香气底蕴，增加烟气浓度；在其中端卷烟品牌中，K326 品种主要配方功能是强化烟草本香、增加烟气浓度和改善吃味，与其他品种烟叶共同塑造该卷烟品牌的品质。

第二章 K326 品种特征

一、生物学特性

K326 株形呈筒形，株高 163.5～184.5cm，叶数 24～26，有效叶数 18.3～23.5，叶呈长椭圆形，顶叶长 43.2～50.8cm、宽 13.0～18.0cm。花序集中，花冠淡红色，花柱长 5cm 左右（图 2-1）。移栽至现蕾需要 50～60d，移栽至中心花开需要 52～64d，大田生育期为 112～125d（崔昌范等，1999；吴守清等，2007）。田间生长整齐，腋芽生长势强。

图 2-1　K326 品种生物学性状

二、抗逆（病）性

K326 品种高抗根结线虫病、中抗黑胫病、低抗青枯病，易感赤星病、病毒病和气候斑点病，不耐旱，遇低温容易早花。

项目组在昆明、曲靖、红河、保山 1 600～2 200m 海拔种植区域内调查 K326 品种主要病害（野火病、气候性斑点病、炭疽病、普通花叶病、白粉病、黑胫病）的发病率、病情指数，以当地种植的云烟 87 为对照，采用 5 点取样，每点取 50 株，按标准调查。结果表明，K326 品种在田间的野火病、气候性斑点病、炭疽病、普通花叶病的发病率比对照品种云烟 87 严重，黑胫病发病比云烟 87 轻（表 2－1）。

表 2－1　K326 主要病害发生情况调查结果

病害名称	品种	发病率（%）	病情指数
野火病	K326	8.02	2.86
	云烟 87	3.51	1.21
气候性斑点病	K326	5.51	1.71
	云烟 87	1.01	0.42
炭疽病	K326	5.01	2.06
	云烟 87	1.71	0.59
普通花叶病	K326	3.04	1.01
	云烟 87	1.08	0.58
白粉病	K326	2.17	0.41
	云烟 87	2.13	0.40
黑胫病	K326	1.50	0.41
	云烟 87	1.81	0.53

烟草花叶病毒（tobacco mosaic virus，TMV）、黄瓜花叶病毒（cucumber mosaic virus，CMV）和马铃薯 Y 病毒（potato virus Y，PVY）是对烟草危害最严重的 3 种病毒病害。对优良主栽品种进行病毒病抗性定向改良，是保障烟叶生产最为快速有效的途径（许石剑等，2009）。烤烟品种 K326 烟叶品质优良，是我国烤烟生产的主栽品种，也是卷烟配方的主选原料，但是在烟叶生产过程中 K326 易感病毒病。以 K326 为背景材料，通过分子标记辅助选择定向改良 K326 的病毒病抗性，培育出兼抗 TMV 和 CMV 的改良 K326 新品系（命名为 Y48）。全基因组 SNP 分析表明，新品系 Y48 的 K326 遗传背景回复率为 99.71%，在主要植物学性状和农艺性状与 K326 保持不变的前提下，其 TMV 和 CMV 抗性得

到明显改良（文柳璎等，2018）。新品系Y48于2016年7月29日在四川省西昌市通过了国家烟草专卖局科技司和中国烟叶公司组织的田间鉴评。TMV侵染K326的细胞病理学研究表明，随着病程从轻到重，叶片表型从退绿、斑驳到黄化，再到最后叶片皱缩、大量坏死。叶肉细胞的超微结构也随病程变化而变化。早期叶绿体结构较完整，有少量消解，中期叶绿体类囊体部分发生消解，后期叶绿体大部分发生崩解（张仲凯等，1999）。另外，烟草在与TMV互作的进化过程中也产生了多种主动防御手段，例如超敏反应和活性氧迸发等方式（董金皋等，2016）。目前研究比较详细的是*N*基因介导的超敏反应（hypersensitive response，HR）。*N*基因表达的蛋白可以识别TMV病毒解旋酶p50（TMV-p50），通过信号传导诱发烟草在病毒侵染部位发生过敏性坏死，限制TMV病毒在烟草中的扩散（Rickson et al.，1999；Liu et al.，2005）。这种坏死被认为是超敏反应引起的细胞程序性死亡（HR programmed cell death，HR-PCD），与被动死亡的病理性坏死（pathological necrosis）细胞表现不同（夏启中等，2005；蒋丽等，2012；黄晓等，2016）。病理性坏死的细胞，一般表现为细胞核膜破裂、碎核释出，细胞器肿胀、崩解等（潘耀谦等，2000）。HR-PCD的细胞表现与动物细胞凋亡类似。最近研究报道，细胞自噬和凋亡相关基因也参与HR-PCD的形成过程，推测自噬和凋亡对HR-PCD有叠加效应（黄立钰等，2010；孔琼等，2012）。

为选育出既能保持原有烟叶质量风格，又能提高抗青枯病能力的烤烟新品种，何宏仪（2009）针对福建三明春烟主栽品种由于种植年限较长，青枯病害呈现上升趋势的情况，进行青枯病抗性遗传改良研究，其采用[(抗青枯病的育种材料D101×K326)×K326]×K326回交方式，结合杂交后代株系青枯病病圃加压选择，系谱法育成烤烟新品系K-2。经过区试、生产示范以及青枯病病圃抗性鉴定试验等，揭示出新品系株高、茎围、节距高于K326，单株有效叶片数与K326相当，生育期较K326长1d，产量、产值均高于K326，烟叶外观质量稍弱于K326，烟叶化学成分含量适中，比例较协调，感官评吸结果与K326相当，青枯病抗性较K326有提高，总体上达到了青枯病抗性遗传改良的目的。

三、产量性状

K326 品种适应性强，抗性较好，较耐肥，丰产性较好，一般每亩[①]产量为 150～180kg。烟叶产量和其他农作物一样，包括生物产量和经济产量两个方面：生物产量指烟草在整个生长季节中所积累的干物质重量；经济产量指单位土地面积上所收获的可用干物质的重量，对烟草来说也就是烟叶的产量。经济产量的形成是以生物产量，即有机物的总产量为物质基础的，没有较高的生物产量就不会有较高的经济产量。

由图 2-2 可见，K326 品种干物质积累可分为 3 个时期：0～40d，40～80d，80d 至收获。其中，在烟苗移栽后 80d 均达到生物学积累量高峰，而后 K326 品种的生物学积累量都有下降趋势，干物质累积终极量为 287.17g/株。干物质积累达到最大速率在移栽后 60d 左右，累积速率则表现为：在移栽后的 20d 内先缓慢增加，20～60d 迅速增加，而后迅速降低，到 100d 接近于 0（金亚波等，2008）。

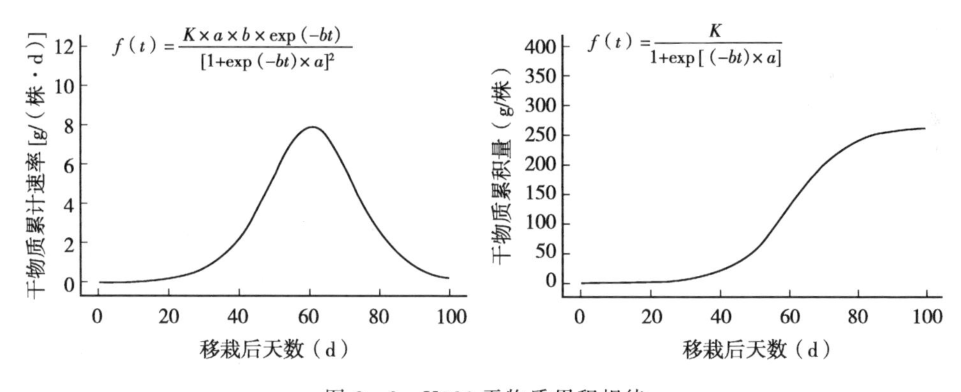

图 2-2　K326 干物质累积规律

烤烟的烟叶产量由单位土地面积上的株数、单株有效叶面积和单位面积重量决定（刘国顺等，2003）。在单位面积株数、单株留叶数差别不大的前提下，衡量烟叶产量与产值的因素主要是烟叶单叶重（徐兴阳等，2008）。研究表明，我国烟区烟叶单叶重下部叶适宜范围为 6～8g，中部

① 亩为非法定计量单位，1 亩 = 1/15hm²。——编者注

叶为7～11g，上部叶达到9～12g，K326品种单叶重基本在适宜范围内，一般亩产能够保持在平均水平。

烟草作为经济作物，收获的是叶片，烟农往往通过增加留叶数的方式来增加产量，以此获得更大的经济效益。烟株打顶后，干物质的生产和分配与留叶数关系极大，留叶数过多，烤烟产量反而有降低趋势，单株叶片生长发育不良，单叶重变轻，叶片小而薄，内含物质不充实，叶质量下降，烟叶品质并不能和产量协调发展（易迪等，2008；黄莺等，2008；王正旭等，2011）。只有当留叶数在适宜范围、烟田群体结构合理时，才能使烟叶的产量和质量均衡发展（黄一兰等，2004）。刘洪祥（1980）发现叶片数与产量呈极显著正相关（r=0.685 3**），叶片数级呈显著负相关（r=－0.521 9**），多叶品种或留叶数较多，叶片之间矛盾加大，品质变差。潘广为等（2013）在高海拔烟区（海拔1 400m以上）试验发现，农艺性状方面，留叶数减少，烟株株高、茎围、最大叶面积都有不同程度增长；经济性状方面，留叶数为16时，烤烟产量降低，但均价较高，上等烟比例和上中等烟比例升高；留叶数为22时，烤烟产量和产值最低，均价、上等烟比例显著低于其他处理。K326品种留叶数为20～24时，有效采烤叶数可达18～22，这有效保障了K326品种的亩产量。

K326品种产量适中，品质优越，抗逆性较强，适应性强，曾是全国和云南的主栽品种之一，在我国“两烟”发展中发挥了重要作用。

四、生育期表现

受遗传因素和环境因素影响，作物的一生可根据外部形态特征和内部生理特性的变化划分为若干个生育时期。生育前期应立足于建立强健的根系，促进壮苗早发；生育中期应重点协调地上部分与地下部分、营养器官与生殖器官以及个体与群体之间的生长关系，促进作物健壮生长；生育后期则应立足于养根保叶，保证足够的有机物向收获器官运转，确保产品的产量与品质（官春云，2011）。

烤烟生长发育进程过快（如早花现象）或过慢（如因水肥管理不当导

** 表示极显著相关。

致的烤烟贪青晚熟现象），都会直接影响到烟叶成熟度以及烘烤特性，进而制约烤烟的产量和质量。烤烟只有前期（伸根期）稳生稳长、中期健旺、后期耐熟，才能真正达到烤烟"优质适产"的栽培目的。

烟株如前期"早生快发"，较快进入旺长期，因生育进程加快而导致整个大田生育期缩短，烟株会呈现为下部叶片大而薄，进入旺长期后，或许会因营养亏缺而造成后劲不足，产量、质量不佳。即使水肥条件满足需要，长势旺盛，也将可能造成烟株个体发育过度，导致田间叶面积增大，群体结构不合理，这类烟田虽然仍能获得较高的产量，但质量不佳；烟株如果前期生长迟缓，生育进程缓慢而导致大田生育期延长，下部叶片小，质量欠佳，由于前期生长量小，容易造成发育不全，同时会因后期雨水过多造成后期贪青晚熟，不能正常落黄（田卫霞，2013；张喜峰，2013）。过快的烤烟生育进程，则会导致烟株大田生育期趋于缩短，主要表现在烤烟的伸根期明显缩短，烤后烟叶相同等级的烟碱呈下降趋势，因而改变烟叶风格特征，并使评吸质量变差（陈永明等，2010；李文卿等，2013）。

气候是烤烟种植最基本的生态条件之一，优质烟叶的形成要求在烤烟生长季节内有足够的光照、温度和水分等条件（郭金梁等，2013；Alameda et al.，2012；Biglouei et al.，2010；Patel et al.，1989）。气候因子的多样性是引起烤烟生长发育时期表现出不同特征的条件，也是导致烟叶产量与质量产生差异的重要环境因素。因此，移栽期必然会影响烤烟生育期的长短、引起烟株个体生长发育快慢的不同，进而影响到烤烟产量和质量（胡钟胜等，2012；Ryu et al.，1988；祖世亨，1984）。杨园园等（2013）通过设置不同的移栽期试验，发现调整移栽期对烟草大田生育期内各个生育时期温度、光照、降雨产生极显著影响，调整移栽期表现出极强的气候调节效应。有研究指出（黄一兰等，2001；聂荣邦等，1995），由于移栽期不同，烟株从移栽到团棵所经历的时间天数及田间长势、长相均存在差异，而移栽至现蕾天数的差异达到了极显著水平。推迟移栽能缩短烟草大田生育时期，移栽过早，会因生长前期温光不能满足烟株稳健生长的需要，烟株生长缓慢而导致伸根期天数过长；而移栽过迟则会使烟株短时间进入旺长期，导致不能建立强健的根系，生长也不稳健。在广东南雄烟区研究发现（顾学文等，2012），随着移栽期的推迟，烟株生长发育相应延迟，不同移栽期对不同生育期间隔时间影响较大且烟株旺长期、采烤期及大田生育期趋于缩短，此结果与杨园园等的研究结果一致。但是，广东南雄烟区提前或推迟移栽导致烟株早花率和杈烟率增加，不利于烤烟产量与质量的形成。王寒等（2013）的试验结果表明，推迟移栽的烤烟叶片内叶绿素含量和酶活性低，碳的分解提前，大田生育期缩短；提前移栽则烟株叶绿素含量过高，成熟后期叶绿素分解不及时，大田生育期延长。因此，提前或推迟移栽均不利于烟株个体发育、影响群体结构的形成，甚至影响到烤烟烟叶后期能否正常落黄进而制约着优质烟叶的形成。

五、养分积累及需肥特征

由图2-3可见，K326品种在移栽后40d左右氮吸收达到高峰，之后开始下降，60d后大幅下降。这主要是因为移栽后60d左右烟叶开始成熟，对氮的需求量明显减少，80d后下降幅度又开始变缓，不同器官中的浓度大小依次是叶＞根＞茎。磷吸收高峰在根茎移栽后40d左右，之后逐渐下降，而叶的吸收则在整个生育期逐渐增加，这说明烤烟对磷的吸收较对氮的吸收有所推迟，在移栽后50d以前磷在各器官中的分布为根＞叶＞茎，50d以后烟叶中磷的浓度逐渐增大，远远高于根和茎中的浓度，根和茎中磷的浓度相差不大。钾的吸收高峰根、叶集中在移栽后40～60d，茎在60d左右，60d后随着时间的推移，烤烟对钾的积累开始下降，移栽后钾在烤烟体内的分配，随生育时期不同而发生较大的变化，移栽后20d和60d是转折期。移栽后20d时，钾在烟株中各器官的浓度表现为叶＞根＞茎，随着时间推移叶和根中的浓度开始增大，大小顺序变为根＞叶＞茎，60d后钾在烟株体内的浓度大小则变为叶＞茎＞根。20d后硫的积累与吸收急剧下降，到40d时又趋于平稳，在移栽后80d前，硫的浓度大小顺序为根＞叶＞茎，之后根中硫的浓度逐渐减小，烟叶中的浓度反而逐渐增大，超过茎和根中的硫浓度。移栽后40d时对钙的吸收达到顶峰，之后吸收量逐渐下降，浓度大小分配是叶＞根＞茎，随着生育期不同，叶、根、茎中钙的浓度在移栽40～60d有一个高峰。对镁的吸收与积累随着生育时期的推移总体上呈下降趋势，这可能是因为烤烟对镁的吸收利用能力会随着生育期推移而逐渐减弱，镁素在各器官中的浓度大小分布随着生育期的推移呈现出明显的阶段性，在移栽后80d前，根中的浓度最大，大小顺序是根＞叶＞茎，之后根中的浓度逐渐减小，叶片中的浓度反而高于根和茎中的浓度，其分配次序逐渐转为叶＞根＞茎。与云烟 85 品种相比，K326 品种对氮素的吸收小于云烟 85；对磷素的吸收，80d 前小于云烟 85，但 80d 后大于云烟 85；对钾、硫、钙、镁等元素的吸收总体上大于云烟 85（杨龙祥等，2004）。

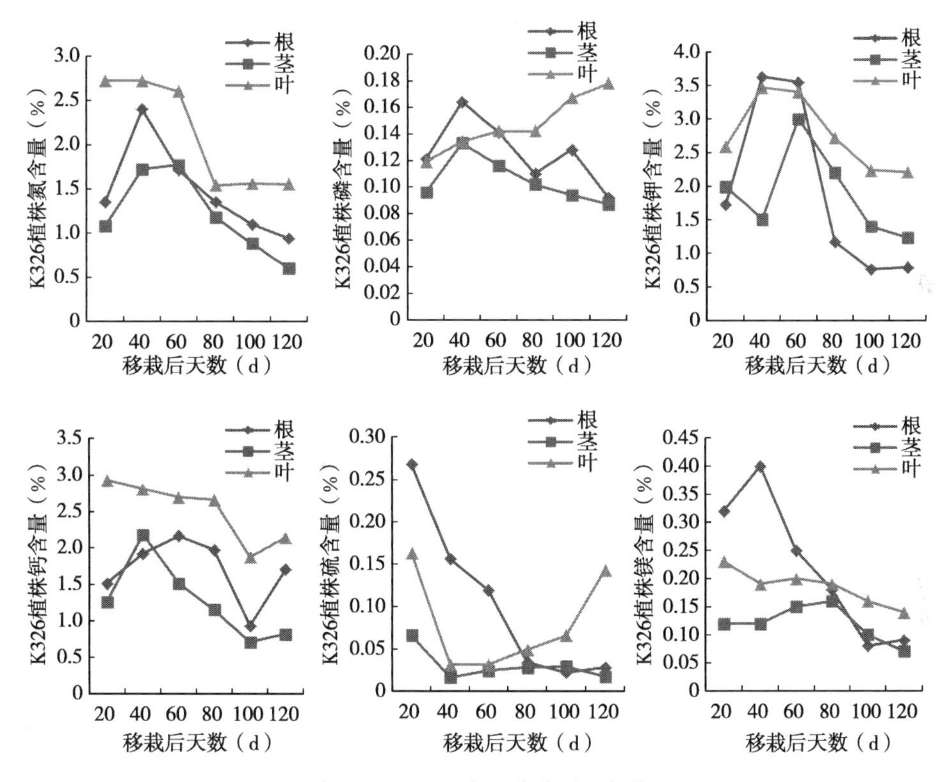

图 2-3　K326 主要养分累积规律

烤烟是一种既对养分反应敏感，又需严格控制养分吸收进程的经济作物，烟株正常生长发育需要 16 种必需营养元素，土壤营养状况与所施肥料是烟草生产中对烟叶产量、品质影响最大的因素（褚清河等，2009）。在烤烟生产过程中过量施用化肥会使烟株生长较差、烟叶产量质量下降，植烟土壤类型、质地、前茬、土壤养分丰缺状况和种植品种是科学施肥的前提和基础。测土施肥需要依据土壤肥力数据，根据不同土壤养分状况开展不同的施肥方法，做到营养全面而适中。

不同的施肥时间、施肥方式、施肥配比及施肥用量对烟叶品质的形成都有很大的影响，有机肥、无机肥的合理配施可减少化肥和农药的使用，以实现烟草生产的可持续发展。李艳红等（2015）研究在化肥减量的情况下，配施不同比例生物有机肥对烤烟生长、产质量、青枯病发生及其病原菌的影响，结果表明化肥减量与生物有机肥配施能显著降低烤烟青枯病的发病率，有效预防烤烟青枯病的发生，并提高烟叶产质量。龙大彬（2006）开展了烤烟K326最佳施肥技术研究，认为湖南K326种植基追肥比例以“基肥60%＋追肥40%”为最佳效果，穴施方式最佳，用磷酸氢二铵做提苗肥。因此，需因地制宜对植烟土壤中微量元素进行测定，从而科学指导微量元素的施用，合理解决土壤中因微量元素不足或过剩而导致的烤烟产量和品质下降问题（梁兵等，2017）。

K326品种耐肥性较好，需肥量较大，确保钾肥用量足够；同时增施有机肥，可以显著提高烤后烟叶的橘黄叶比例，增加烟叶油分和香气；也要高度重视追肥的作用，适当加大追肥比例，可以有效提高顶叶开片率。更加科学有效的施肥方式要注意两点：一是增加追肥次数，提高肥料利用率。目前采用的条施办法，往往是肥料在打顶前难于完全吸收，易产生前期生长慢、后期生长过快的现象。改进方法为采用少施基肥、多次追肥的做法，有效防止后期贪青晚熟。二是适当增加培土时肥料用量。大培土时的肥料采用兑水浇施的办法比较稳妥，而且是先浇肥再培土，这样做可以大大提高肥料的利用率，同时又可防止因后期干旱引起肥料浪费、贪青晚熟现象的发生。

六、烟叶采收成熟度

烟叶的成熟度是一个质量概念，是烟草生产过程中提出来的烟叶成熟的程度（宫长荣，2003）。它是烟叶呈现出来的一种状态，包括田间烟叶生长发育的成熟度和调制后烟叶的分级成熟度两个方面的内容。这两方面内容是密切联系、相互作用又各自不同的，它们对于优质烟叶的获得都非常重要、缺一不可。田间烟叶所达到的成熟度就是我们通常所指的采收成熟度，即采收标准，也是获得烤后烟叶分级成熟度的前提条件，在生产中有着极其重要的地位。成熟的烟叶要求其外观形态，比色标准，叶片组织结构、生理功能以及化学成分等特征均达到某种特定状态（赵瑞蕊，

2012），根据状态不同划分为不同的成熟度。我国现行的采收标准以及国际标准都对成熟度状态进行了界定，国际标准较国内标准而言更加复杂、划分更详细，也更符合烟草可用性要求，例如田间烟叶的成熟度不仅有欠熟到成熟的档次变化，还存在假熟、近熟、生理和工艺上成熟档次的划分。

烟叶成熟度与叶面的落黄程度有明显关系，成熟烟叶的叶色从绿色变成黄绿色、黄色，叶脉发白发亮；叶尖和边缘也有明显改变，茸毛必须脱落等（高步青，1999；崔国民，2006；高汉等，2002；张海宏，2000）。烤烟成熟度与茎叶夹角也有密切联系，茎叶夹角的大小可直接反映烟叶的成熟度，夹角80°～90°可视为适熟烟叶的标志（王怀珠等，2005）。还有一小部分研究通过其他与成熟度变化紧密相关的指标，如鲜烟叶的叶片厚度指标、比色卡比色、SPAD叶绿素仪测定色素含量水平等方法来直接进行成熟度的判断，但是这些描述都较为笼统（肖吉中等，1993；夏凯等，2005；李佛琳等，2007）；而且在烟叶品质形成的过程中也受施肥、光照、品种以及管理措施等各种因素影响，有时候会对判断造成干扰，特别是在比色特征的识别中，颜色的反映很容易因为天气缘故出现判断错误，这也是现今田间烟叶采收成熟度判定很难把握、没能寻找到统一定量标准的原因。

烟叶的采收成熟度除了自身品种遗传基因影响以外，还受到整个过程中各种因素的影响，如种植区域、气候条件、栽培条件、土壤和肥料条件等影响（徐玲等，2008；王小东等，2007）；而且最后在采收烟叶时，烟叶在烟株上着生位置不同、代谢活动强度不同，均会影响成熟度。此外，烟叶的采收部位对优质烟叶的形成，从某些方面来说重要性不低于成熟度。由于影响成熟度因素的多样性、复杂性及各因素间的相互作用，又进一步丰富了成熟度的内容，增加了成熟度的把握难度，这也是至今采收标准难量化、采收适宜成熟度难把握的另一重要原因。

由于烟叶各项质量指标和可用性指标均与烟叶成熟度有关，成熟度可以说是优质烟叶生产的核心因素，仅仅是烟叶适熟采收这一举动对优质烟叶生产的作用，就与田间发育、管理状况和适当的调制方法一样重要（左天觉等，1993）。成熟度高的烟叶外观色泽上等，感官品质佳，各类化学成分协调，香气质、香气量好（景延秋等，2005；宫长荣等，2003；张丽英，2012），而且生产实践也证明提高烤烟烟叶成熟度是提高烟叶香气质、香气量等指标十分有效的措施（Akehurstbc，1981；杨树等，2003）。

研究表明，K326品种上、中、下三部位烟叶分别以5成黄、8成黄和9成黄采收，外观等级结构较高，感官评吸质量较好，化学成分较协调，采青或过熟采收均不利于烤后烟叶的外观和内在质量。采收成熟度对焦油等安全性相关指标的影响为中下部烟适熟采收有利于降低焦油，而上部烟过熟采收更有利于降低焦油，具体表现为上、中、下三部位分别以5成黄、8成黄、10成黄采收，“降焦”效果最为显著（汪季涛等，2015）。综合分析K326烤烟品种烟叶的经济性状、化学成分及感官评价，云南省楚雄州元谋县羊街镇烟区成熟采烤标准为：上部烟叶推迟8～10d采烤，中部烟叶推迟6～7d采烤（刘伟等，2016）。袁晓霞等（2013）研究表明：当一次性带茎采收9～10成黄K326品种上部烟叶时，烤后烟叶外观质量较好，化学成分协调性较强，烘烤耗能成本低，经济效益最高。

七、烟叶烘烤特性

由于品种、土壤、气候、栽培管理措施、烟叶着生部位和成熟度等不同，烟叶的厚薄、含水量大小、筋脉粗细、叶组织致密度、干物质多少等都有很大差异，所以在烘烤过程中，反映在外观形态的变黄速度与均匀度、水分丧失快慢、定色难易、耐高温程度、黄色保持的稳定性，以及内部结构和化学成分组成等也就各不相同，通常将这些差异称为烟叶的烘烤特性。由于烟叶具有不同的烘烤特性，烘烤方法也应有所不同，因此烘烤时必须依据烘烤规律，全面考察当时采烤的烟叶特点，确定相应的烘烤方法，才能将烟叶烤黄、烤干、烤香。

20世纪中后期，我国结合生产实际，提出了适合我国烟叶烘烤的“三段式烘烤工艺”（张崇范，1987；杨树申等，1995；宫长荣等，1997；宫长荣，2003；石发翔，2003；梁艳萍等，2010）。该技术的核心是依据烟叶烘烤过程各阶段烤烟为达到目的所设定的适宜温度和湿度指标，将整个烟叶烘烤过程划分为“变黄期、定色期和干筋期”3个时期（阶段）；此后在生产实际中，进一步提出了适合我国烟叶的“两长一短”烘烤技术。该烘烤技术的特点是延长烤烟第一阶段变黄期的烘烤时间，缩短烤烟第二阶段定色期的烘烤时间，适当延长烤烟第三阶段干筋期的烘烤时间（杨立均等，2002；周冀衡等，2004；周冀衡等，2005；孟可爱等，2006；马旭等，2010）。除此之外，科技工作者在实际生产中还研究出了“四段式”（方明等，2005）、“五段式”（高汉杰等，2002）、“七段式”（富廷，1999）具有特色的烟叶烘烤技术。以上这些烘烤技术能提高烤烟的中等和中上等烟叶的比例，使烟叶的外观质量和内在品质更为协调，更加符合烟叶工业企业的需求，从而稳定和促进整个烟叶行业健康发展。

K326 品种植株分层落黄好，下部叶成熟采收，上部叶充分成熟采收。下二棚叶片大而薄，含水量多，烟筋粗，容易产生枯烟。中上部叶易烘烤，一般变黄期温度为 32～42℃，时间为 50～60h；定色期温度为 43～55℃，时间为 30～40h；干筋期温度不超过 68℃，时间为 25～30h。顶叶各阶段可适当延长，注意升温不宜过急，不掉温度。

烤烟品种 K326 具有油分含量足、香味好等特点，但由于烘烤工艺要求与云烟 87 等品种有显著差异，而这种差异在生产实际中很少被重视，尤其是上部叶及较厚的烟叶，因为采收的鲜烟叶自身素质较差，多酚氧化酶（POP）活性较高，不耐烘烤，所以容易发生酶促棕色化反应，导致烟叶挂灰甚至黑糟。至于导致烟叶易挂灰、产生杂色的原因，烘烤中温湿度调控不当是烟叶产生挂灰的外部条件，烟叶挂灰的本质是发生了一定程度的酶促棕色化反应，即多酚类物质在多酚氧化酶（POP）的作用下被氧化成醌类物质，然后进一步和其他物质聚合成大分子深色物质，使得烘烤后的 K326 品种中上等烟叶比例低，严重影响了烟农的经济效益，制约了 K326 烟叶的工业可利用性。因此，在烤烟 K326 烘烤过程中，不同烘烤工艺对其烟叶中各种色素变化与水分保留情况、烤后主要化学成分变化等，有着非常重要的影响，烘烤后的烟叶品质直接影响工业企业的加工质量与经济效益。

目前，K326 是我国种植面积较大的当家品种之一，在烟稻轮作主产区，由于烟叶与下茬作物水稻在生长季节上的矛盾，普遍存在下部叶采收过熟、中部叶采青、上部叶采生的问题；同时，在烤烟三段式烘烤理论和技术体系的推广运用中，强调烟叶在较低的温度下变黄，定色阶段可在 50～54℃时延长时间，以促进烟叶香气物质的转化，干筋阶段的温度最高不超过70℃，使得三段式烘烤工艺在有效提高烟叶的香气、吸味及中上等烟叶比例、减少烤青烟等方面，还有很大的增质增效潜力。在生产实际中采用121密集式烤房烘烤新工艺，其内涵是“一高二慢一快”烘烤工艺，也就是烟叶烘烤中高温变黄、定色期慢定色慢排湿、干筋期快速干筋，是为了有效解决现有烘烤工艺条件下出现的“烟叶烤黄不烤香，淀粉含量和含青量过高过大”等问题，最终达到通过完善烟叶烘烤工艺，提高烟叶烘烤水平、品质与质量等级的目的。

第三章 K326品种烟叶品质及风格特征

一、外观质量特征

烟叶外观质量是指通过眼看、手摸能够直接感触和识别的外部特点，如烟叶的成熟度、组织结构、部位、颜色、身份、油分等。烟叶质量的概念具有对应性、时间性和区域性，它会随着人们消费习惯、时间、地点等因素的改变而不断变化（易念游，1993；山东省农业科学院，1999；朱尊权，1993；朱尊权，2000；刘好宝，1995；刘国顺，2003；中国烟生产购销公司，2003）。随着人们对烟叶需求的不断变化，烟叶质量的内容也在不断发展和变化，不同时期、不同国家和地区、不同用途都会造成人们对烟叶质量概念认识的不同。1980年以前，由于追求烟叶高产，烟叶质量以“黄、鲜、净”为主调；至1990年过渡到国际公认的“色、香、味”为主调的评价标准上来；近年来，则强调以成熟度好、结构疏松、橘黄色烟叶为优质烟叶，并重视烟叶“工业可用性”（朱尊权，2000；刘好宝等，1995；刘国顺，2003b）。工业可用性是对烟叶质量概念更进一步的全面评价，一般认为成熟度好、烟碱中等、香气好的烟叶是可用性最好的烟叶。

K326品种烟叶外观质量优良，颜色橘黄或柠檬黄，油分足，色度较浓，组织结构疏松，成熟度较好，配伍性好，填充力强；吸味品质良好，清香型风格明显，香气量尚足，香气质好，杂气轻，刺激性较小，劲头适中，吃味醇和，余味较舒适。

项目组对2010—2012年在K326种植区域内挂牌所取的394个烟样进行外观质量评定，由烟叶分级技师根据《烤烟》（GB 2635—1992）及云南中烟工业公司美国引进品种烟叶外观质量测评的相关标准打分，项目组选择成熟度、叶片结构、油分、色度4个对烟叶外观质量影响较大的指标，按打分值对各区域烟叶的外观质量进行评价。

由表3-1可见，在昆明、曲靖、红河、保山、昭通5个生态类型区域中，K326品种的烟叶在成熟度、叶片结构、油分、色度等外观质量方面都有明显的差别。其中红河的K326烟叶外观质量最好，得分67.1分，其次是保山和昆明的K326烟叶外观质量较好，分别得分66.1分和65.2分；再次是曲靖的K326烟叶外观质量稍差，得分64.9分；烟叶外观质量最差的是昭通的K326，得分63.6分。因此，项目组根据烟叶成熟度、叶片结构、油分、色度4个主要的外观质量指标，将昆明、曲靖、红河、保山、昭通五大生态类型区域的K326品种烟叶外观质量划分为五大品质类型区域，结果见表3-2。

表3-1　不同生态类型区域K326烟叶外观质量

生态类型区	县（区）	成熟度	叶片结构	油分	色度	外观总分
Ⅰ号生态类型区（昆明生态区）	宜良	14.6	14.6	18.6	18.6	66.4
	石林	14.6	14.5	18.5	18.5	66.1
	安宁	14.5	14.4	18.3	18.3	65.5
	晋宁	14.3	14.3	18.4	18.2	65.2
	嵩明	14.0	14.2	18.2	18.1	64.5
	富民	14.0	14.0	18.0	18.0	64.0
	寻甸	14.0	14.4	18.0	18.0	64.4
	平均	14.3	14.3	18.3	18.2	65.2
Ⅱ号生态类型区（曲靖生态区）	罗平	14.4	14.6	18.4	18.4	65.8
	陆良	14.3	14.3	18.4	18.4	65.4
	师宗	14.2	14.4	18.4	18.4	65.4
	富源	14.1	14.0	18.3	18.0	64.4
	宣威	13.9	13.5	18.1	18.0	63.5
	平均	14.2	14.2	18.3	18.2	64.9

（续）

生态类型区	县（区）	成熟度	叶片结构	油分	色度	外观总分
Ⅲ号生态类型区（红河生态区）	建水	14.6	15.0	19.0	19.0	67.6
	屏边	14.6	15.0	19.0	19.0	67.6
	个旧	14.6	15.0	19.0	19.0	67.6
	蒙自	14.5	14.9	18.9	18.9	67.2
	开远	14.5	14.9	18.9	18.9	67.2
	弥勒	14.5	14.8	18.8	18.8	66.9
	石屏	14.5	14.7	18.8	18.8	66.8
	泸西	14.2	14.5	18.5	18.5	65.7
	平均	14.5	14.9	18.9	18.9	67.1
Ⅳ号生态类型区（保山生态区）	腾冲	14.4	14.8	18.8	18.8	66.8
	龙陵	14.4	14.7	18.7	18.7	66.5
	昌宁	14.4	14.6	18.6	18.6	66.2
	施甸	14.4	14.5	18.5	18.5	65.9
	隆阳	14.4	14.3	18.3	18.3	65.3
	平均	14.4	14.6	18.6	18.6	66.1
Ⅴ号生态类型区（昭通生态区）	镇雄	13.8	14.0	18.0	17.8	63.6

表 3－2　不同品质区域 K326 烟叶外观质量比较

品质类型区域	成熟度	叶片结构	油分	色度
昆明品质类型区	成熟	90％疏松＋10％尚疏松	40％多＋50％有＋10％稍有	30％浓＋60％强＋10％中
曲靖品质类型区	80％成熟＋20％尚成熟	80％疏松＋20％尚疏松	20％多＋60％有＋20％稍有	20％浓＋60％强＋20％中
红河品质类型区	成熟	疏松	60％多＋40％有	60％浓＋40％强
保山品质类型区	成熟	疏松	50％多＋50％有	50％浓＋50％强
昭通品质类型区	70％成熟＋30％尚成熟	70％疏松＋30％尚疏松	10％多＋60％有＋30％稍有	10％浓＋50％强＋40％中

二、物理特征

烟叶的物理特性会影响烟叶质量以及加工工艺，主要包括叶片大小、叶片厚度、含梗率、填充性、燃烧性、单叶重、叶质重、机械强度等，直接影响着烟叶品质、卷烟制造过程、产品风格、成本以及其他经济指标（左天觉，1993）。烟叶物理特性是烟叶质量评价的重要研究内容，是遗传因子、生态环境和栽培技术等共同作用的结果（任竹等，2009；王玉军等，1997；彭新辉等，2010）。然而长期以来，对于这方面的认识仅限于定性概念，很少有人进行深入细致、全面系统的定量分析。王玉军等（1997）指出烟叶叶片厚度与化学成分的相关性，并指出烤烟优质烟叶的适宜厚度在130μm左右。刘国顺（2003a）指出国产烟叶下部、中部和上部叶含梗率分布在32%～35%、30%～33%和27%～30%为宜。以往对物理性状的研究大多集中在单个性状（闫克玉等，1993、1994、1995、1999；屈剑波等，1996、1997），或是其与化学成分等的相关性（闫克玉等，1998；罗登山等，1997），孙建锋等（2005）对河南烤烟主产区烟叶物理性状进行分析评价，结果表明：河南烤烟普遍存在叶片厚度、单叶重和叶质重较低，填充值和含梗率等较高的问题。上部叶，以洛阳和三门峡的烟叶与进口烟叶的关联度较大，综合性状较好；中部叶，以许昌、洛阳的烟叶与进口烟的关联度较大，综合性状较好；下部叶，以南阳和三门峡的烟叶与进口烟叶的关联度较大，综合性状较好。这与烟叶主成分分析和聚类分析的结果一致。

一般认为，国外优质烤烟叶片长度为55～70cm，叶片宽度大于24cm；叶片厚度下部叶为80～100μm，中部叶为100～120μm，上部叶为120～140μm。依据此标准，优质烟叶的长宽比至少应达到0.34～0.44、平均厚度为100～120μm较为适宜。国外优质烟叶含梗率下部叶为30%～32%、中部叶为27%～30%、上部叶为25%～26%，平均含梗率为27%～29%，单叶重一般以下部叶6～8g、中部叶7～9g、上部叶9～12g、平均单叶重为7～10g为宜。单位叶面积质量下部叶为60～70g/m^2、中部叶为70～80g/m^2、上部叶为80～90g/m^2，平均值为70～80g/m^2。杨虹琦等（2008）研究结果表明：云南大多数烟区4个主栽烤烟品种的叶长和叶片厚度的均值基本可以达到优质烟叶的范围，但叶宽和长宽比均值大多达不到优质烟叶的标准。

由表 3－3 可见，云南省红河、大理、保山、曲靖、昆明、昭通、文山 7 个烤烟主产区 K326 烟叶物理特性均值和方差分析结果。7 个烤烟主产区在叶长、叶宽和长宽比指标中差异不显著，其中叶长和叶宽表现较好的烟区是红河，其次是保山烟区。叶片厚度、单叶重、叶片密度和叶面积质量指标之间差异显著，其中叶片厚度表现较好的烟区是昭通，其次是红河。单叶重表现较好的烟区是红河，其次是大理。叶片密度表现较好的是昆明、大理和红河。叶面积质量较好的烟区是红河和昆明，其次是保山和大理。含梗率较高的烟区是曲靖和文山，其次是昆明（杨虹琦等，2008）。

表 3－3　云南主产烟区 K326 初烤烟叶物理指标比较

产区	保山	大理	红河	昆明	曲靖	文山	昭通	*F* 值
叶长（cm）	64.63a	62.70a	67.00a	66.58a	62.10a	58.98a	62.68a	1.04
叶宽（cm）	21.75a	21.20a	23.60a	19.33a	19.68a	20.38a	18.40a	1.55
宽/长	0.34a	0.34a	0.35a	0.29a	0.34a	0.34a	0.29a	1.66
叶片厚度（μm）	108.13ac	104.05a	117.98a	101.45a	91.43a	91.43a	127.35a	1.16
单叶重（g）	10.30b	11.78ab	15.03a	11.00ab	8.88b	8.88b	11.23ab	1.98
叶片密度（g/cm^3）	1.24ab	1.27ab	1.26ab	1.38a	1.10bc	1.10bc	1.02c	3.59
叶面积质量（g/m^2）	136.95ab	134.58ab	147.58a	137.43ab	101.10b	101.10b	129.63ab	1.65
含梗率（%）	28.25c	30.20c	29.53c	34.28ab	35.53a	35.53a	31.23bc	4.89
平衡含水率（%）	12.63b	11.60c	13.50a	12.65b	12.08bc	12.08bc	12.20bc	7.05

注：$F_{0.1}$（6，20）=2.09　$F_{0.01}$（6，20）=3.87。

三、化学品质特征

化学成分含量是烟叶质量最重要的评价指标之一，烟叶的品质不是由某一种或某几种化学成分的绝对含量决定的，而是由多种化学成分和外观质量等协调配合产生的品质效果。因此项目组提出了许多化学指标，并以此为基础结合外观特征和评吸鉴定来综合评判烟叶品质。单个化学成分有总糖、烟叶中含氯化合物、总碳水化合物、蛋白质、总挥发碱、总灰分、烟碱和烟草中的香味成分，他们之间的比例也是评价烟叶品质的关键因素（黎根等，2007）。另外，某些主要指标间相互协调的比值，如施木克值、糖氮比和糖碱比、烟碱和总挥发碱比、水溶性总糖和挥发碱的比值、烟碱比、芳香值、氮值、烟气中的焦油和烟碱比也是常用的重要指标（中国农业科学院烟草研究所，2005）。

K326 品种内在化学成分协调，总糖含量一般为 15%～30%，总氮 1.4%～2.2%，烟碱 1.3%～3.8%，氯含量在 0.4%以下，钾含量为 1.4%～2.2%，淀粉含量为 3.1%～5.3%，石油醚提取物为 4.65%～7.02%，因此深受省内外多家工业企业的青睐（章新军等，2007）。

在云南省昆明、曲靖、红河、保山、昭通五大生态区域及其各个生态亚区内，项目组对 197 个取样点的 394 个 K326 品种烟样（B2F、C3F 各 197 个）的常规化学成分指标进行检测分析，结果表明昆明、曲靖、红河、保山、昭通五大生态区内的 K326 品种烟叶的内在化学成分有明显差异（表 3－4）。

表 3－4　五大生态类型区域内 K326 烟叶内在化学成分比较（%）

州（市）	县（区）	总氮	烟碱	总糖	还原糖	烟叶钾	淀粉	烟叶氯	氮碱比	两糖差
昆明	宜良	1.9	2.7	26.1	21.9	1.7	4.6	0.3	0.7	4.2
	石林	2.2	2.9	24.6	21.1	1.8	4.0	0.4	0.8	3.5
	安宁	2.0	3.1	22.9	21.1	1.5	2.6	0.4	0.7	1.8
	晋宁	2.1	2.9	24.0	21.3	1.9	3.8	0.3	0.7	2.7
	嵩明	2.0	2.8	25.7	21.9	2.2	2.9	0.3	0.7	3.8
	富民	2.0	2.7	24.7	20.9	1.9	3.4	0.3	0.7	3.8
	寻甸	2.1	2.7	26.2	23.5	2.2	2.3	0.3	0.8	2.7
	平均	2.0	2.8	24.9	21.7	1.9	3.4	0.3	0.7	3.2
曲靖	罗平	2.0	2.7	26.8	22.6	2.0	5.0	0.4	0.7	4.2
	陆良	2.1	2.8	26.3	22.9	1.9	3.0	0.4	0.8	3.4
	师宗	2.2	2.7	25.5	21.6	2.0	3.1	0.5	0.8	3.9
	富源	1.9	2.3	28.5	22.6	2.4	4.0	0.4	0.8	5.4
	宣威	1.8	2.1	26.9	23.1	1.9	4.0	0.5	0.9	3.8
	平均	2.0	2.5	26.8	22.6	2.0	3.8	0.4	0.8	4.1

（续）

州（市）	县（区）	总氮	烟碱	总糖	还原糖	烟叶钾	淀粉	烟叶氯	氮碱比	两糖差
红河	建水	2.3	3.4	20.9	19.5	1.6	2.3	0.5	0.7	1.4
	屏边	2.0	2.7	27.0	24.9	1.4	3.4	0.3	0.7	2.3
	个旧	2.2	3.6	21.2	19.6	1.5	2.9	0.2	0.6	1.6
	蒙自	1.9	2.6	26.7	24.6	1.4	3.5	0.3	0.7	2.1
	开远	2.3	3.6	19.6	16.6	1.5	2.5	0.3	0.6	3.0
	弥勒	2.2	3.1	21.6	20	1.5	3.1	0.4	0.7	1.6
	石屏	2.2	3.5	21.3	19.7	1.6	1.9	0.3	0.6	1.6
	泸西	2.4	3.4	19.5	16.8	1.5	2.8	0.5	0.7	2.7
	平均	2.2	3.2	22.2	20.2	1.5	2.8	0.4	0.7	2.0
保山	腾冲	2.1	3.5	25	21.6	1.7	3.8	0.3	0.6	3.4
	龙陵	1.9	2.6	25.2	22.2	2.2	4.0	0.4	0.7	3.0
	昌宁	2.0	2.7	25.3	22.9	1.9	4.0	0.2	0.7	2.4
	施甸	1.9	3.4	26.3	23	1.5	3.6	0.3	0.6	3.3
	隆阳	1.7	2.7	27.3	24.1	1.4	3.4	0.5	0.6	3.2
	平均	1.9	3.0	25.8	22.8	1.7	3.8	0.3	0.6	3.0
昭通	镇雄	1.8	2.5	27.8	23.8	1.7	3.7	0.4	0.7	3.0

为进一步对云南省五大生态区内的 K326 烟叶品质进行分析，更科学地表征各个生态区域的烟叶内在化学成分特点，项目组以云南中烟工业公司企业标准《烤烟主要内在化学指标要求》（Q/YZY 1—2009）中的规定为依据（表 3－5），对各个生态区域烟叶内在化学成分的符合度进行分析，结果见表 3－6。

表 3－5　云南中烟优质烤烟内在化学成分指标要求

部位	K（%）	Cl（%）	烟碱（%）	总糖（%）	还原糖（%）	总氮（%）	氮碱比	糖差
上部	>1.5	0.1～0.6	3.0～3.8	24～31	21～26	2.0～2.6	0.6～0.8	≤5
中部	>1.7		2.3～3.2	24～33	20～28	1.8～2.4	0.7～1.0	≤6
下部	>1.8		1.5～2.3	25～32	24～28	1.7～2.0	0.9～1.1	≤4

表3-6 五大生态类型区域内K326烟叶内在化学成分与优质烟叶标准的符合度（%）

市（州）	县（区）	总氮符合度	烟碱符合度	总糖符合度	还原糖符合度	烟叶钾符合度	烟叶氯符合度	氮碱比符合度	两糖差符合度	平均符合度
昆明	宜良	92.1	94.3	93.1	94.1	92.5	96.1	93.0	91.4	93.3
	石林	91.8	93.8	92.7	93.6	91.8	95.7	89.8	91.0	92.5
	安宁	88.1	87.3	86.4	88.7	85.4	90.5	86.4	85.4	87.3
	晋宁	89.0	88.2	85.7	87.5	86.2	91.2	85.5	84.8	87.3
	嵩明	87.9	84.6	86.1	87.9	84.8	91.3	86.4	85.7	86.8
	富民	85.4	84.5	83.5	84.3	83.1	88.5	84.8	83.5	84.7
	寻甸	85.1	83.8	84.2	84.8	82.5	89.7	85.1	84.1	84.9
	平均	88.5	88.1	87.4	88.7	86.6	91.9	87.3	86.6	88.1
曲靖	罗平	91.2	92.1	91.1	90.1	92.3	94.3	92.4	91.3	91.9
	陆良	89.4	88.5	87.3	86.8	85.3	90.3	88.9	86.4	87.9
	师宗	89.7	87.7	86.5	87.2	84.9	90.8	88.5	85.8	87.6
	富源	85.3	86.3	84.1	83.8	84.1	89.0	83.8	83.5	85.0
	宣威	84.5	85.1	83.8	85.6	82.6	88.0	84.3	84.1	84.8
	平均	88.0	87.9	86.6	86.7	85.8	90.5	87.6	86.2	87.4
红河	建水	92.8	93.1	92.7	92.8	93.1	93.4	88.5	88.3	91.8
	屏边	91.0	90.5	90.3	89.5	88.9	91.7	89.4	87.9	89.9
	个旧	91.7	92.5	92.1	91.8	88.7	92.7	88.9	87.4	90.7
	蒙自	90.8	91.2	90.8	91.6	90.1	94.8	87.9	86.9	90.5
	开远	89.8	90.8	91.2	92.3	89.3	94.1	87.5	87.8	90.4
	弥勒	87.8	89.0	90.0	89.1	88.5	90.0	86.9	87.1	88.6
	石屏	89.1	88.4	89.6	87.9	88.0	89.2	85.9	86.8	88.1
	泸西	87.5	86.8	88.6	86.7	87.5	88.4	85.0	86.2	87.1
	平均	90.1	90.3	90.7	90.2	89.3	91.8	87.5	87.3	89.6
保山	腾冲	91.3	93.4	92.1	92.5	91.8	94.6	90.2	90.5	92.1
	龙陵	90.7	92.8	91.3	91.4	91.5	94.3	90.0	90.1	91.5
	昌宁	88.2	87.9	88.4	88.2	88.4	90.2	89.5	88.7	88.7
	施甸	87.9	88.4	89.0	87.8	88.0	89.8	88.7	87.9	88.4
	隆阳	86.1	87.0	88.0	85.9	87.6	88.1	86.9	85.8	86.9
	平均	88.8	89.9	89.8	89.2	89.5	91.4	89.1	88.6	89.5
昭通	镇雄	84.8	85.6	87.2	84.5	86.1	85.8	84.5	83.6	85.3

综上可见，云南省昆明、曲靖、红河、保山、昭通五大生态区内的K326品种烟叶内在化学成分指标的平均含量有明显差别。其中昆明生态区的烟叶总糖和烟碱平均含量分别为24.9%和2.8%，属于中糖、中碱区；曲靖生态区的烟叶总糖和烟碱平均含量分别为26.8%和2.5%，属于高糖、低碱区；红河生态区的烟叶总糖和烟碱平均含量分别为22.2%和3.2%，属于低糖、高碱区；保山生态区的烟叶总糖和烟碱平均含量分别为25.8%和3.0%，属于中糖、高碱区；昭通生态区的烟叶总糖和烟碱平均含量分别为27.8%和2.5%，属于高糖、低碱区。而且昆明、曲靖、红河、保山、昭通五大生态区烟叶8项内在化学成分指标与中烟公司标准的平均符合度分别为88.1%、87.4%、89.6%、89.5%和85.3%，也有一定的差别。因此，项目组将昆明、曲靖、红河、保山、昭通五大生态区内生产的K326烟叶内在化学成分划分为五大品质类型区域，以便在配方使用上对K326烟叶进行优料优用。

四、感官质量特征

烟叶感官质量是卷烟产品质量的重要组成部分，是产品质量的基础和核心。广义的感官质量是指烟支在燃吸过程中产生的主流烟气使人体感官产生的综合感受，如香气的质和量、口感的舒适程度等；此外还包括一些代表产品风格特征的因素，如香气类型和风格、烟气浓度和劲头大小等。

香气指卷烟烟气具有的芳香气息，是衡量卷烟品质的主要指标。香气有质和量的双重含义：香气质是指香气的优劣程度和细腻程度，香气量则包含香气的丰满程度和透发程度。

谐调：指卷烟各组分吸燃过程中产生的烟气混合均匀、谐调一致，不显露任何单体气息。谐调是卷烟感官质量的基础，如果谐调程度不好，其他质量指标也难以达到要求。

杂气：指烟气中令人不愉快的气息。杂气和香气同属烟气中有气味的气息，从某种意义上讲都属于香气，其本质差别在于其香气质。烟气中的杂气主要源于烟叶，烟气中常见的杂气有：青草气、枯焦气、土腥气、松脂气、花粉气等，不同生态条件下种植的烟叶具有不同特征的香气，同时也有不同特征的杂气，又称地方性杂气。

刺激：指烟气对人体感官产生的不良刺激。在吸烟过程中，烟气通过口腔、喉部进入肺部再由鼻腔呼出，烟气对所经过的器官都有可能产生不良刺激，因此刺激有刺口腔、刺喉部、刺鼻腔之分；刺激的种类有尖刺和刺呛。

余味：指烟气呼出后遗留下的味觉感受，包括干净程度和舒适程度。干净程度指烟气呼出后口腔里残留的感觉；舒适程度指烟气的细腻程度和干燥感。

风格特征指标包括香型、香韵、香气状态、烟气浓度和劲头。其中香型分为清香型、中间香型和浓香型；香韵分为干草香、清甜香、正甜香、焦甜香、青香、木香、豆香、坚果香、焦香、辛香、果香、药草香、花香、树脂香和酒香；香气状态分为沉溢、悬浮和飘逸。

品质特征指标包括香气特性、烟气特性和口感特性。香气特性指标包括香气质、香气量、透发性和杂气，其中杂气指标分为青杂气、生杂气、枯焦气、木质气、土腥气、松脂气、花粉气、药草气、金属气；烟气特性指标包括细腻程度、柔和程度和圆润感；口感特性指标包括刺激性、干燥感和余味。

总体评价包括风格特征描述和品质特征描述两部分。风格特征描述包括香韵组成、香型定位、香气状态、烟气浓度及劲头的综合描述；品质特征描述包括香气特性、烟气特性及口感特性的综合描述。

项目组对 2010—2012 年采集的 394 个 K326 烟样（B2F、C3F 各 197 个）进行评吸，按香气量、香气质、杂气、口感、劲头 5 个感官质量指标及评吸总分对不同生态类型区域内生产的 K326 烟叶感官质量进行评价。结果表明，在云南省昆明、曲靖、红河、保山、昭通五大生态类型区域中，K326 品种烟叶的感官质量有较大差别，K326 品种烟叶感官品质的地域性特征表现较为明显（表 3－7）。因此，项目组根据评吸结果将昆明、曲靖、红河、保山、昭通种植基地五大生态类型区域的 K326 品种烟叶感官品质划分为五大品质类型区域，各区域的烟叶感官质量分类特征描述见表 3－8。

表 3-7　不同生态类型区域 K326 烟叶感官质量比较

感官质量		昆明	曲靖	红河	保山	昭通
香气量	范围	12.6～13.7	12.2～13.5	12.7～13.9	12.9～13.7	12.3～12.7
	平均值	13.2	12.9	13.6	13.4	12.5
香气质	范围	51.6～55.6	51.1～53.9	52.6～54.3	51.5～55.2	51.1～52.3
	平均值	53.8	52.5	53.5	53.7	52.1
杂气	范围	6.8～7.5	6.5～6.9	6.3～7.4	6.4～7.3	6.2～6.6
	平均值	7.1	6.8	6.8	6.7	6.4
口感	范围	12.6～13.5	12.8～13.4	12.8～13.2	12.8～13.8	12.4～12.6
	平均值	13.1	13.1	12.8	13.3	12.5
劲头	范围	5.7～6.9	5.6～6.7	5.6～7.0	6.1～6.7	5.6～6.4
	平均值	6.4	6.2	6.8	6.6	6.1
总分	范围	83.2～89.3	81.1～86.6	82.6～87.4	83.7～90.2	82.8～83.7
	平均值	87.2	85.3	86.7	87.2	83.3

注：评吸总分不包括劲头。

表 3-8　不同品质类型区域 K326 烟叶感官质量分类特征描述

品质类型区域	香气质	香气量	口感	杂气
昆明	细腻、愉悦，甜润明显，成团性好	香气量较足，透发，浓度较浓至浓	刺激微有，余味干净舒适	微有
曲靖	细腻、较愉悦，甜润较明显，成团性较好	香气量尚足，尚透发，浓度尚浓至较浓	刺激微有，余味干净舒适	略有
红河	较细腻、愉悦，甜润明显，成团性好	香气量足，透发，浓度浓	刺激略有，余味较干净较舒适	微有
保山	较细腻、较愉悦，甜润较明显，成团性好	香气量足，透发，浓度浓	刺激微有、余味干净舒适	略有
昭通	较细腻、较愉悦，甜润较明显，成团性尚好	香气量尚足，尚透发，浓度尚浓至较浓	刺激略有，余味较干净较舒适	有

由于昆明、曲靖、红河、保山、昭通 5 市（州）内各县（区）的地理跨度较大，海拔差异较大，导致各县（区）的 K326 品种烟叶感官质量仍有明显差异，需要根据烟叶香气质、香气量、杂气、口感、劲头及评吸总分等 6 个感官评吸指标，对昆明、曲靖、红河、保山、昭通五大生态类型区域中各亚区内的 K326 品种烟叶感官质量进行评价。评价结果表明，在

云南省昆明、曲靖、红河、保山、昭通5大生态区内的各生态亚区中，K326品种烟叶的感官质量仍有明显差异（表3-9）。

由此，项目组根据评吸结果，结合生态亚区分类，将上述五大生态区内13个生态亚区的K326品种烟叶根据感官品质划分为13个品质类型亚区，以便使用配方时对K326品种烟叶进行优料优用。现将13个品质类型亚区的K326品种烟叶的感官质量分类特征描述于表3-10。

项目组研究认为K326品种烟叶的整体感官质量特色为：烟草本香显露较好，香气质好，甜韵感明显，香气量足、饱满，底蕴厚实，浓度高，杂气轻，余味干净舒适。各产区、各部位烟叶的感官质量特色、配方功能及在某卷烟系列产品中的应用情况汇总如下：

K326品种烟叶与其他品种烟叶相比，整体感官品质以烟草本香足、香气饱满、烟气浓度高为主要特点，但因产地生态区域和烟叶部位不同其感官品质有差异，下面就对K326品种在各产区的烟叶分部位进行感官质量评价：

（1）昆明烟区K326品种各部位烟叶感官质量评价。昆明烟区K326品种烟叶与其他烟区相比，整体感官质量特点为：香气质细腻，甜度好，香气量较足，烟气饱满，香气丰富性、透发性好，杂气少，刺激性小。其各部位烟叶的感官质量特点如下。

上部烟叶：清香有甜韵，烟草本香突出，底蕴厚实，香气清新、明亮，香气质地细腻，香气丰富性、透发性好，香气量较足；烟气饱满，甜度好，绵延性尚好，成团性较好，柔和性尚好，浓度较浓，杂气有，刺激有，余味尚净尚适，劲头中偏强。香气特征以清香为主，兼有焦香、甜韵、果香，烟草本香表现为厚实、成熟、丰富。

中部烟叶：清香甜韵较好，烟草本香突出，底蕴厚实，香气清新、明亮，香气质地细腻、丰富，透发性较好，香气量较足；烟气流畅，甜度好，柔和性、绵延性、成团性较好，浓度适中，杂气少，刺激略有，余味尚净尚适，劲头适中。香气特征以清香为主，甜韵较好，兼有果香、花香，烟草本香表现为成熟、柔和、绵延、细腻。

下部烟叶：清香，香气尚愉悦，丰富性、透发性尚好，香气量尚足，香气质较细腻，甜度、绵延性、成团性尚好，柔和性较好，浓度中偏低，杂气有，刺激有，余味尚净尚适，劲头中偏低。香气特征以清香为主，略有甜韵和果香，烟草本香有。

表 3-9　不同生态区中各生态亚区内 K326 烟叶感官质量比较

生态类型区	生态亚区	覆盖范围	香气量		香气质		杂气		口感		劲头		总分
			范围	平均	范围	平均	范围	平均	范围	平均	范围	平均	平均
昆明	Ⅰ-1	宜良、石林	12.8～13.7	13.5	52.6～55.6	54.5	6.9～7.5	7.3	12.9～13.5	13.3	5.7～6.9	6.8	88.6
	Ⅰ-2	晋宁、安宁、嵩明	12.7～13.4	13.2	51.7～54.6	53.8	6.8～7.3	7.0	12.7～13.4	13.1	5.8～6.8	6.4	87.1
	Ⅰ-3	富民、寻甸	12.6～13.2	12.9	51.6～54.0	53.0	6.8～7.1	7.0	12.6～13.2	13.0	5.7～6.7	6.0	85.9
曲靖	Ⅱ-1	罗平	12.6～13.5	13.0	52.1～53.8	52.9	6.8～6.9	6.9	12.8～13.4	13.3	5.7～6.7	6.4	86.1
	Ⅱ-2	陆良、师宗	12.4～13.3	12.9	51.6～52.7	52.5	6.7～6.9	6.8	12.9～13.2	13.0	5.7～6.6	6.1	85.2
	Ⅱ-3	富源、宣威	12.2～13.1	12.8	51.1～52.3	52.1	6.5～6.9	6.7	12.8～13.1	13.0	5.7～6.5	6.1	84.6
红河	Ⅲ-1	建水、屏边、个旧、开远、蒙自	13.6～13.9	13.8	52.8～54.3	54.1	6.7～7.3	7.0	12.5～13.2	12.8	5.8～6.4	6.2	87.7
	Ⅲ-2	弥勒、石屏	12.8～13.7	13.5	52.6～54.1	53.8	6.5～7.1	6.8	12.4～13.0	12.5	5.7～6.3	6.1	86.6
	Ⅲ-3	泸西	12.7～13.5	13.3	52.6～53.3	53.0	6.3～6.9	6.6	12.1～13.1	12.2	5.7～6.2	6.0	85.1
保山	Ⅳ-1	腾冲、龙陵	13.3～13.7	13.6	52.0～55.2	54.3	6.8～7.3	7.1	12.8～13.8	13.5	6.2～6.5	6.4	88.5
	Ⅳ-2	昌宁、施甸	13.1～13.5	13.4	51.7～54.8	53.9	6.6～7.1	6.8	12.9～13.6	13.3	6.1～6.4	6.3	87.4
	Ⅳ-3	隆阳	12.9～13.4	13.2	51.5～54.5	53.6	6.4～7.0	6.5	12.8～13.4	13.1	6.1～6.3	6.2	86.4
昭通	Ⅴ-1	镇雄	12.3～12.7	12.5	51.1～52.3	52.1	6.2～6.6	6.4	12.4～12.6	12.5	6.5～6.7	6.6	83.5

注：评吸总分不包括劲头。

表3-10 各生态亚区K326烟叶感官质量分类特征描述

生态类型区	生态亚区	覆盖范围	香气质	香气量	口感	杂气
昆明	Ⅰ-1	宜良、石林	细腻、愉悦，甜润明显，成团性好	香气量较足，透发，浓度浓	刺激微有，余味干净舒适	微有
	Ⅰ-2	晋宁、安宁、嵩明	细腻、愉悦，甜润明显，成团性较好	香气量较足，透发，浓度较浓至浓	刺激微有，余味干净舒适	微有
	Ⅰ-3	富民、寻甸	细腻、较愉悦，甜润较明显，成团性尚好	香气量较足，较透发，浓度较浓	刺激微有，余味干净较适	微有
曲靖	Ⅱ-1	罗平	细腻、愉悦，甜润明显，成团性好	香气量较足，较透发，浓度较浓	刺激微有，余味干净舒适	略有
	Ⅱ-2	陆良、师宗	细腻、较愉悦，甜润较明显，成团性较好	香气量尚足，尚透发，浓度尚浓至较浓	刺激微有，余味较净舒适	略有
	Ⅱ-3	富源、宣威	细腻、较愉悦，甜润较明显，成团性尚好	香气量尚足，尚透发，浓度尚浓	刺激微有，余味干净舒适	略有
红河	Ⅲ-1	建水、屏边、个旧、蒙自、开远	较细腻、愉悦，甜润较明显，成团性好	香气量足，透发，浓度浓	刺激略有，余味较净较适	微有
	Ⅲ-2	弥勒、石屏	细腻、愉悦，甜润明显，成团性好	香气量较足，透发，浓度浓	刺激略有，余味较净较适	微有
	Ⅲ-3	泸西	细腻、较愉悦，甜润较明显，成团性较好	香气量较足，较透发，浓度较浓至浓	刺激略有，余味较净较适	微有
保山	Ⅳ-1	腾冲、龙陵	较细腻、愉悦，甜润明显，成团性好	香气量足，透发，浓度较浓	刺激微有，余味干净舒适	略有
	Ⅳ-2	昌宁、施甸	细腻、较愉悦，甜润明显，成团性好	香气量较足，透发，浓度浓	刺激微有，余味干净舒适	略有
	Ⅳ-3	隆阳	细腻、较愉悦，甜润较明显，成团性较好	香气量较足，较透发，浓度较浓至浓	刺激微有，余味干净舒适	略有

（续）

生态类型区	生态亚区	覆盖范围	香气质	香气量	口感	杂气
昭通	V-1	镇雄	细腻、较愉悦，甜润较明显，成团性尚好	香气量尚足，尚透发，浓度尚浓	刺激略有，余味较净较适	有

（2）保山烟区 K326 品种各部位烟叶感官质量评价。保山烟区 K326 品种烟叶与其他烟区相比，整体感官质量特点为：香气质细腻，甜度好，香气量足，烟气饱满，香气丰富性、透发性好，杂气少，刺激性小。其各部位烟叶的感官质量特点如下。

上部烟叶：清香有甜韵，烟草本香突出，底蕴厚实，香气清新、明亮，香气质感细腻，香气丰富性、透发性好，香气量较足；烟气饱满，甜度好，绵延性尚好，成团性较好，柔和性尚好，浓度较浓，杂气有，刺激有，余味尚净尚适，劲头中偏强。香气特征以清香为主，兼有焦香、甜韵、果香，烟草本香表现为厚实、成熟、丰富。

中部烟叶：清香有甜韵，烟草本香突出，底蕴厚实，香气清新、明亮，香气质地细腻、丰富，透发性较好，香气量较足；烟气流畅，甜度好，柔和性、绵延性、成团性较好，浓度适中，杂气较少，刺激有，余味尚净尚适，劲头适中。香气特征以清香为主，甜韵好，兼有果香、花香，烟草本香表现为成熟、柔和、绵延、细腻。

下部烟叶：清香，香气尚愉悦，丰富性、透发性尚好，香气量尚足，香气质较细腻，甜度、绵延性、成团性尚好，柔和性较好，浓度中，杂气有，刺激有，余味尚净尚适，劲头中偏低。香气特征以清香为主，略有甜韵和果香，烟草本香有。

（3）红河烟区 K326 品种各部位烟叶感官质量评价。红河烟区 K326 品种烟叶与其他烟区 K326 品种相比，其整体感官质量特点为：烟气浓郁，甜度尚好，香气质较细腻，香气丰富性、透发性较好，香气量足，烟气饱满，杂气有，刺激有。其各部位烟叶的感官质量特点如下。

上部烟叶：香气浓郁、清新并存，浓郁中透出清新感，烟草本香突出、底蕴厚实，香气质地尚细腻，香气丰富性、透发性较好，香气量足；

烟气饱满，甜度尚好，绵延尚好，成团性较好，柔和性尚好，浓度较浓，杂气有，刺激有，余味尚净尚适，劲头中偏强。香气特征以清香为主，兼有焦香、甜韵、果香，烟草本香表现为厚实、成熟、丰富。

中部烟叶：香气清新，底蕴浓郁，清新中透出浓郁的底蕴，烟草本香厚实，香气质地较细腻、丰富，透发性较好，香气量足；烟气流畅，甜度尚好，柔和性、绵延性、成团性较好，浓度适中，杂气有，刺激略有，余味尚净尚适，劲头适中。香气特征以清香为主，甜韵尚好，兼有果香、花香，烟草本香表现出成熟、柔和、绵延、细腻的特点。

下部烟叶：清香，香气尚愉悦，丰富性、透发性尚好，香气量尚足，香气质较细腻，甜度、绵延性、成团性尚好，柔和性较好，浓度中，杂气有，刺激有，余味尚净尚适，劲头中偏低。香气特征以清香为主，略有甜韵和果香，烟草本香有。

（4）曲靖烟区K326品种各部位烟叶感官质量评价。曲靖烟区K326品种烟叶与其他烟区相比，整体感官质量特点为：香气质细腻，甜度较好，香气量较足，烟气较饱满，香气丰富性、透发性较好，杂气少，刺激性小。其各部位烟叶的感官质量特点如下。

上部烟叶：清香有甜韵，烟草本香明显、底蕴较厚实，香气清新、自然，香气质细腻，香气丰富性、透发性较好，香气量较足；烟气较饱满、流畅，甜度较好，绵延性尚好，成团性较好，柔和性较好，浓度较浓，杂气有，刺激有，余味尚净尚适，劲头中偏强。香气特征以清香为主，有甜韵，兼有焦香、果香，烟草本香表现为成熟、丰富、自然。

中部烟叶：清香有甜韵，烟草本香明显、底蕴较厚实，香气清新、明亮，香气质感细腻、丰富，透发性尚好，香气量较足；烟气流畅，甜度较好，绵延性、成团性较好，柔和性好，浓度适中，杂气少，刺激略有，余味尚净尚适，劲头适中。香气特征以清香为主，有甜韵，兼有果香、花香，烟草本香表现为成熟、柔和、绵延、细腻。

下部烟叶：清香，香气尚愉悦，丰富性、透发性尚好，香气量尚足，香气质较细腻，甜度、绵延性、成团性尚好，柔和性较好，浓度中偏低，杂气有，刺激有，余味尚净尚适，劲头中偏低。香气特征以清香为主，略有甜韵和果香，烟草本香有。

（5）昭通烟区K326品种各部位烟叶感官质量评价。昭通烟区K326

品种烟叶与其他烟区相比，整体感官质量特点为：香气质较细腻，甜度尚好，香气量尚足，香气丰富性、透发性尚好，杂气有。其各部位烟叶的感官质量特点如下。

上部烟叶：清香，烟草本香明显，底蕴尚厚实，香气清新、自然，香气质地尚细腻，香气丰富性、透发性尚好，香气量较足；烟气较饱满、流畅，甜度尚好，绵延性、成团性尚好，柔和性较好，浓度较浓，杂气略有，刺激有，余味尚净尚适，劲头中。香气特征以清香为主，兼有焦香、果香，烟草本香表现为成熟、柔和、自然。

中部烟叶：清香有甜韵，烟草本香明显，底蕴尚厚实，香气清新、明亮，香气质地较细腻、丰富，透发性尚好，香气量较足；烟气较流畅，绵延性、成团性尚好，柔和性较好，浓度适中，杂气略有，刺激有，余味尚净尚适，劲头适中。香气特征以清香为主，有甜韵，兼有果香、花香，烟草本香表现为成熟、柔和、细腻。

下部烟叶：清香，香气尚愉悦，丰富性、透发性尚好，香气量尚足，香气质较细腻，甜度、绵延性、成团性尚好，柔和性较好，浓度中偏低，杂气有，刺激有，余味尚净尚适，劲头中偏低。香气特征以清香为主，略有甜韵和果香，烟草本香有。

综上所述，K326 品种烟叶具有较强的生态区域特征和部位特点，这些特征和特点在卷烟配方中必将成为塑造卷烟品牌的重要质量要素。

五、致香物质特征

烟草致香物质直接影响卷烟制品的品质，很大程度上决定了烟草品质的优劣（刘宇，2006），是评定烟草及其制品品质的重要因素之一（周冀衡等，2004）。致香物质大多是烟草次生代谢的产物，烟叶致香物质前体物是烟叶在生长发育过程中形成的，其本身不具有香味，多为结构复杂的大分子化合物（Kumar，2008）。它们是由乙酸、莽草酸、分支酸、丙二酸、己糖磷酸、甲羟戊酸等前体产生的，烟叶中致香物质前体物的种类、含量以及降解转化条件的控制对烟叶致香物质的形成有很大影响。

烟叶致香物质成分复杂，按致香物质基团不同，可分为酸类、醇类、酮类、醛类、酯类、内酯类、酚类、氮杂环类、呋喃类、酰胺类、醚类及烃类；按致香物质与香气前体物的关系，可分为异戊间二烯类和降-异戊间二烯类、生物碱及其转化产物、苯丙氨酸和木质素代谢产物、脂类代谢产物、糖与氨基酸非酶棕化产物（景延秋等，2005；Rowland，1957）。Rowland等（1957）从烤烟中分离鉴定出茄尼醇、新植二烯等；Miller等（1976）借助气相色谱、质谱、红外、核磁共振仪等技术，分离鉴定出包括羧酸类、醇类、醛类、酯类、内酯类、酮类等致香物质在内共计12类323种化合物，其中132种属首次发现，这为致香物质化学成分的研究奠定了重要的基础。冼可法等（1992）鉴定出云南烤烟中129种香味物质，并证明烤烟的香型不同是由于各种致香物质的比例不同造成的，这为云南烤烟独特的风格特征与致香物质化学成分的关系提供了一定的依据。此外，Cooke等（2010）在烟草中也发现了100多种酸性致香成分，并且发现烤烟和香料烟中含有较高的挥发性脂肪酸。据彭黔荣（2002）统计报道，烟叶中已被鉴定的致香化学成分有2 549种，烟气中有3 875种，其中有1 135种为烟叶和烟气所共有，单独存在于烟叶中的有1 414种，烟叶和烟气中已被鉴定的化合物总共有5 289种。由此可见，烟草的致香物质成分种类繁多，结构复杂。

2007—2008年项目组在云南省昆明、曲靖、保山三大类型生态烟区采集的K326和红花大金元、云烟87等3个主栽品种的400个代表性烟样（每套烟样含B2F、C3F各1个样）的致香物质进行定性、定量分析，共检出83种化合物，其中有75种按官能团的不同可归属于六大类有较大影响的致香化合物。其中醛、酮类34种，醇类8种，酯类、内酯类7种，酚类6种，呋喃类8种，氮杂环类10种。

由表3-11可见，K326、红花大金元、云烟87三个品种间的致香物质含量差异较大，相同品种上部叶致香物质含量明显比中部叶高。不论上部叶还是中部叶，大多数指标，尤其是醛、酮类和醇类致香物质K326比红花大金元含量低，比云烟87含量高，而呋喃类化合物，上部叶低于云烟87品种，中部叶高于云烟87品种，氮杂环化合物与云烟87品种相当。

由表3-12看出，具有花香特征的5种化合物含量，K326品种烟叶比红花大金元品种烟叶高22.26%；而具有清香、清甜香或焦甜香特征的11种化合物含量K326品种比红花大金元品种烟叶低4.83%。

表 3-11　K326 与红花大金元、云烟 87 品种烟叶致香物质含量比较

指标（μg/g）	K326		红花大金元		云 87	
	B2F	C3F	B2F	C3F	B2F	C3F
醛、酮类化合物	56.8	49.5	60.8	51.4	54.7	46.2
醇类化合物	40.9	37.7	56.6	53.1	34.9	28.7
酯类和内酯化合物	24.4	22.6	27.3	26.0	21.8	20.4
酚类化合物	2.9	2.9	4.2	4.0	2.9	2.7
呋喃类化合物	4.4	4.7	5.1	4.5	5.5	3.5
氮杂环化合物	5.4	5.0	6.0	5.5	5.6	5.1
合计	134.8	122.4	160.0	144.5	125.4	106.6

表 3-12　K326 与红花大金元清香、花香、清甜香、焦甜香类化合物比较

指标（μg/g）	香气类型	红花大金元	K326
香叶基丙酮	花香	2.373	2.591
金合欢基丙酮 A	花香	8.825	11.304
金合欢基丙酮 B	花香	1.130	1.277
芳樟醇	花香	0.279	0.265
甲酸芳樟酯	花香	0.126	0.131
小计		12.733	15.568
苯甲醇	清香	5.561	4.655
苯甲醛	清香	0.165	0.134
2,4-庚二烯醛	清香	0.182	0.162
2,6-壬二烯醛	清香	0.162	0.149
小计		6.069	5.099
苯乙醇	清甜香	2.435	2.652
BETA-大马酮	清甜香	7.890	7.845
BETA-二氢大马酮	清甜香	2.821	2.805
小计		13.146	13.302
面包酮	焦甜香	0.164	0.156
3-甲基-2（5H)-呋喃酮	焦甜香	0.132	0.100
1-(2-呋喃基)-乙酮	焦甜香	0.189	0.173
3,4-二甲基-2，5-呋喃二酮	焦甜香	0.425	0.323
小计		0.910	0.752
合计		32.858	34.721

综上所述，项目组认为K326整体感官品质以烟草本香足、香气饱满、烟气浓度高、底蕴厚实为主要特点，是清香型风格卷烟不可缺少的原料，现在国内没有一个品种在这些方面能超过K326品种，在卷烟配方中的主要配方功能是强化烟草本香和香气底蕴，增加烟气浓度和改善吃味，形成消费者认可的产品风格。

第四章 K326品种适宜种植的生态环境及区域分布

一、生态气候条件对K326品种种植的影响

生态条件是决定烟叶质量的基本因素，对烟叶品质和风格具有重要的影响（邵丽等，2002；许自成等，2005；程亮等，2009），气候和土壤环境使烟叶香吃味具有明显的、不可代替的地域特色和生态优势（刘国顺，2003）。同一基因型的烤烟由于受到生态等因素的影响，其烟叶香味成分的含量和比例都不同，从而造成了香气风格特征的差异（于建军等，2009c）。生态因素主要包括气候（光照、温度、降水）、土壤条件、海拔高度等。

（一）地形、地势和地貌

地形、地势对土壤的空气、水分、温度、养分含量和气候条件产生影响（李洪勋等，2007），与烟草的生长发育、产量和品质有着密切的关系。研究证明，在海拔1 400～1 800m的平地或缓坡梯地，丘陵坡地不大于15°时，能生产高质量的烟叶（董谢琼等，2007）。不同地貌区域所产烟叶的质量也明显不同，曹景林等（2005）研究表明，平川区烟叶颜色浅，身份较薄，油分少；高山坡区烟叶颜色深，光泽较暗；低山或中山缓坡区烟叶颜色正常，光泽鲜明，身份好，烟叶糖和烟碱含量较高，总氮和蛋白质含量略低，化学成分比例相对较为协调。不同地貌区域烟叶化学成分的表现与外观质量表现基本一致，这可能与相应地域的气候条件有关。云南烟区生产优质烟草的地形地貌以山坡地、山麓和丘陵地为好，丘陵地自然坡

度15°以下的耕地为最适烟耕地，平地次之，洼地最差（云南烟草栽培学，2007）。

（二）气候因子

在烤烟生长发育的各个时期，光照、温度、降水量等气象因子与特色烟叶的形成有密切的关系，也可以说特色烟叶的形成是各项因子综合作用的结果。大量研究表明（王彪等，2005；黎妍妍等，2007；黄中艳等，2007；张国等，2007；陈伟等，2008），气象因素是影响烟叶化学成分的重要因素之一。张波等（2010）对凉山烟区主要气象因子与烟叶化学成分进行相关分析表明，主要气象因子对烟叶化学成分含量的表现为：日均温＞空气相对湿度＞日照时数＞降水量＞气温日较差，其中旺长期时气象因子对烟叶化学成分的影响最大。但是气象因子在不同生态烟区对化学成分的影响不尽相同。

1. 光照

烤烟是一种喜光作物，光照强度对烟草生长发育和品质形成有较大影响，充足而不强烈的光照才能生产出优质的烟叶。光照过强容易导致烟碱含量升高，刺激性强，香吃味变差，从而导致烟叶品质下降；光照太弱影响光合作用的正常进行，叶片中干物质积累不足，香气量减少，香气质变差，内在品质降低。据王广山等（2001）研究，光照强度太低不能满足光合作用的需要，形成的碳水化合物多数被呼吸消耗掉，烟叶品质较差，烟碱含量较高。杨兴有等（2007）研究发现，遮阳条件下烟株干物质积累下降，叶片组织变薄，色素含量升高，落黄成熟时间延长；转化酶活性降低，但遮阳解除后又开始升高。在强光照射下，烟叶的栅栏组织和海绵组织的细胞壁均加厚，形成“粗筋暴叶”，烟碱含量升高。温永琴等（2002）发现，云南烟叶在光照较强的年份石油醚提取物含量较高，认为太阳辐射对云南烤烟多酚类致香物的质、量及脂溶性致香物的量均为正效应，以对多酚类致香物的影响最为强烈（郝葳等，1996）。戴冕等（1985）认为，光照与烟叶还原糖积累呈显著负相关关系。陈伟等（2008）、杨兴有等（2007）研究表明，成熟期随着光照强度的降低，烤后烟叶中性致香成分含量有增加的趋势，但是增加到一定程度后又出现下降。烟叶致香物质多为烟株次生代谢产物，适当遮阳条件下，中性致香物质（李东霞等，

2009）、次生代谢物质含量（张文锦等，2006）均有增加的趋势，这与茶叶中的研究一致（王博文等，2006）。在云贵等低纬度、高海拔地区，烤烟成熟期的温度较高，光照强度较大，尤其是日光中短波紫外辐射光的强度高，有利于烟叶中类胡萝卜素的积累。而在黑龙江和河南等低温区以及紫外光强度较低的烟区，烟叶的类胡萝卜素合成量减少，而且多酚的含量升高。光周期对多酚类化合物的合成也有比较大的影响，光照时间长的烟草其多酚的含量高，而在红光条件下和在温室里生长的烟草多酚含量减少（周冀衡等，2005）。

光照时间长短会影响烟草的发育特性，延长光照时间可以增加叶宽，烟叶中钾、总氮、烟碱含量随着光照时间的延长而降低，这可能是由于干物质被稀释的缘故。谢敬明等（2006）发现，红河烟区烟叶的总糖含量受成熟期（8 月）日照时数的影响，施木克值和钾的含量受旺长期到成熟期（6 月下旬至 8 月下旬）日照时数的影响较大；钙含量主要受 6 月日照时数的影响。王彪等（2005）对云南烟区烟叶的化学成分与当地主要气象因子的关联度分析表明，不同的气象因子以及不同月份的气象条件与烟叶化学成分有不同的关联度，与旺长期和成熟期的日照时数的关联度最高的是水溶性总糖、还原糖和蛋白质。

增加蓝光比例对叶片生长具有一定的抑制效应，叶长、宽和叶面积减小，使叶重比和干鲜比增加，叶片加厚，叶绿素含量增加，硝酸还原酶活性和呼吸速率提高，叶片总氮、蛋白质、氨基酸含量提高，氮代谢增强，C/N 降低。史宏志等（1999）研究也表明，在复合光中增加红光比例对烟草叶面积的增加有一定的促进作用，但叶重降低，叶片变薄。戴冕等（1985）指出，高密度种植的烟叶要比低密度种植的烟叶茎秆长一些，叶子短而窄，这可能与植株生长发育过程中所接受的光源组成有关。短波光在较低强度下对烟草腋芽发生有促进作用，而长波光需要在较高的光照强度下才能促进腋芽的发生。

2. 温度

烟草是喜温作物，在 20～28℃时，烟叶的内在质量随着成熟期平均温度升高而提高。优质烤烟所期望的适宜温度范围是 26～28℃，此时烟株根系不仅具有较高的生理活性，而且能维持较长时间（王彦亭等，2005）。韦成才等（2004）对陕南 5 个植烟县的气候与其烟叶品质关系的研究表明，5—8月平均气温过高反而不利于糖分的积累，但也有研究指出，温度与烤烟还原糖的积累相关性不显著。王彪等（2005）的研究表明，旺长期和成熟期的温度与烤烟的水溶性总糖、总植物碱、蛋白质、总氮含量的关联度很高。另有研究指出，温度影响烟草叶面积和烟碱含量，5cm地温和气温升高都会导致烟碱含量增加（肖金香等，2003）。烟草生长期间，需有一定积温才能满足其生长发育的需要。在南方烟区，大田生育期间大于10℃活动积温为2 000～2 800℃，大于8℃的有效积温为1 200～2 000℃，大于10℃的有效积温为1 000～1 800℃，可以生产品质优良的烟叶。有研究表明，成熟期积温与烟碱含量呈正相关关系（金爱兰等，1991）。从烤烟品质出发，烟株对气温要求前期略低于最适生长温度，后期要求温度较高，成熟期较理想的平均温度是20～24℃，有利于烟叶内同化物质的积累和转化，增加烟叶的香吃味。张润琼等（2003）研究指出六盘水市境内6—9月平均气温为19～22℃，是生产清香型优质烤烟的理想气温。韦成才等（2004）对陕南烤烟质量与气象因子的关系研究表明，总糖、还原糖与大田期（5—8月）的平均气温呈显著负相关关系。戴冕等（2000）对我国10个主产区的烟叶化学成分与气象因子进行了相关分析，研究认为成熟采收期旬平均气温、积温和≥30℃时，高温与还原糖积累之间呈显著负相关关系，与烟碱积累呈显著正相关关系。温度对烟叶品质的影响不仅表现在平均气温上，还表现在昼夜温差上。丁根胜等（2009）在南平烟区的研究表明，在一定范围内，平均气温升高、降水量减少、日照时数增多有利于碳水化合物的积累，但是对含氮化合物的积累不利。在烟叶的成熟期，较小的昼夜温差，有利于光合产物在烟叶内积累，这有利于提高烟叶的品质，同时多酚的积累也受到昼夜温差的影响。

3. 降雨

降水量和降雨的分布可以影响土壤的水分状况、烟田的空气湿度以及叶面腺毛分泌物，戴冕等（2000）指出雨湿因素与烟碱的积累呈极显著的正相关关系。就降水量而言，旺长期（6月）和成熟初期（7月）的降水量与烟碱含量的关联度最高，在适当范围内，烟碱含量与降水量呈正相关关系。王彪等（2005）研究认为与旺长期的降水量有较高相关度的是还原糖、总植物碱、总氮，降雨能淋洗大量烟叶表面类脂成分。温永琴等（2002）认为，大田期总降水量对云南烤烟的脂溶性香气物质的影响为负效应，云南最适宜烤烟种植区的大田期旬均降水量以 45～50mm 为宜。

项目组对 K326 品种在云南省内各个种植区域的经纬度和近 30 年的大田期平均降雨、温度、日照时数等气象信息进行收集、整理，结果表明，K326 最适宜种植的气候条件为：气温较高（20～22℃），日照时数较高（600～700h），适宜降水量（500～600mm）；各县（区）烤烟大田期的温度、日照和降水量详见表 4－1。

表 4－1　K326 品种种植区域气象要素情况

市（州）	县（区）	经度	纬度	平均海拔（m）	大田期		
					均温（℃）	降水量（mm）	日照（h）
昆明	石林	103.27°E	24.73°N	1 758	20.4	636	727
	宜良	103.17°E	24.92°N	1 703	21.5	597	694
	安宁	102.48°E	24.93°N	1 852	19.7	599	577
	晋宁	102.62°E	24.65°N	1 772	19.5	600	654
	富民	102.50°E	25.23°N	1 996	19.0	577	649
	嵩明	103.03°E	25.33°N	1 854	19.4	670	568
	寻甸	103.27°E	25.55°N	1 978	19.1	683	608
曲靖	陆良	103.67°E	25.03°N	1 853	19.7	595	591
	富源	104.25°E	25.67°N	1 902	19.3	731	459
	师宗	103.98°E	24.83°N	1 850	19.8	787	516
	宣威	104.08°E	26.22°N	1 918	19.0	650	588
	罗平	104.32°E	24.98°N	1 603	20.6	1 108	588
红河	弥勒	103.45°E	24.40°N	1 681	21.2	582	578
	泸西	103.77°E	24.53°N	1 810	19.5	576	507
	开远	103.25°E	23.70°N	1 383	21.3	620	557
	蒙自	103.38°E	23.38°N	1 577	21.3	624	576
	个旧	103.15°E	23.38°N	1 449	21.4	661	552
	建水	102.83°E	23.62°N	1 506	21.7	592	598
	石屏	102.48°E	23.70°N	1 644	21.0	634	573
	屏边	103.68°E	22.98°N	1 602	21.5	737	583

（续）

市（州）	县（区）	经度	纬度	平均海拔（m）	大田期		
					均温（℃）	降水量（mm）	日照（h）
保山	隆阳	99.17°E	25.12°N	1 851	19.1	597	572
	昌宁	99.62°E	24.83°N	1 756	20.3	692	594
	施甸	99.18°E	24.73°N	1 761	19.8	621	581
	龙陵	98.68°E	24.60°N	1 347	20.3	998	430
	腾冲	98.50°E	25.02°N	1 743	20.0	801	510
昭通	镇雄	104.87°E	27.43°N	1 560	18.8	550	591

（三）土壤

土壤是烤烟赖以生存的物质基础，也是影响烟叶品质的主要生态因素之一，在一定程度上决定着烟叶的质量特点，影响着烤烟化学成分的变化（黄成江等，2007；唐新苗等，2011）。烟草对土壤的要求以土层深厚，土质肥美且温暖、疏松、排水优良之沙质土为宜。在不同土壤类型上栽培烟草，红土比黄土好，红黄土比黄土好，黄土比油沙土好，油沙土比两合土好，两合土比黑土好（颜成生等，2006）。黎成厚等（1999）认为，烟叶产量与土壤中黏粒和物理性黏粒含量均呈极显著的负相关关系。郝葳等（1996）认为，优质烟区的土壤质地应为沙壤土至中壤土，耕层土壤容重为 1.1～1.4g/cm^3，土壤总空隙度为 47.3%～56.9%。窦逢科等（1992）认为，在丘陵山区土壤质地虽然黏重，但由于少氮富钾，也能生产出色泽金黄、品质优良的烟叶。土壤养分含量是评价土壤肥力的重要指标，其丰缺状况和供应强度直接影响着烟草的生长发育、烟叶产量和质量（颜成生等，2012；高林等；2012），优质烟叶的生产与土壤养分状况有着十分密切的关系（胡国松等，2000）。寇洪萍（1999）研究认为，土壤 pH 对烟叶化学成分间的协调性影响很大，总糖/蛋白质值、总糖/烟碱、总氮/烟碱在 pH 为 6.5～7.5 时较适宜。烟叶钼、钙含量与土壤 pH 有极显著正相关关系，烟叶中有机物与 pH 有显著负相关性。焦油量比同等条件下碱性土壤种植的焦油量低 20%。国内许多研究认为，我国烟区土壤有机质含量以 10.0～20.0kg 为宜，南方多雨区以 15.0～30.0g/kg 为宜（胡国松等，2000）。

项目组对K326品种在云南省内各个种植区域的土壤状况进行调查，收集整理相关资料。结果表明，土壤pH均处于5.5～6.5适宜范围内。有机质平均含量均在中等偏上水平，其中曲靖最高，其次是昆明、保山和昭通，红河相对较低；土壤有效氮含量均处于适宜范围，其中保山、昭通较高，其次是曲靖、昆明，红河相对较低；土壤有效磷含量相对较高的是昆明、其次是保山、昭通，曲靖、红河相对较低；土壤速效钾含量昆明、曲靖、红河较高，其次是保山，昭通较低；土壤氯离子含量均低于植烟土壤上限（45mg/kg），相对较高的是红河，相对较低的是昆明、曲靖。总的来看，各基地土壤养分含量总体较为适宜。结果见表4-2。

表4-2　K326品种种植区域土壤状况

市（州）	县（区）	pH	有机质（%）	有效氮	有效磷	速效钾	氯离子
				（mg/kg）			
昆明	石林	6.2	2.2	97.1	24.5	202.6	25.6
	宜良	5.6	2.4	93.1	24.8	229.0	14.2
	安宁	5.3	4.4	216.0	55.3	150.5	31.1
	晋宁	5.5	3.1	131.3	28.8	222.7	17.9
	富民	6.4	2.5	105.1	33.1	235.2	11.5
	嵩明	5.9	3.4	165.3	53.5	258.5	16.1
	寻甸	6.4	3.9	172.9	25.5	223.5	8.5
	平均	5.9	3.1	134.7	35.1	217.4	17.8
曲靖	陆良	6.4	2.7	111.3	26.8	204.5	19.7
	富源	6.1	4.8	146.6	15.9	318.1	24.1
	师宗	7.0	3.6	123.5	26.5	221.1	13.4
	宣威	6.4	6.8	249.3	28.1	114.8	14.5
	罗平	6.3	3.5	141.8	42.6	297.9	28.3
	平均	6.4	4.3	154.5	28.0	231.3	20.0
红河	弥勒	6.6	2.7	128.5	26.8	276.4	32.9
	泸西	7.3	2.1	92.7	21.5	146.2	29.8
	开远	7.3	3.2	111.5	18.7	288.4	33.6
	蒙自	6.5	3.6	136.8	13.8	178.8	24.5

（续）

市（州）	县（区）	pH	有机质（%）	有效氮	有效磷	速效钾	氯离子
				(mg/kg)			
红河	个旧	5.6	3.2	158.8	14.6	224.4	30.5
	建水	6.6	2.7	126.2	29.2	253.6	51.1
	石屏	5.4	2.3	103.4	26.5	194.0	24.5
	屏边	6.4	2.3	100.3	19.1	200.5	23.7
	平均	6.5	2.8	119.8	21.3	220.3	31.3
保山	隆阳	7.5	3.8	181.4	27.5	125.3	32.6
	昌宁	5.9	2.2	110.4	18.4	125.3	20.1
	施甸	6.7	2.3	126.4	14.8	165.6	23.4
	龙陵	5.3	3.2	155.5	31.2	298.0	17.3
	腾冲	5.3	4.9	222.5	35.0	196.1	41.6
	平均	6.1	3.3	159.2	25.4	182.1	27.0
昭通	镇雄	5.5	3.3	160.0	30.0	145.1	25.8

由表4-3可知，昆明烟区土壤颗粒中粒径<0.01mm占比基本为50%～60%，沙粒占比为30%～35%，粗粉粒占比为17%～19%，黏粒占比为22%～37%，总体土壤通透性较好。红河基地土壤颗粒中粒径<0.01mm占比基本为48%～69%，沙粒占比为25%～32%，粗粉粒占比为13%～18%，黏粒占比为23%～50%，除开远黏粒比重较高外，整体土壤通透性较好。曲靖基地土壤颗粒中粒径<0.01mm占比基本为39%～62%，沙粒占比为27%～35%，粗粉粒占比为15%～19%，黏粒占比为12%～41%，总体土壤通透性较好。保山基地土壤颗粒中粒径<0.01mm占比基本为52%～77%，沙粒占比为32%～35%，粗粉粒占比为17%～19%，黏粒占比为16%～33%，总体土壤通透性较好。大理基地土壤颗粒中粒径<0.01mm占比基本为30%～50%，沙粒占比在37%左右，粗粉粒占比在20%左右，黏粒占比为8%～21%，总体土壤通透性较好。

土壤水分对烟叶品质的影响也较大，主要是通过对烤烟碳氮代谢过程的调控来决定的。成熟期轻度干旱时，烟叶中大部分香气物质含量较高，有利于烟叶香气物质的形成和转化。根系对营养元素的吸收主要通过扩散途径，而土壤中氮、磷、钾的扩散在很大程度上受土壤水分等因素的影响。孙梅霞等（2005）研究表明，气孔导度与土壤含水量呈极显著的正相关关系，当伸根期田间持水量为 61.5%、旺长期为 80.6%、成熟期为 80.0%时，气孔导度最大，有利于进行光合作用，可作为适宜的土壤水分指标。关于成熟期土壤水分研究，目前还存在一定分歧，陈瑞泰等（1987）研究发现，成熟期最适宜土壤水分含量为 60%～65%，而刘贞琦等（1995）则提出应为 70%左右。蔡寒玉等（2005）研究表明，土壤含水量与烟叶产量呈二次曲线关系，当耗水量达到一定程度时，产量增加缓慢，开始出现“报酬递减”现象，但良好的水分供应可提高水分的利用效率。Clough 等（1975）研究表明，水分胁迫会导致烟叶品质下降。发生涝害时，烟叶细胞间隙加大，组织疏松，有机物质积累减少，叶片成熟落黄慢，烘烤后叶片薄、颜色淡、弹性缺乏、香气不足。韩锦峰等（1994）研究表明，烟草在干旱胁迫下，烟碱和总氮含量升高，而总糖、还原糖和

表 4-3　云南不同烟区土壤颗粒组成（%）

市（州）	县（区）	<0.01mm	沙粒	粗粉粒	黏粒
昆明	宜良	56.1	33.3	17.9	30.6
	石林	51.3	32.2	17.3	26.5
	安宁	54.6	32.9	17.7	29.3
	晋宁	50.9	32.2	17.3	26.1
	禄劝	49.6	35.4	19.0	22.3
	寻甸	50.2	33.5	18.0	24.4
	富民	51.5	32.5	17.5	26.5
	嵩明	53.7	33.1	17.8	28.3
	西山	55.8	29.1	15.6	33.5
	官渡	61.0	30.1	16.2	37.9
红河	弥勒	57.7	29.4	15.8	35.1
	石屏	48.2	32.6	17.5	23.2
	建水	48.4	30.1	16.2	25.3
	蒙自	51.7	28.6	15.4	29.7
	泸西	54.9	31.8	17.2	30.3
	开远	69.1	24.8	13.3	50.0
	个旧	63.0	29.6	15.9	40.3

（续）

市（州）	县（区）	<0.01mm	沙粒	粗粉粒	黏粒
曲靖	陆良	51.0	31.2	16.8	27.0
	师宗	62.4	27.4	14.7	41.4
	富源	60.4	31.1	16.7	36.4
	会泽	39.0	35.6	19.1	11.6
	宣威	51.2	33.3	17.9	25.5
	马龙	53.6	33.0	17.7	28.2
	麒麟	57.4	31.2	16.7	33.5
	沾益	56.7	29.4	15.8	34.1
	罗平	57.5	33.2	17.9	30.2
保山	昌宁	73.2	33.7	18.1	21.3
	施甸	77.3	32.3	17.4	27.6
	腾冲	68.7	34.6	18.6	15.5
	隆阳	51.9	32.4	17.4	30.9
	龙陵	64.6	32.1	16.8	33.1
大理	宾川	49.5	36.6	19.7	21.4
	祥云	29.4	37.2	20.0	8.5

香气均降低，品质下降。在干旱胁迫下，烟叶中类异戊二烯化合物变化较复杂，其中二萜类化合物明显增加，类胡萝卜素物质和类西柏烷类化合物含量下降，从而影响香气质量。

（四）海拔高度

海拔高度是影响作物布局及其生长发育的重要生态因素，同一经纬度地区，随着海拔高度的变化，光照强度、光照长度、有效积温、昼夜温差、空气湿度和降水量等生态因子会发生显著变化，从而影响田间农业小气候，导致烟叶的农艺性状、经济性状、干物质积累、致香物质的转化积累和化学成分的协调性等产质量因素产生差异（周建军，2007）。

高卫锴（2011）在一定海拔范围内的研究显示，云南临沧种植的K326品种烟叶经济指标随海拔的升高而有所提高，但是当海拔超过1 900m时烟叶经济指标随海拔升高会有所降低；刘红光（2015）认为云南主要烟区 K326 品种适宜种植的海拔范围是 1 400～2 000m，其中最适宜种植的海拔区域是 1 400～1 800m。两者的研究结论基本一致。

二、K326 品种适宜种植的海拔区域及合理布局

（一）根据经济性状进行 K326 品种适宜海拔区域的筛选

在昆明、曲靖、红河和保山 4 市（州）K326 品种的主要种植区域内，选取 1 400～1 600m、1 600～1 800m、1 800～2 000m 和 2 000～2 200m 四个海拔段，在各市（州）各海拔段的红壤烟地上，分别选取 5 户烤烟栽培和烘烤正常的农户，调查 K326 品种烟叶的平均产量和产值。研究结果表明，在海拔 1 400～2 000m 区域内 K326 品种烟叶的产量和产值都比海拔 2 000～2 200m 的高，海拔超过 2 000m 时，K326 品种烟叶的产量和产值均明显下降。从亩产量和亩产值上进行比较，适宜种植 K326 品种烟叶的海拔范围为 1 400～2 000m，其中最适宜种植的海拔范围为 1 400～1 600m（表 4－4）。

表 4－4　不同海拔区域 K326 品种烟叶的产量和产值调查

海拔（m）	土壤类型	亩产量（kg）	亩产值（元）	均价（元/kg）
1 400～1 600	红壤	145.3	3 240	22.3
1 600～1 800	红壤	143.7	3 161	22.0
1 800～2 000	红壤	141.5	3 042	21.5
2 000～2 200	红壤	135.5	2 900	21.4

（二）根据感官评吸质量进行 K326 品种适宜海拔区域的筛选

2010—2012 年项目组在昆明、曲靖、红河 3 州市 K326 品种各种植县的不同海拔区域（1 400m、1 600m、1 800m、2 000m、2 200m 海拔段）内，采集 K326 品种烟样 49 套 98 个（B2F、C3F 各 49 个）进行评吸。评吸师按某卷烟品牌配方需求把烟样划分为高档、中档、中低档 3 个档次，每个档次又细分为主料、次主料、配料、填充料 4 类用途，共计 3 档 12 类用途，只有达到高档主料、高档次主料和中档主料用途要求的烟样，才能进入某卷烟品牌一、二类卷烟产品的配方。研究结果表明，在进入一、

二类卷烟配方的75个K326烟样中，来自海拔1 400～2 000m的烟样比例为97.3%，2 200米海拔的烟样比例为2.7%。因此，项目组认为在1 400～2 000m海拔区域内适宜种植K326品种（表4-5）。

表4-5　不同海拔段K326品种烟叶用途

海拔（m）	烟样数（个）	进入一、二类卷烟烟样数（个）	进入一、二类卷烟烟样比例（%）
1 400	6	5	83.3
1 600	28	21	75.0
1 800	40	36	90.0
2 000	20	11	55.0
2 200	4	2	50.0
合计	98	75	76.5

（三）根据致香物质进行K326品种适宜海拔区域的筛选

将各海拔区域采集的K326品种烟叶进行致香物质（83种）含量分析，结果表明，在海拔1 400～2 000m范围，随着海拔的升高，烟叶致香物质含量有不断增加的趋势，但当海拔达2 000～2 200m时，烟叶致香物质含量明显降低，由此，按致香物质含量分析K326品种适宜种植的海拔范围是1 400～2 000m（表4-6）。

表4-6　各海拔K326品种致香物质含量比较（μg/kg）

香味物质	1 400m	1 600m	1 800m	2 000m	2 200m
醛、酮类化合物	52.9	53.1	53.5	54.9	48.4
醇类化合物	47.0	49.5	51.4	53.7	47.6
酯类和内酯化合物	20.4	20.1	19.7	18.9	18.1
酚类化合物	3.2	3.4	3.7	3.5	3.5
呋喃类化合物	4.3	4.3	4.4	4.4	4.1
氮杂环化合物	6.4	4.9	4.9	4.7	4.3
合计	134.2	135.3	137.6	140.1	126.0

综合烟叶感官评吸和致香物质含量分析结果，项目组认为K326品种适宜种植的海拔范围是1 400～2 000m。

三、K326品种适宜种植的气候条件及合理布局

项目组对K326品种在某卷烟品牌云南原料基地内，各个种植区域的经纬度和近30年的大田期平均降雨、温度、日照时数等气象信息进行收集、整理，结果见表4-7。

表4-7 K326品种种植区域气象要素情况

州（市）	县（区）	经度	纬度	平均海拔（m）	大田期		
					均温（℃）	降水量（mm）	日照时数（h）
昆明	石林	103.27°E	24.73°N	1 758	20.4	636	727
	宜良	103.17°E	24.92°N	1 703	21.5	597	694
	安宁	102.48°E	24.93°N	1 852	19.7	599	577
	晋宁	102.62°E	24.65°N	1 772	19.5	600	654
	富民	102.50°E	25.23°N	1 996	19.0	577	649
	嵩明	103.03°E	25.33°N	1 854	19.4	670	568
	寻甸	103.27°E	25.55°N	1 978	19.1	683	608
曲靖	陆良	103.67°E	25.03°N	1 853	19.7	595	591
	富源	104.25°E	25.67°N	1 902	19.3	731	459
	师宗	103.98°E	24.83°N	1 850	19.8	787	516
	宣威	104.08°E	26.22°N	1 918	19.0	650	588
	罗平	104.32°E	24.98°N	1 603	20.6	1 108	588
红河	弥勒	103.45°E	24.40°N	1 681	21.2	582	578
	泸西	103.77°E	24.53°N	1 810	19.5	576	507
	开远	103.25°E	23.70°N	1 383	21.3	620	557
	蒙自	103.38°E	23.38°N	1 577	21.3	624	576
	个旧	103.15°E	23.38°N	1 449	21.4	661	552
	建水	102.83°E	23.62°N	1 506	21.7	592	598
	石屏	102.48°E	23.70°N	1 644	21.0	634	573
	屏边	103.68°E	22.98°N	1 602	21.5	737	583

（续）

州（市）	县（区）	经度	纬度	平均海拔（m）	大田期		
					均温（℃）	降水量（mm）	日照时数（h）
保山	隆阳	99.17°E	25.12°N	1 851	19.1	597	572
	昌宁	99.62°E	24.83°N	1 756	20.3	692	594
	施甸	99.18°E	24.73°N	1 761	19.8	621	581
	龙陵	98.68°E	24.60°N	1 347	20.3	998	430
	腾冲	98.50°E	25.02°N	1 743	20.0	801	510
昭通	镇雄	104.87°E	27.43°N	1 560	18.8	550	591

根据上述调查数据，归纳总结出了某卷烟品牌云南原料基地主要海拔区域（1 400～1 600m、1 600～1 800m、1 800～2 000m、2 000～2 200m、＞2 200m）的大田期均温、日照时数及降水量等气候条件表现为：在省内原料基地海拔 1 400～2 000m 的区域内，烤烟大田期均温达 18.5～23.5℃，日照时数达 540～725h，降水量达 510～800mm（表 4－8）。根据国家烤烟区划指标规定和烤烟品种生理特性，上述条件完全满足主栽品种 K326 的生长发育要求，因此在该海拔区域可安排种植 K326。

表 4－8　云南省内原料基地主要海拔区域的气候条件

海拔（m）	大田期		
	均温（℃）	日照时数（h）	降水量（mm）
1 400～1 600	21.5～23.5	665～725	510～650
1 600～1 800	20.5～21.5	600～650	525～750
1 800～2 000	18.5～20.5	540～600	550～800
2 000～2 200	17.5～18.5	510～580	600～850
＞2 200	＜17.5	430～500	700～900

四、K326 品种适宜种植的土壤类型及合理布局

（一）不同土壤类型 K326 烟叶产量和产值比较

项目组 2010—2012 年在云南省昆明、曲靖、红河、保山 4 市（州）种植 K326 品种的区域，选取相同海拔范围内的红壤、水稻土、紫色土、黄壤

田块，在每个市（州）对每一种类型土壤分别选取 5 户烤烟生长和烘烤正常的农户，进行 K326 品种烟叶产量、均价、产值和上中等烟比例调查，作为确定 K326 品种适宜种植土壤类型的重要依据。根据不同土壤类型 K326 品种烟叶的经济指标调查结果，来筛选 K326 品种适宜种植的土壤类型。结果表明，从经济性状表现来看，K326 品种适宜种植的土壤类型是水稻土、红壤、紫色土、黄壤，其中最适宜的土壤类型是水稻土、红壤和紫色土（表 4－9）。

表 4－9　K326 品种在不同类型土壤上的经济表现

土壤类型	产量（kg/亩）	产值（元/亩）	均价（元/kg）	上中等烟比例（%）
水稻土	143.8	2 416	16.8	91.2
红壤	142.7	2 335	16.5	90.8
紫色土	141.6	2 294	16.2	89.3
黄壤	140.2	2 243	16.0	86.4

（二）不同土壤类型 K326 烟叶感官质量比较

项目组 2010—2012 年在云南省昆明、曲靖、红河、保山 4 市（州）各基地县四种不同类型的土壤上，采集代表性的 K326 品种烟样 66 个（B2F、C3F 各 33 个）。从选取的 66 个 K326 品种烟样的评吸结果（表 4－10）看，在水稻土上种植的 K326 品种烟叶中取的样品进入一、二类卷烟配方的比例为 94.4%，在红壤上种植的 K326 品种烟叶中取的样品进入一、二类卷烟配方的比例为 90.0%，在紫色土上种植的 K326 品种烟叶中取的样品进入一、二类卷烟配方的比例为 75.0%，在黄壤上种植的 K326 品种烟叶中取的样品进入一、二类卷烟配方的比例为 50.0%。由此可见，除黄壤外，其余三类土壤上种植的 K326 品种烟叶进入一、二类卷烟配方的比例都在 75%以上。因此，从烟叶感官质量看，适宜种植 K326 品种的土壤是水稻土、红壤和紫色土，其次才是黄壤（表 4－10）。

表 4－10　不同土壤类型 K326 品种烟叶评吸结果

土壤类型	烟样数（个）	进入一、二类卷烟烟样数（个）	进入一、二类卷烟烟样比例（%）
水稻土	18	17	94.4
红壤	20	18	90.0

（续）

土壤类型	烟样数（个）	进入一、二类卷烟烟样数（个）	进入一、二类卷烟烟样比例（%）
紫色土	16	12	75.0
黄壤	12	6	50.0
合计	66	53	80.3

（三）不同土壤类型 K326 烟叶致香物质含量比较

不同的土壤类型上 K326 品种烟叶致香物质分析结果表明，在红壤、水稻土和紫色土上生长的烟叶致香物质含量均较黄壤高，从烟叶致香物质含量看，红壤、水稻土、紫色土均比黄壤更适宜种植 K326 品种（表 4－11）。

表 4－11　不同土壤类型种植 K326 品种烟叶致香物质含量比较（μg/g）

致香物质	红壤	水稻土	紫色土	黄壤
醛、酮类化合物	58.0	54.5	53.3	46.6
醇类化合物	56.8	51.2	50.6	49.9
酯类和内酯化合物	27.8	27.1	26.5	30.3
酚类化合物	4.3	4.2	4.2	4.4
呋喃类化合物	5.5	5.0	4.8	2.9
氮杂环化合物	5.8	5.3	4.9	6.7
合计	158.2	147.3	144.3	140.8

综上所述，项目组认为最适宜种植 K326 品种的土壤类型是红壤、水稻土和紫色土。

五、K326 品种适宜种植的土壤质地及合理布局

（一）不同土壤质地 K326 烟叶经济性状比较

项目组 2010—2012 年在云南省昆明、曲靖、红河、保山 4 市（州）种植 K326 品种的区域，选取相同海拔范围内的黏土、壤土、沙土质地类型的田块，在每个市（州）每一种土壤质地上分别选取 5 户烤烟生长和烘烤正常的农户，进行烟叶产量、均价、产值、上中等烟比例调查。根据不同土壤质地 K326 品种的经济性状调查结果，来筛选 K326 品种适宜种植

的土壤质地。结果表明，从烟叶经济性状看，K326 品种适宜在沙土、壤土、黏土上种植，其中最适宜的土壤质地是沙土和壤土（表 4－12）。

表 4－12　K326 品种烟叶在不同土壤质地上的经济性状

土壤质地	亩产量（kg）	亩产值（元）	均价（元/kg）	上中等烟比例（%）
沙土	143.2	2 578	18.0	92.2
壤土	140.1	2 452	17.5	90.6
黏土	138.1	2 362	17.1	87.4

（二）不同土壤质地 K326 烟叶感官评吸质量比较

项目组 2010—2012 年在云南昆明、曲靖、红河、保山 4 市（州）各基地县不同的土壤质地上，共采集代表性的 K326 品种烟样 174 个（B2F、C3F 各 87 个），进行评吸。结果表明，在壤土上种植的 K326 品种烟样进入一、二类卷烟配方的比例为 92.3%，在黏土上种植的 K326 品种烟样进入一、二类卷烟配方的比例为 82.5%，在沙土上种植的 K326 品种烟样进入一、二类卷烟配方的比例为 80.0%（表 4－13）。因此，从烟叶感官质量看，K326 品种适宜在壤土、黏土和沙土种植，但在壤土上种植的 K326 品种烟叶进入一、二类卷烟配方的比例要比黏土、沙土高。

表 4－13　K326 品种烟叶在不同土壤质地评吸结果

土壤质地	取烟样数（个）	进入一、二类卷烟烟样数（个）	进入一、二类卷烟烟样比例（%）
壤土	104	96	92.3
黏土	40	33	82.5
沙土	30	24	80.0
合计	174	153	87.9

（三）不同土壤质地 K326 烟叶致香物质含量比较

项目组 2010—2012 年在云南省昆明、曲靖、红河、保山 4 市（州）各县（区）不同的土壤质地上，采集代表性的 K326 品种烟样 144 个（B2F、C3F 各 72 个），进行致香物质含量分析，结果表明，在壤土上生长的K326品种烟叶致香物质含量较黏土高，所以从烟叶的致香物质含量看，壤土较黏土更适宜种植K326品种（表4-14）。

表4-14 不同土壤质地种植K326品种烟叶致香物质含量比较（μg/g）

致香物质	壤土	黏土
醛、酮类化合物	131.3	121.6
醇类化合物	43.2	41.5
酯类和内酯化合物	53.5	45.5
酚类化合物	38.1	35.7
氮杂环和呋喃类化合物	13.8	14.5
合计	279.9	258.8

综上所述，项目组认为K326品种适宜在壤土、黏土和沙土上种植，但其中最适宜种植K326品种的土壤质地是壤土和沙土。

六、影响K326品种烟叶产量、质量关键因子筛选研究

（一）材料与方法

1. 研究材料

结合昆明市2014年红花大金元（简称红大）、K326种植布局和海拔分布，项目组于2014年8—9月在全市植烟区共布置48个采样点，采集144个初烤烟叶样品，包括上部（B2F）、中部（C3F）、下部（X2F）各48个，进行烟叶外观质量、内在化学成分及感官评吸室内测定和分析；同时记录各采样点的基本信息和样点编号如下（表4-15），同时调查每个样点的土壤类型、土地利用类型、轮作模式、盖膜方式、移栽方式等。

表4-15 K326品种烟叶采样点基本信息

样点	县	乡/镇	村委会	村民小组	经度	纬度	海拔（m）
SM01	嵩明	牛栏江	荒田	下荒田	103.131 60°E	25.193 25°N	2 218
SM02			河西	河西	103.131 50°E	25.193 15°N	1 934
SM03			果子园	五组	103.131 40°E	25.194 74°N	2 097

（续）

样点	县	乡/镇	村委会	村民小组	经度	纬度	海拔（m）
AN01	安宁	禄脿	安丰营	大哨	102.181 90°E	24.582 01°N	1 884
AN02			安丰营	大哨	102.183 00°E	24.581 41°N	1 903
AN03			密马龙	李家村	102.105 80°E	25.033 21°N	2 018
SL01	石林	板桥	板桥	马街	103.153 70°E	24.411 79°N	1 653
YL01	宜良	古城	木龙	阿保	103.165 50°E	24.582 01°N	1 699
YL02		九乡	月照	史竹山	103.254 10°E	25.084 11°N	2 012
YL03			甸尾	甸尾	103.260 60°E	25.061 31°N	1 818
YL04		汤池	阿乃	阿乃	103.076 00°E	25.006 02°N	1 957
YL05			宰格	新村	103.030 00°E	25.031 88°N	2 053

2. 烟叶品质测评指标及标准

烟叶内在化学品质分析参考云南省优质烟叶标准（表4-16）；烟叶内在化学品质评价指标包括烟碱、总氮、还原糖、淀粉、糖碱比、氮碱比、钾氯比等，赋值及权重见表4-17。

表4-16　烟叶内在化学成分优质标准

部位	总糖（%）	还原糖（%）	总氮（%）	烟碱（%）	氮碱比	糖碱比	淀粉（%）	K_2O（%）	Cl（%）	钾氯比	两糖差（%）
上	20～28	16～24	2.2～2.6	2.2～3.4	0.6～0.8	6～10	4～6	≥1.8	0.3～0.8	4～10	4～6
中	24～32	20～28	2.0～2.5	2.0～2.7	0.7～0.9	8～12					
下	28～36	24～30	1.8～2.0	1.8～2.4	0.9～1.0	8～13					

表4-17　烟叶内在化学成分指标赋值分值及权重

指标	100	100～90	90～80	80～70	70～60	<60	权重（%）
烟碱（%）	2.2～2.8	2.2～2	2～1.8	1.8～1.7	1.7～1.6	<1.6	0.17
		2.8～2.9	2.9～3	3～3.1	3.1～3.2	>3.2	
总氮（%）	2～2.5	2～1.9	1.9～1.8	1.8～1.7	1.7～1.6	<1.6	0.09
		2.5～2.6	2.6～2.7	2.7～2.8	2.8～2.9	>2.9	
还原糖（%）	18～22	18～16	16～14	14～13	13～12	<12	0.14
		22～24	24～26	26～27	27～28	>28	
K_2O（%）	≥2.5	2.5～2	2～1.5	1.5～1.2	1.2～1	<1	0.08

（续）

指标	100	100～90	90～80	80～70	70～60	<60	权重（%）
淀粉（%）	≤3.5	3.5～4.5	4.5～5	5～5.5	5.5～6	>6	0.07
糖碱比	8.5～9.5	8.5～7 9.5～12	7～6 12～13	6～5.5 13～14	5.5～5 14～15	<5 >15	0.25
氮碱比	0.95～1.05	0.95～0.8 1.05～1.2	0.8～0.7 1.2～1.3	0.7～0.65 1.3～1.35	0.65～0.6 1.35～1.4	<0.6 >1.4	0.11
钾氯比	≥8	8～6	6～5	5～4.5	4.5～4	<4	0.09

根据昆明市烟叶外观质量特点，结合昆明市烟草公司生产部和技术中心相关专家的经验，特制定昆明市烟叶外观质量测评标准，测评指标和权重见表4-18。

表4-18　烟叶外观质量测评指标及标准

指标	权重（%）	分值	程度档次
颜色	20	16～20	橘黄
		11～15	柠檬黄
		6～10	红棕
		0～5	微带青
成熟度	20	16～20	成熟
		11～15	完熟
		9～10	尚熟
		5～8	欠熟
		0～4	假熟
叶片结构	8	7～8	疏松
		5～6	尚疏松
		3～4	稍密
		0～2	紧密
身份	7	5～7	中等
		3～4	稍薄、稍厚
		0～2	薄、厚

（续）

指标	权重（%）	分值	程度档次
油分	20	16～20	多
		11～15	有
		9～10	稍有
		0～8	少
色度	20	16～20	浓
		11～15	强
		9～10	中
		5～8	弱
		0～4	淡
长度（cm）	3	3	＞45
		2	45～35
		0	＜35
残伤（%）	2	0～2	＜10

烟叶感官质量评价指标包括香气质、香气量、余味、杂气、刺激性、燃烧性、灰色等及权重（表4-19）。

采用指数和法评价烤烟品质综合情况：$P=\sum C_i \times P_i$，式中：P为烤烟品质综合指数；C_i为第i个品质指标的量化分值，P_i为第i个品质指标的相对权重。

表4-19　烟叶感官质量测评指标及标准

指标	权重（%）	分值	程度档次
香气质	15	13～15	好
		10～12	较好
		7～9	中等
		＜7	较差
香气量	20	18～20	足
		15～17	较足
		12～14	尚足
		9～11	有
		＜9	较少

（续）

指标	权重（%）	分值	程度档次
余味	25	22～25	舒适
		18～21	较舒适
		14～17	尚舒适
		10～13	欠适
		＜10	差
杂气	18	16～18	微有
		13～15	较轻
		10～12	有
		7～9	略重
		＜7	重
刺激性	12	11～12	轻
		9～10	微有
		7～8	有
		5～6	略大
		＜5	大
燃烧性	5	5	强
		4	较强
		3	中等
		2	较差
		0	熄火
灰色	5	5	白色
		3	灰白
		＜2	黑灰

注：香型程度档次为清、清偏中、中偏清、中间香、中偏浓、浓偏中、浓香、特香型；劲头程度档次为大、较大、适中、较小、小；浓度程度档次为浓、较浓、中等、较淡、淡。

3. 烟叶产量、质量影响因素水平分级及编号

对采样地块进行GPS定位，并记录采样地块的海拔高度；通过对农户的走访调查，确定采样地块的土壤类型、土地利用类型、轮作模式、盖膜方式、土壤疏松度、水利条件、前茬作物类型、留叶数、移栽方式、种

烟年限、移栽时间、大田生育期、农家肥用量、氮磷钾养分投入量等影响因素，各因素水平分级及编号如下（表 4－20）。

表 4－20　烟叶产量、质量影响因素水平分级及编号

因素	分类	编号	因素	分类	编号	因素	分类	编号
海拔（m）	1 800 以下	H1	土壤类型	红壤	S1	土地利用类型	水田	L1
	1 800～2 000	H2		水稻土	S2		旱坡地	L2
	2 000～2 200	H3		紫色土	S3		水改旱地	L3
				黄壤	S4			
	2 200 以上	H4	轮作模式	旱地轮作	R1	土壤疏松度	疏松	D1
纯 N 亩用量（kg）	6 以下	n1		水旱轮作	R2		一般	D2
	6～7	n2		烤烟连作	R3		板结	D3
	7 以上	n3	盖膜方式	揭膜	F1	移栽方式	膜上壮苗	T1
P_2O_5 亩用量（kg）	3 以下	p1		不揭膜	F2		膜下小苗	T2
	4	p2	水利条件	水池或沟渠、灌装	I1	种烟年限（年）	0～5	A1
	5	p3		水窖或管桩	I2		5～10	A2
K_2O 亩用量（kg）	16.5 以下	k1		车拉水	I3		10 以上	A3
	16.5～19	k2	前茬作物	麦类	C1	移栽时间	4 月 15 日以前	P1
	19 以上	k3		豆科/绿肥	C2		4 月 16—25 日	P2
农家肥亩用量（kg）	0	O1		空闲	C3		4 月 26—30 日	P3
	500 以下	O2		油菜	C4		5 月 1 日以后	P4
	500～800	O3	移栽至成熟时间（d）	75 以下	B1	大田生育期（d）	140 以下	G1
	800 以上	O4		76～90	B2		141～150	G2
				90 以上	B3		150 以上	G3
			留叶数（片）	14～16	N1	留叶数（片）	19～20	N3
				17～18	N2		21～22	N4

4. 烟叶产量、质量分级标准

根据烟叶实际产量和烟叶外观质量、内在化学成分和感官质量综合的测评分值，进行烟叶产量、质量分级，标准见表 4－21。

5. 数据统计与分析

采用 EXCEL、DPS 等软件，主要运用多因子对应分析等方法，对昆明市特色品种 K326 烟叶品质进行评价和关键影响因素筛选。

表4-21 烟叶产量、质量分级标准

指标	分级编号	分级标准（kg/亩）		
产量	Y1	≤134.5		
	Y2	>134.5，≤145		
	Y3	>145		
感官质量	部位	上部叶（B2F）	中部叶（C3F）	
	TP1	≤74	≤74.5	
	TP2	>74，≤75	>74.5，≤75.5	
	TP3	>75	>75.5	
外观质量	部位	上部叶（B2F）	中部叶（C3F）	下部叶（X2F）
	TP1	≤69	≤68	≤68.5
	TP2	>69，≤72.5	>68，≤71	>68.5，≤70
	TP3	>72.5	>71	>70
化学成分	TP1	≤82	≤79	≤73
	TP2	>82，≤87.5	>79，≤82.5	>73，≤79
	TP3	>87.5	>82.5	>79

(二) 结果与分析

1. 昆明烟区不同县（市）特色品种K326烟叶品质比较

由表4-22可见，从2014年昆明烟区K326烟叶外观质量来看，嵩明比石林、宜良等南部烟区烟叶外观质量稍差。主要表现在：嵩明烟叶外观质量颜色呈橘黄偏淡，叶片结构呈尚疏松，身份稍厚至中等，油分稍有至有，色度中至强，而石林、宜良烟叶外观质量颜色呈橘黄，叶片结构呈尚疏松至疏松，身份中等，油分有，色度强。

表4-22 昆明烟区不同县（市）K326品种烟叶外观质量比较

部位	地点	颜色	成熟度	叶片结构	身份	油分	色度	长度	残伤	合计
B2F	嵩明	17.5	16.0	5.5	4.5	11.0	11.0	1.5	1.5	68.5
	安宁	18.5	16.0	5.3	4.3	11.3	10.5	1.5	1.5	69.0
	石林	18.0	16.5	6.2	5.2	12.0	12.2	1.4	1.5	72.9
	宜良	18.4	16.0	6.3	5.3	11.8	11.1	1.5	1.5	71.9

（续）

部位	地点	颜色	成熟度	叶片结构	身份	油分	色度	长度	残伤	合计
C3F	嵩明	17.5	16.0	7.0	4.5	11.0	9.0	1.5	1.5	68.0
	安宁	18.5	16.0	7.2	5.8	11.0	9.5	1.5	1.5	71.0
	石林	19.0	16.3	6.5	5.7	12.2	9.2	1.5	1.5	71.8
	宜良	17.4	16.1	7.0	5.4	10.9	9.1	1.5	1.5	68.9
X2F	嵩明	17.5	16.0	7.0	4.5	9.5	9.5	1.5	1.5	67.0
	安宁	18.0	16.0	7.0	4.7	10.0	9.3	1.5	1.5	68.0
	石林	19.0	16.0	7.2	5.8	9.8	9.5	1.5	1.5	70.3
	宜良	18.5	16.1	7.1	5.2	9.3	8.5	1.5	1.5	67.7

由表4-23可见，从烟叶内在化学成分来看，嵩明与石林、宜良等南部烟区差异很小。差异主要表现在：嵩明烟叶钾含量、钾氯比稍低于石林、宜良等南部烟区，而氯离子稍高，其他指标相当。

表4-23　昆明烟区不同县（市）K326品种烟叶内在化学成分比较

部位	县	总糖（%）	还原糖（%）	总氮（%）	烟碱（%）	K_2O（%）	氯离子（%）	淀粉（%）	糖碱比	氮碱比	钾氯比	两糖差（%）
B2F	嵩明	31.8	26.4	2.62	3.15	2.02	0.51	3.4	8.4	0.8	4.0	5.4
	安宁	28.5	22.6	2.50	3.13	2.07	0.27	1.9	7.2	0.8	7.7	5.9
	石林	32.7	26.8	2.53	2.91	2.30	0.43	3.9	9.2	0.9	5.3	5.9
	宜良	35.0	26.2	2.30	3.22	2.21	0.19	2.4	8.1	0.7	11.6	8.8
C3F	嵩明	39.1	29.8	2.13	2.21	2.01	0.51	4.6	13.5	1.0	3.9	9.3
	安宁	37.7	30.7	1.84	1.98	2.14	0.19	4.3	15.5	0.9	11.3	7.0
	石林	37.1	31.7	2.02	3.21	2.29	0.14	4.5	9.9	0.6	16.4	5.4
	宜良	40.4	31.6	1.73	2.28	2.11	0.14	4.6	13.9	0.8	15.1	8.8
X2F	嵩明	34.9	29.7	1.64	1.57	2.69	0.35	2.8	18.9	1.0	7.7	5.2
	安宁	33.1	26.9	2.06	1.41	2.39	0.18	2.2	19.1	1.5	13.3	6.2
	石林	34.9	30.0	2.16	1.59	2.74	0.29	2.6	18.9	1.4	9.4	4.9
	宜良	31.3	26.1	1.81	1.91	2.70	0.18	2.8	13.7	0.9	15.0	5.2

由表4-24可见，从烟叶感官评吸质量来看，相对于石林、宜良等南部烟区，嵩明表现较差。主要表现在：嵩明烟叶香型呈中偏清至清香，而石林、宜良总体为清香型，嵩明比石林、宜良烟叶香气质稍差，香气量不

足，质量档次偏差。

表 4-24　昆明烟区不同县（市）K326 品种烟叶感官质量比较

部位	县	香型	劲头	浓度	香气质	香气量	余味	杂气	刺激性	燃烧性	灰色	得分	质量档次
B2F	嵩明	中偏清至清香	适中	中等$^{-}$	10.5	15.5	19.0	13.5	9.0	3.0	3.0	73.5	中等$^{-}$
	安宁	清偏中至清香	适中至适中$^{-}$	中等	11.0	15.8	19.0	14.0	9.0	3.0	3.0	74.8	中等$^{-}$至较好
	石林	清香	适中	中等	11.0	16.2	19.0	13.7	9.0	3.0	3.0	74.8	中等$^{-}$至较好
	宜良	中偏清至清香	适中至适中$^{-}$	中等至中等$^{-}$	11.0	16.1	18.7	13.7	8.8	3.0	3.0	74.3	中等$^{-}$至较好$^{-}$
C3F	嵩明	中偏清至清香	适中	中等	10.5	15.5	19.0	13.0	9.0	3.0	3.0	73.0	较差$^{-}$
	安宁	清偏中至清香	适中	中等	11.0	15.8	18.8	13.7	9.0	3.0	3.0	74.3	中等$^{-}$至较好$^{-}$
	石林	清香	适中	中等	11.3	16.5	19.2	14.2	9.0	3.0	3.0	76.2	较好$^{-}$至好
	宜良	清香	适中	中等	11.2	16.4	19.1	13.7	9.0	3.0	3.0	75.4	中等$^{-}$至好

2. 主要气候因素、土壤肥力对 K326 烟叶产量、质量的影响

K326 烟叶产量、质量与主要气候因子、土壤因子的对应关系如图 4-1 所示：

（1）各县市与 K326 烟叶产量、质量的对应关系。烟叶产量、质量均分布在横轴的正方向上，石林、宜良同样投映在横轴的正方向上，而嵩明、安宁投映在负方向上，且与嵩明的相对距离更大，因此可以得出石林、宜良的 K326 烟叶产量、质量表现较好，安宁次之，嵩明较差。

（2）各县市与气候、土壤因子的对应关系。石林、宜良等昆明市南部烟区与日照时数、气温等因子相对距离小，安宁和嵩明与降水量、土壤有机质、有效氮含量等因子相对距离小，分别在 X 轴的正、负方向，由此说明，石林和宜良等昆明市南部烟区烟叶产量、质量主要受日照时数多、气温较高的影响，安宁和嵩明烟区烟叶产量、质量主要受降水量多、土壤

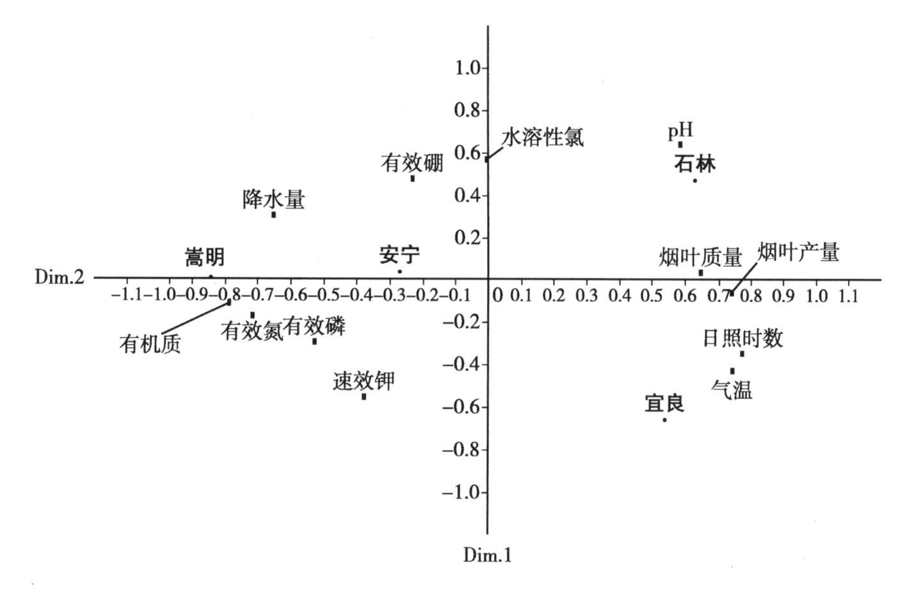

图4-1 气候、土壤肥力因素与K326烟叶产量、质量之间的对应分析

注：Dim. 是 Dimension，即维度的简称；下同。

有机质、有效氮含量较高的影响。

(3) 烟叶产量、质量与气候、土壤因子的对应关系。气温、日照时数、降水量和土壤有机质在横轴上的相对距离最大，因此是影响K326烟叶产量、质量的主要气候和土壤因子。从分布的方向上来看，气温、日照时数在正方向上，与烟叶产量、质量方向一致，而降水量和土壤有机质在负方向，与烟叶产量、质量方向相反，表明：烟叶产量、质量和气温、日照时数呈正相关关系，而与降水量、土壤有机质、有效氮含量呈负相关关系。

综上所述，石林、宜良种植的K326烟叶产量、质量表现较好，安宁次之，嵩明较差；气温、日照时数、降水量和土壤有机质、有效氮含量是影响K326产量、质量的主要气候和土壤因子，其中石林、宜良K326烟叶产量、质量较好主要受气温和日照时数较高的影响，而嵩明、安宁烟叶产量、质量降低主要受降水量、土壤有机质、有效氮含量偏高的影响。

3. 海拔、生产因素对K326产量、质量的影响

对海拔高度、土壤类型、土地利用类型、轮作制度、盖膜方式、移栽方式等影响因素与K326烟叶产量、质量进行多维列联表（表4-25）的

对应分析，结果表明：

表4-25 影响因素与K326烟叶产量、质量水平多维列联表

编号	产量			外观质量			内在化学成分			感官质量		
	Y1	Y2	Y3	TP1	TP2	TP3	TP1	TP2	TP3	TP1	TP2	TP3
H1	0	1	1	4	2	0	4	1	1	2	1	1
H2	1	2	2	2	8	5	5	4	6	3	4	3
H3	1	2	1	5	3	4	3	5	4	3	2	3
H4	1	0	0	0	1	2	0	2	1	0	2	0
S1	3	2	2	5	7	9	6	8	7	3	6	5
S2	0	1	2	3	5	1	3	2	4	4	2	0
S4	0	2	0	3	2	1	3	2	1	1	1	2
L2	3	4	2	8	9	10	9	10	8	4	7	7
L3	0	1	2	3	5	1	3	2	4	4	2	0
R1	3	3	2	11	6	7	8	10	6	5	6	5
R3	0	2	2	0	8	4	4	2	6	3	3	2
F1	2	4	0	4	9	5	9	6	3	2	5	5
F2	1	1	4	7	5	6	3	6	9	6	4	2
T1	2	3	1	6	8	4	7	8	3	4	6	2
T2	1	2	3	5	6	7	5	4	9	4	3	5
D1	3	4	1	7	10	7	9	10	5	4	7	5
D2	0	1	1	2	2	2	1	2	3	2	1	1
D3	0	0	2	2	2	2	1	1	4	2	1	1
I1	1	5	3	11	12	4	11	10	6	7	7	4
I2	2	0	1	0	2	7	0	3	6	1	2	3
C1	1	3	3	7	7	7	6	6	9	5	4	5
C2	2	0	1	4	2	3	2	5	2	2	3	1
C3	0	2	0	0	5	1	3	2	1	1	2	1
A1	0	2	0	0	5	1	3	2	1	1	2	1
A2	3	2	1	7	4	4	4	8	3	3	5	2
A3	0	1	3	4	5	6	4	3	8	4	2	4
P1	1	1	2	1	5	6	3	2	7	2	2	4
P2	1	2	3	7	3	2	4	6	2	3	3	2

（续）

编号	产量			外观质量			内在化学成分			感官质量		
	Y1	Y2	Y3	TP1	TP2	TP3	TP1	TP2	TP3	TP1	TP2	TP3
P3	1	2	0	0	6	3	3	4	2	1	4	1
P4	0	0	1	3	0	0	1	1	1	2	0	0
N3	3	3	1	3	9	9	6	8	7	3	6	5
N4	0	2	3	8	5	2	5	5	5	5	3	2
B1	0	1	2	4	3	2	3	2	4	3	1	2
B2	2	3	2	7	8	6	7	9	5	4	7	3
B3	1	1	0	0	3	3	1	2	3	1	1	2
G1	0	0	1	3	0	0	1	1	1	2	0	0
G2	2	3	0	3	8	4	6	7	2	2	6	2
G3	1	2	3	5	6	7	4	5	9	4	3	5
O1	1	3	0	2	7	3	5	5	2	2	5	1
O2	0	0	1	3	0	0	1	1	1	2	0	0
O3	1	2	3	2	6	4	4	3	5	2	3	3
O4	1	0	0	4	1	4	1	4	4	2	1	3
n1	1	1	3	4	6	5	4	4	7	4	4	2
n2	0	4	1	6	7	2	6	6	3	4	4	2
n3	2	0	0	1	1	4	1	3	2	0	1	3
p1	1	1	1	4	3	2	3	4	2	2	3	1
p2	2	3	0	3	7	5	6	6	3	2	4	4
p3	0	1	3	4	4	4	2	3	7	4	2	2
k1	2	1	1	5	3	4	4	5	3	2	2	4
k2	0	3	1	2	8	2	6	3	3	3	4	1
k3	1	1	2	4	3	5	1	5	6	3	3	2
合计	54	90	74	198	252	198	204	228	216	144	162	126

（1）在95%的置信区间内，实现烟叶高产Y3（145kg以上）的海拔和生产条件为：H2（1 800～2 000m），S2（水稻土），T2（膜下小苗），F2（不揭膜），C1（前茬作物为麦类），A3（种烟10年以上），B1（移栽至成熟时间为75d以下），G3（大田生育期在150d以上），N4（留叶数21～22），O3（农家肥用量500～800kg），n1（纯N亩用量6kg以下），

p3（P_2O_5亩用量5kg），k3（K_2O亩用量19kg以上）（图4－2）。

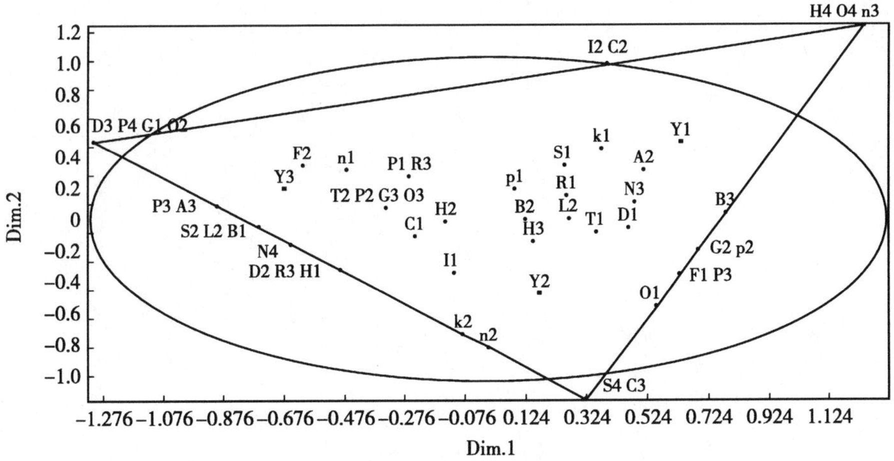

图4－2 基于影响因素与K326烟叶产量水平多维列联表的对应分析

注：Dim，即Dimension，维度的简称，下同。

（2）烟叶外观质量表现好（TP3）的海拔和生产条件为：海拔1 800～2 200m，其中1 800～2 000m（H2）更好，S1（红壤），T2（膜下小苗），F1（揭膜），C1（前茬作物为麦类），A3（种烟10年以上），B3（移栽至成熟时间为90d以上），P1（移栽时间为4月15日以前），G3（大田生育期在150d以上），N3（留叶数19～20），n1（纯N亩用量6kg以下），p3（P_2O_5亩用量5kg），k3（K_2O亩用量19kg以上）（图4－3）。

（3）烟叶内在化学成分协调性表现好（TP3）的海拔和生产条件为：海拔1 800～2 200m，其中1 800～2 000m（H2）更好，S2（水稻土），T2（膜下小苗），F2（不揭膜），C1（前茬作物为麦类），B3（移栽至成熟时间为90d以上），A3（种烟10年以上），P1（移栽时间为4月15日以前），G3（大田生育期在150d以上），N3（留叶数19～20），n1（纯N亩用量6kg以下），p3（P_2O_5亩用量5kg），k3（K_2O亩用量19kg以上）（图4－4）。

（4）烟叶感官质量表现好（TP3）的海拔和生产条件为：海拔1 800～2 200m，其中2 000～2 200m（H3）更好，S4（黄壤），T2（膜下小苗），F1（揭膜），C1（前茬作物为麦类），A3（种烟10年以上），移栽时间在4月25日之前移栽，P1（4月15日以前）优于P2（4月16日至25日），

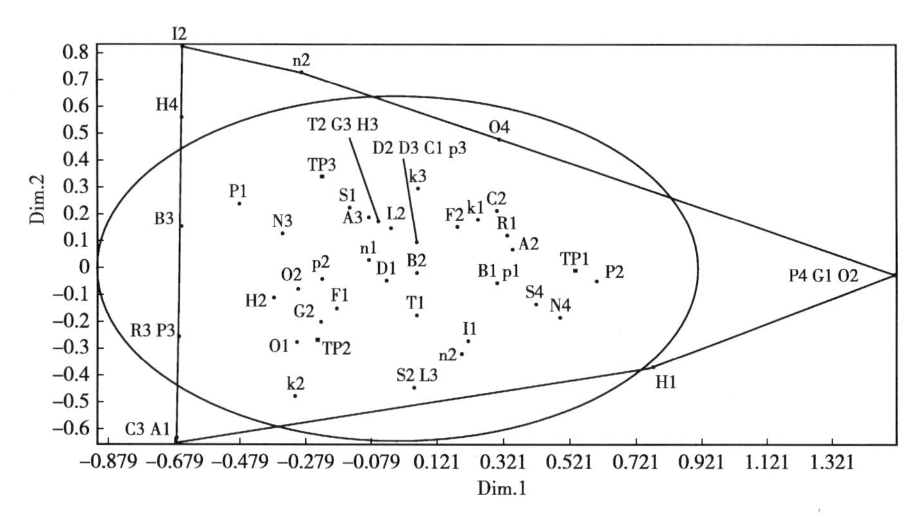

图 4-3　基于影响因素与 K326 烟叶外观质量多维列联表的对应分析图

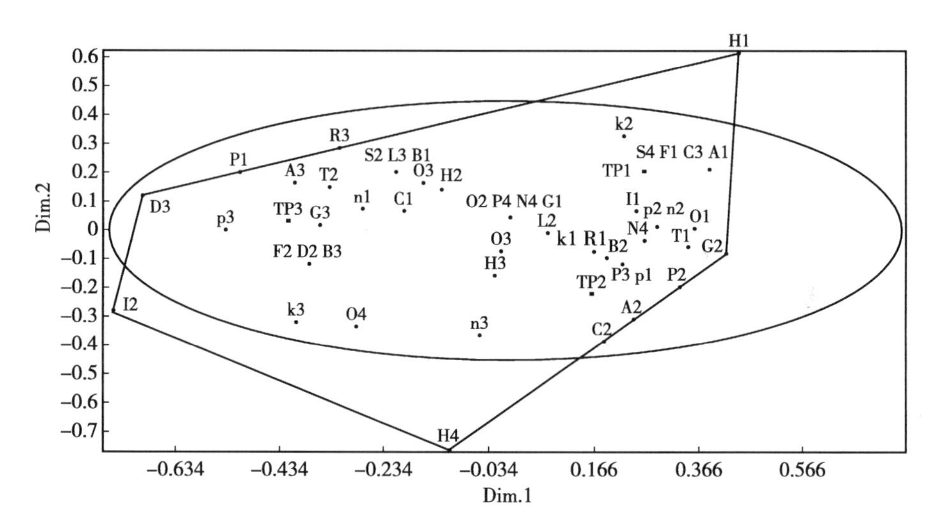

图 4-4　影响因素与 K326 烟叶内在化学成分的对应分析

B3（移栽至成熟时间为 90d 以上），G3（大田生育期在 150d 以上），N3（留叶数 19～20）；农家肥亩用量 500～1 000kg，其中，O4（800～1 000kg）稍优于 O3（500～800kg），n3（纯 N 亩用量 7kg 以上），p2（P_2O_5 亩用量 4kg），k1（K_2O 亩用量 16.5kg 以下）（图 4-5）。

综合 K326 烟叶产量及外观质量、内在化学成分及感官评吸结果，表现较好的海拔段为 1 800～2 200m，其中 1 800～2 000m 更好，较好的生

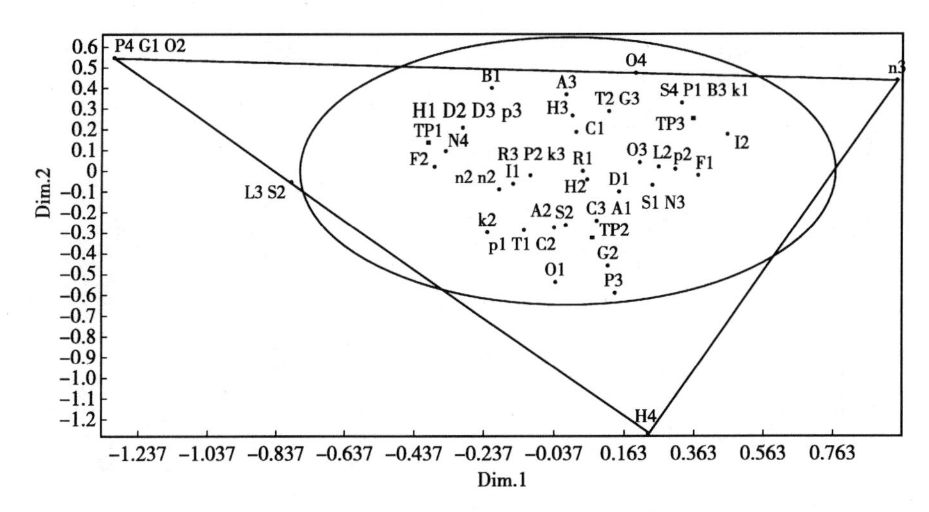

图 4-5 影响因素与 K326 烟叶感官质量的对应分析

产条件为：膜下小苗移栽，前茬作物为麦类，种烟 10 年以上，移栽时间为 4 月 25 日以前，移栽至成熟时间为 90d 以上，大田生育期在 150d 以上，留叶数 19～20，农家肥用量 500～800kg/亩，纯 N 用量 6kg/亩以下，P_2O_5用量 4～5kg/亩，K_2O 用量 19kg/亩以上。

第五章 K326品种关键配套栽培及施肥技术试验研究

一、K326品种合理轮作种植试验研究

（一）研究背景

大量研究表明，轮作能充分地利用土壤养分，提高施肥效益，保持、恢复和提高土壤肥力，消除土壤中的有毒物质，减少病虫害，提高烟叶产量和质量（大久保隆弘，1980；董钻等，2000；中国农业科学烟草研究所，1987）。林福群等（1996）研究证明，实行稻烟轮作、水旱交替的栽培技术，能显著提高土壤肥力，减轻病虫的危害。李天金（2000）研究结果表明，按照烤烟→小麦→玉米→烤烟进行隔年轮作，有条件的地方实行水旱轮作，可以减轻各种病害，特别是花叶病的危害。肖枢等（1997）通过研究烟草根结线虫与轮作的关系表明，轮作可显著降低虫口密度，减少线虫种群。何念杰等（1995）经过4年研究指出，稻烟轮作能有效地控制烟草青枯病等土传病害，并能减轻烟草赤星病和野火病等叶斑类病害的危害。刘方等（2002）研究证明，轮作可以改善连作对烤烟品质造成的不利影响。但是我国大多数烟区由于受耕地资源、种植条件以及生产成本等诸多因素的限制，实行烟草轮作和休耕的种植方式还存在较大难度，常年的烟草连作种植在我国较为普遍，连作障碍是目前制约我国烟草生产可持续发展的关键瓶颈问题（高林等，2019）。

因此，本书研究轮作及不同连作年限对烟田土壤状况及对K326品种烟叶产量、质量的影响，以期对K326品种生产布局提供一定的理论依据。

（二）材料与方法

1. 试验地点与时间

2012 年在昆明市种植 K326 品种的同一片田内选取了轮作与两年连作、三年连作、四年连作的地块。

2. 田间调查与样品采集、分析

分别对所选地块种植的 K326 品种进行病虫害、烟叶产量及产值调查，并在烤烟采收结束后，分别取土样进行土壤容重、土壤孔隙度、土壤持水量、土壤水稳性团粒、土壤水分，以及土壤养分分析，并且对应取烟样进行分析评价，以比较轮作与不同年限连作对 K326 品种种植区域内土壤理化性状及烟叶产量、产值及品质的影响。

3. 数据统计与分析

采用 EXCEL、DPS 等软件，运用统计学的方法，对数据进行多重比较和方差显著性分析。

（三）结果与分析

1. 轮作与不同年限连作对土壤养分含量的影响

由表 5－1 可以看出，在 4 年连作的时间范围内，轮作与不同年限连作田块的土壤养分变化差异不大。这是因为每年都有大量的化肥和农家肥施入烟田内，因此轮作田与连作田的大量元素养分差异不大。

表 5－1　轮作与不同年限连作田块的土壤养分情况

耕作方式	pH	有机质（g/kg）	碱解氮（mg/kg）	有效磷（mg/kg）	速效钾（mg/kg）
轮作	5.32	41.8	207.43	28.62	205.05
二年连作	5.16	42.0	205.46	27.95	207.36
三年连作	5.27	41.6	203.81	29.21	204.91
四年连作	5.39	41.8	206.46	28.41	206.29

2. 轮作与不同年限连作对土壤物理性状的影响

从表 5－2 可见，轮作与不同年限连作田块土壤的自然含水量、容重、总孔隙度和田间持水量差异不大，但土壤水稳性团粒的比例（0.25～5mm）随连作年限的增加呈递减趋势，这说明连作主要破坏土壤的团粒结构。

表 5－2　轮作与不同年限连作田块的土壤物理性状情况

耕作方式	自然含水量（%）	容重（g/cm^3）	总孔隙度（%）	田间持水量（%）	水稳性团粒（0.25～5mm）（%）
轮作	29.23	1.19	0.53	34.18	52.00
二年连作	29.32	1.20	0.52	33.92	45.20
三年连作	29.39	1.22	0.51	35.01	39.87
四年连作	29.13	1.21	0.52	33.87	31.74

3. 轮作与不同年限连作对 K326 烟叶经济性状的影响

从表 5－3 可以看出，K326 品种烟叶轮作的产量、产值、均价、上等烟比例、上中等烟比例均比不同年限连作的高。其中，连作田块烟叶较轮作田块产量减少 7.8%～14.9%、产值减少 12.5%～22.9%、均价减少 5.0%～9.4%、上等烟比例减少 2.6%～7.4%、上中等烟比例减少 3.6%～8.3%。

表 5－3　轮作与不同年限连作的 K326 品种烟叶经济性状

项目	轮作	二年连作	较轮作减少的百分比（%）	三年连作	较轮作减少的百分比（%）	四年连作	较轮作减少的百分比（%）
产量（kg/亩）	141.0	130.0	7.8	128.0	9.2	120.0	14.9
产值（元/亩）	3 266.97	2 860.00	12.5	2 796.80	14.4	2 520.00	22.9
均价（元/kg）	23.17	22.00	5.0	21.85	5.7	21.00	9.4
上等烟比例（%）	66.5	64.8	2.6	63.1	5.1	61.6	7.4
上中等烟比例（%）	93.5	90.1	3.6	88.3	5.6	85.7	8.3

4. 轮作与不同年限连作对 K326 烟叶化学品质的影响

由表 5－4 可见，连作田生产的烟叶总糖、还原糖、钾含量比轮作田低，但烟碱则比轮作田高，烟叶化学成分的协调性比轮作田低。

表 5－4　轮作与不同年限连作田内的 K326 烟叶内在化学成分

耕作方式	总糖（%）	还原糖（%）	总氮（%）	烟碱（%）	烟叶钾（%）	糖碱比
轮作	26.92	23.74	2.20	3.46	2.08	7.78
二年连作	20.37	17.20	2.57	4.23	1.87	4.82
三年连作	21.68	19.83	2.31	4.03	1.72	5.38
四年连作	20.34	17.00	2.46	4.08	1.68	4.99

5. 轮作与不同年限连作对K326烟叶感官评吸质量的影响

由表5-5可以看出，连作田生产的烟叶香气量、香气质、口感、杂气比轮作田低。

表5-5　轮作与不同年限连作K326品种的烟叶感官评吸

耕作方式	香气量	香气质	口感	杂气	劲头	总分
轮作	14.3	55.8	13.3	6.8	6.8	90.2
二年连作	14.0	52.7	12.3	6.1	7.4	85.1
三年连作	13.2	50.5	12.4	6.4	6.9	82.5
四年连作	13.2	53.2	12.7	6.4	4.9	85.5

注：总分不包括劲头。

（四）讨论与结论

烟草是忌连作作物，长期连作会引起连作障碍，如生长受阻、产量降低、品质变差等（刘国顺，2003）。王茂盛等（2010）研究发现，长期连作会使烤烟田间长势、产量、均价、产值、上等烟比例、中上等烟比例明显降低。苏海燕等（2010）和晋艳等（2002）发现，随着连作年限的增加，总糖和还原糖的含量呈明显下降趋势；烟叶中施木克值、两糖比和糖氮比呈明显的下降趋势，而烟碱量上升，香气质变差。

本试验结果表明：与连作田相比，轮作田的土壤团粒结构好、病害轻、烟叶产量产值高、化学成分更协调、感官评吸质量更好。综上所述，合理轮作是克服连作障碍的有效措施之一，不仅可以调节不同作物对营养元素的需要，还可以改善烤烟生长小环境，从而促进烟草健康生长。在云南烟区合理轮作可按照“烤烟→空闲或填闲作物（如豌豆、绿肥、麦类等）→玉米→烤烟”进行隔年轮作，有条件的地方可按照“烤烟→蚕豆、豌豆、油菜、麦类等小春作物→水稻→烤烟”进行隔年水旱轮作。

二、K326与红花大金元、云烟87品种合理轮换种植试验研究

（一）研究背景

在一定的生态条件下，品种对烟叶质量和香型风格有较大影响（吕芬

等，2005；张新要等，2006；易建华等，2006）。不同烤烟品种的生长发育和品质形成对生态环境及栽培技术有各自不同的要求，首先要对其种植区域进行合理布局，不但要重视大气候、大环境（邵丽等，2002），还要注重适宜小环境的选择；其次要采取综合配套的栽培技术。

本书通过开展品种轮换试验研究，筛选出能充分彰显K326品种风格特色及其配套栽培技术，最大限度地发掘K326品种的优良性状，为产区品种合理布局和保障卷烟工业企业特色优质原料稳定供应提供科学依据。

（二）材料与方法

1. 试验地点与时间

试验地点：云南省红河州弥勒市西三镇戈西村大麦地。

试验时间：2016年至2018年连续3年。

2. 供试土壤基本农化性状

供试土壤肥力中等，具有代表性的黄壤，土壤理化性状为土壤pH 6.02、有机质34.4g/kg、碱解氮含量167.4mg/kg、有效磷含量27.0mg/kg、速效钾含量201.2mg/kg。

3. 试验设计与处理

试验共设置4个处理（表5-6），每个处理面积为1亩，各处理试验田块前茬作物均为玉米。

烤烟种植肥料采用烟草专用复合肥（N∶P_2O_5∶K_2O=10∶12∶24），亩施纯氮量根据土壤肥力和品种实际情况进行调整，其中60%作为基肥，40%作为追肥。4月15日进行膜下小苗移栽，行距1.2m，株距0.55m，其余各项管理措施与当地最优措施保持一致。

表5-6　试验处理设计

处理名称	2016年种植品种	2017年种植品种	2018年种植品种
K326～红花大金元～云87	K326	红花大金元	云87
云87～红花大金元～K326	云87	红花大金元	K326
红花大金元～K326～云87	红花大金元	K326	云87
红花大金元～云87～K326	红花大金元	云87	K326

4. 田间调查与样品分析

参照 YC/T 39—1996 进行大田期病虫害调查。

对每个小区烟株烟叶进行挂牌标记，采烤后按照标牌根据国家标准 GB 2635—1992 进行烟叶分级，计算烟叶产量。

每个处理采集 C3F 烟样，分析烟叶外观质量和感官评价。

(三) 结果与分析

1. 品种轮换对烤烟病虫害发生情况分析

由表 5-7 可知，K326～红花大金元～云 87 与云 87～红花大金元～K326 处理均在 2016 年种植烤烟后，2017 年红花大金元品种烤烟黑胫病情指数增加，这可能由于红花大金元品种抗黑胫病能力较弱。而红花大金元～K326～云 87 和红花大金元～云 87～K326 处理的烤烟 2016 年在前茬作物玉米种植后间隔一年，红花大金元品种的黑胫病病情指数较低。综合 4 个处理 3 年的病情指数，红花大金元～K326～云 87 处理的烤烟病情指数较低。

2. 品种轮换对烟叶产量的影响

由表 5-8 可知，3 年的烟叶亩产量以红花大金元～K326～云 87 处理为较高。

表 5-7 不同品种轮换种植试验的各处理病害的病情指数

处理	时间（年）	黑胫病	炭疽病	TMV
K326～红花大金元～云 87	2016	0.42	0.01	0.26
	2017	4.45	2.14	0.50
	2018	3.67	1.00	1.00
	3 年	8.54	3.15	1.76
云 87～红花大金元～K326	2016	1.29	0.20	0.27
	2017	4.69	0.31	0.66
	2018	2.21	0.02	0.22
	3 年	8.19	0.53	1.15
红花大金元～K326～云 87	2016	2.35	—	0.24
	2017	2.08	0.03	0.27
	2018	2.28	1.33	0.67
	3 年	6.71	1.36	1.18

（续）

处理	时间（年）	黑胫病	炭疽病	TMV
红花大金元～云87～K326	2016	2.46	—	0.24
	2017	3.08	0.03	0.81
	2018	2.28	0.33	0.66
	3年	7.82	0.36	1.71

表5-8 不同品种轮换种植试验的各处理烟叶产量（kg/亩）

时间（年）	K326～红花大金元～云87	云87～红花大金元～K326	红花大金元～K326～云87	红花大金元～云87～K326
2016	152.3	145.3	132.5	132.5
2017	127.2	125.6	155.4	140.7
2018	140.8	145.5	140.4	132.8
3年	420.3	416.4	428.3	406.0

3. 品种轮换对烟叶外观质量的影响

由表5-9可知，3年不同品种轮换种植试验的烟叶外观质量总分相差不大。

表5-9 不同品种轮换种植试验的各处理烟叶外观质量

处理	时间（年）	颜色	成熟度	叶片结构	身份	油分	色度	总分
K326～红花大金元～云87	2016	8.5	8.5	8.0	7.5	6.0	6.5	45.0
	2017	9.5	8.5	8.0	7.5	6.0	6.5	46.0
	2018	8.0	8.5	9.0	8.5	7.0	5.0	46.0
云87～红花大金元～K326	2016	8.5	9.0	8.5	7.5	5.5	6.0	45.0
	2017	9.5	8.5	8.0	7.5	6.0	6.5	46.0
	2018	8.5	8.5	8.0	7.5	6.0	6.5	45.0
红花大金元～K326～云87	2016	9.5	8.5	7.5	7	6.5	7.0	46.0
	2017	9.0	8.5	8.0	7.0	6.0	6.5	45.0
	2018	8.5	9.0	8.5	7.5	5.5	6.0	45.0
红花大金元～云87～K326	2016	9.5	8.5	7.5	7	6.5	7.0	46.0
	2017	8.5	9.0	8.5	7.0	5.5	6.0	44.5
	2018	8.5	8.5	8.0	7.5	6.0	6.5	45.0

4. 品种轮换对烟叶感官质量的影响

由表 5－10 可知，3 年不同品种轮换种植的烟叶感官质量总分均值以红花大金元～K326～云 87 处理为较好。

表 5－10　不同品种轮换种植试验的各处理烟叶感官质量

处理	时间（年）	香气质	香气量	杂气	浓度	刺激性	余味	燃烧性	灰色	总分	总分均值
K326～红花大金元～云 87	2016	7.0	6.0	6.5	6.0	6.5	6.5	5.5	4.0	48.0	47.0
	2017	6.5	6.5	6.5	6.5	6.0	6.5	5.0	3.0	46.5	
	2018	6.5	6.0	6.5	6.0	6.5	6.5	5.0	3.5	46.5	
云 87～红花大金元～K326	2016	6.5	5.5	6.5	5.5	6.5	6.5	5.5	3.5	46.0	46.3
	2017	6.5	6.0	6.5	5.5	6.5	6.5	5.0	3.0	45.5	
	2018	7.0	6.0	7.0	6.0	7.0	6.5	5.0	3.0	47.5	
红花大金元～K326～云 87	2016	7.0	6.0	7.0	6.0	6.5	6.5	5.0	4.0	48.0	47.3
	2017	6.5	6.0	6.5	6.0	7.0	6.5	5.0	3.5	47.0	
	2018	6.5	6.0	6.0	6.0	6.5	6.0	6.0	4.0	47.0	
红花大金元～云 87～K326	2016	6.5	6.0	7.0	6.0	6.0	6.0	6.0	4.0	47.5	46.7
	2017	6.5	5.5	6.0	5.5	6.5	6.0	6.0	3.5	45.5	
	2018	6.5	6.0	7.0	6.0	7.0	6.5	5.0	3.0	47.0	

（四）结论

综合大田病害发生情况、烟叶产量与感官评吸结果，表明红花大金元～K326～云 87 品种轮换种植顺序的烤烟大田黑胫病病情指数较低，烟叶产量和感官评吸总分较高，确定红花大金元～K326～云 87 品种轮换种植顺序较好。

三、K326 品种烟叶化学品质调控技术试验研究

（一）K326 品种“控碱”技术试验研究

1. 研究背景

烟碱是烟草最重要的化学成分之一，其存在赋予了烟草作为一种嗜好作物的独特魅力，其含量直接决定烟叶内在品质、安全性和可用性（招启柏等，2006）。烟碱不仅是烟叶中最重要的化学成分，也是卷烟中主要的

品质指标之一，在烟气中若烟碱含量过低则劲头小，吸味平淡；含量过高则劲头大，刺激性增强，产生辛辣味（招启柏等，2005）。烟叶烟碱含量对烟叶的吸食质量有很大影响，对加工工艺和烟制品的风味也有重要作用，一般烤烟烟叶中烟碱的含量为1.5%～3.5%，适宜的烟碱含量在2%～3%。近年来，随着我国优质烟叶生产技术的普及和推广，我国部分烟区烟叶外观质量接近国际水平，但与此同时，许多烟区存在着烟叶尤其是上部叶烟碱含量仍然偏高（3%～4%）、化学成分不协调等问题，影响了烟叶的可用性，给烘烤和工业生产带来了一定的困难。云南烟区有11.5%的区域烟碱含量偏高（>3.2%），其中昆明和红河占比较高，样本占15%左右，其次是保山、曲靖和文山，占10%左右（李伟等，2017）。

由此，笔者选择云南某卷烟品牌烟碱含量偏高的区域，以主栽品种K326为研究对象，开展“控碱”技术田间试验研究，以期在国家卷烟质量标准对烟叶原料中烟碱含量大幅度降低的要求下，如何在现有种植品种前提下提高生产水平，做到既能满足国家烟叶收购标准对烟叶外观质量的要求，又能协调好烟农种植烟草对经济效益的追求，并有效降低烟叶烟碱含量。

2. 材料与方法

（1）试验地点与时间。试验于2017年5—9月在昆明市安宁市草铺镇邵九村委会大海子村（24°55′1″N，102°20′5″E）进行，海拔1 880m。

（2）试验土壤基本农化性状。试验地土壤类型为红壤，土壤基本农艺性状如下：pH 5.8，有机质25.8g/kg，速效氮99.1mg/kg，有效磷108.6mg/kg，速效钾254.8mg/kg。

（3）试验处理与设计。本试验采用L_{27}（3^{13}）正交试验设计，考虑A（施氮量）、B（株距）、C（留叶数）、D（打顶时期）4个因素，每个因素设3个水平，并且考虑交互作用A×B、A×C、A×D、B×C、B×D和C×D；共计27个小区，完全随机排列，每个小区60株。施肥量（只设氮肥梯度，磷、钾肥一致），N∶P_2O_5∶K_2O=1∶1∶3。正交试验因素与水平见表5-11。

表 5-11 试验因素与水平表

水平	因素			
	A-施N量（kg/亩）	B-株距（m）	C-留叶数（片）	D-打顶时期
1	4.0	0.50	18	扣心打顶
2	5.5	0.55	20	现蕾打顶
3	7.0	0.60	22	初花打顶

（4）样品采集与分析。以处理为单位进行烟叶分级测产，每个处理烟叶采集C3F和B2F样品分别进行总氮、烟碱、总糖、还原糖、钾、氯测定和外观质量评价。

烟叶采烤结束后每个处理分别采集3个根、茎植株样品进行总氮、烟碱测定，计算烟叶、茎秆和根的烟碱、总氮含量。

3. 结果与分析

（1）不同"控碱"技术对K326烤烟农艺性状的影响。从表5-12可以看出，以T25（亩施纯氮7.0kg，留叶数18，行株距1.2m×0.6m，初花打顶）处理综合农艺性状表现为最佳。

表 5-12 不同处理 K326 农艺性状比较

处理	打顶株高（cm）	腰叶长（cm）	腰叶宽（cm）	腰叶面积加权平均值（cm^2）
T1	118.4 fghiEFGH	77.1 bcdeABC	29.5 cdeAB	1 442.2 bcdeAB
T2	130.2 cdeABCDE	74.8 bcdeBC	29.6 bcdeAB	1 403.9 bcdeB
T3	141.3 abABCD	74.9 bcdeABC	29.8 bcdeAB	1 416.2 bcdeB
T4	118.0 ghijEFGH	72.7 deBC	30.7 abcdeAB	1 416.1 bcdeB
T5	127.2 efgCDE	72.9 cdeBC	29.7 bcdeAB	1 373.8 cdeB
T6	146.0 aA	78.1 abcdABC	31.5 abcdeAB	1 561.0 abcdAB
T7	115.1 ijkEFGH	77.0 bcdeABC	30.3 bcdeAB	1 480.4 bcdeAB
T8	130.6bcdeABCDE	74.9 bcdeABC	31.1 abcdeAB	1 478.0 bcdeAB
T9	142.7 aABCD	78.5 abcdABC	32.6 abAB	1 623.7 abcAB
T10	107.6 jkGH	73.8 cdeBC	29.5 cdeAB	1 379.0 cdeB
T11	129.4 defABCDE	75.4 bcdeABC	30.0 bcdeAB	1 435.2 bcdeAB
T12	140.2 abcdABCD	73.7 cdeBC	28.9 deB	1 351.4 deB
T13	108.4 jkGH	74.2 cdeBC	30.5 bcdeAB	1 435.9 bcdeAB

（续）

处理	打顶株高（cm）	腰叶长（cm）	腰叶宽（cm）	腰叶面积加权平均值（cm^2）
T14	126.4 efghDEF	70.7 eC	28.7 eB	1 287.5 eB
T15	143.5 aABC	73.9 cdeBC	29.6 bcdeAB	1 387.9 cdeB
T16	114.7 ijkEFGH	78.4 abcdABC	31.8 abcdAB	1 581.9 abcdAB
T17	129.4 defABCDE	78.8 abcdABC	32.0 abcAB	1 600.0 abcdAB
T18	140.6 abcABCD	77.2 bcdABC	31.6 abcdeAB	1 547.9 bcdAB
T19	104.8 kH	77.0 bcdeABC	31.3 abcdeAB	1 529.2 bcdeAB
T20	123.4 dfghiEFG	76.4 bcdeABC	30.9 abcdeAB	1 497.9 bcdeAB
T21	144.1 aAB	78.6 abcdABC	30.6 bcdeAB	1 526.1 bcdeAB
T22	115.4 hijkEFGH	76.5 bcdeABC	30.6 bcdeAB	1 482.9 bcdeAB
T23	127.8 efgBCDE	77.1 bcdeABC	30.7 abcdeAB	1 501.8 bcdeAB
T24	141.2 abcABCD	80.7 abAB	32.3 abcAB	1 653.9 abAB
T25	110.0 jkFGH	84.5 aA	33.7 aA	1 806.8 aA
T26	128.4 efgBCDE	791 abcdABC	30.1 bcdeAB	1 510.7 bcdeAB
T27	142.4 aABCD	79.2 abcABC	31.8 abcdAB	1 598.0abcdAB

注：表中a、b、c等小写英文字母，表示不同处理之间差异达到显著水平（$P<5\%$）；A、B、C等不同大写英文字母，表示不同处理之间差异达到极其显著水平（$P<1\%$）；下同。

（2）不同“控碱”技术对K326烟叶经济性状的影响。从表5-13可以看出，以T14（亩施纯氮5.5kg，留叶数20，行株距1.2m×0.55m，初花打顶）和T22（亩施纯氮7.0kg，留叶数18，行株距1.2m×0.55m，现蕾打顶）处理经济性状表现为最佳。

表5-13　不同处理K326烟叶经济性状比较

处理	产量（kg/亩）	产值（元/亩）	均价（元/kg）	上中等烟比例（%）
T1	187.0 ijFGH	4 525.4 hijCD	24.2 abcAB	88.4 abA
T2	188.4 hijEFGH	4 684.0 ghijBCD	24.9 abAB	92.3 aA
T3	175.0 jGH	3 876.9 jD	22.2 bcAB	84.8 abA
T4	215.8 defghiCDEFGH	5 428.0 cdefghiABCD	25.2 abAB	89.5 abA
T5	191.3 ghijEFGH	4 711.5 fghijBCD	24.6 abcAB	94.7 aA
T6	245.9 bcdABC	6 132.5 abcdeABC	24.9 abAB	92.2 aA
T7	167.6 jH	4 416.5 ijCD	26.4 abAB	89.5 abA
T8	228.0 cdefBCDEF	6 217.9 abcdABC	27.3 aA	93.6 aA
T9	233.7 cdeBCDEF	6 184.8 abcdeABC	26.5 abAB	92.7 aA

（续）

处理	产量（kg/亩）	产值（元/亩）	均价（元/kg）	上中等烟比例（%）
T10	231.7 cdeBCDEF	6 076.4 abcdeABC	26.2 abAB	92.3 aA
T11	230.4 cdeBCDEF	4 683.1 ghijBCD	20.3 cB	73.6 bA
T12	196.5 fghijDEFGH	4 845.9 efghijBCD	24.7 abcAB	91.6 aA
T13	220.4 cdefgCDEFG	6 053.2 abcdefABC	27.5 aA	93.5 aA
T14	285.3 aA	7 299.0 abA	25.6 abAB	93.0 aA
T15	235.8 cdeBCDE	6 119.2 abcdeABC	26.0 abAB	94.0 aA
T16	252.1 bcABC	6 697.4 abcAB	26.6 abAB	89.8 abA
T17	224.9 cdefCDEF	5 644.4 cdefghiABCD	25.1 abAB	87.7 abA
T18	220.5 cdefgCDEFG	5 631.2 cdefghiABCD	25.5 abAB	89.0 abA
T19	214.6 defghiCDEFGH	5 509.3 cdefghiABCD	25.7 abAB	87.7 abA
T20	207.1 efghiCDEFGH	4 956.4 defghijBCD	23.9 abcAB	88.5 abA
T21	226.6 cdefCDEF	5 712.8 cdefghiABCD	25.2 abAB	90.1 abA
T22	275.7 abAB	7 332.6 aA	26.6 abAB	91.2 aA
T23	232.0 cdeBCDEF	5 752.2 cdefghiABCD	24.8 abcAB	86.8 abA
T24	240.1 cdABCD	5 803.1 cdefghABCD	24.2 abcAB	82.9 abA
T25	219.8 defghCDEFG	5 810.4cdefghABCD	26.4 abAB	86.9 abA
T26	240.5 cdABCD	6 599.6 abcAB	27.4aA	92.4 aA
T27	231.3 cdeBCDEF	5 976.9 bcdefgABC	25.8 abAB	89.0 abA

(3) 不同“控碱”技术对K326烟叶外观质量的影响。从表5-14可以看出，T4（K326亩施纯氮4.0kg，株行距0.55m×1.2m，留叶数18，现蕾打顶）上部叶的外观质量评价总分最高，T11（K326亩施纯氮5.5kg，株行距0.5m×1.2m，留叶数20，现蕾打顶）上部叶的外观质量评价总分最低。

表5-14 不同处理K326上部叶外观质量比较

处理	颜色	成熟度	叶片结构	身份	油分	色度	总分
T1	8.0 aA	14.0 aAB	12.5 aAB	13.5 aA	16.5 abA	17.5 aA	82.0 aAB
T2	7.5 aA	13.5 aAB	12.5 aAB	13.5 aA	16.5 abA	17.0 aA	80.5 aAB
T3	7.5 aA	14.5 aA	13.5 aA	13.5 aA	16.0 abA	17.5 aA	82.5 aAB
T4	8.0 aA	15.0 aA	14.5 aA	14.5 aA	17.0 aA	18.5 aA	87.5 aA

（续）

处理	颜色	成熟度	叶片结构	身份	油分	色度	总分
T5	8.0 aA	14.5 aA	14.0 aA	13.5 aA	16.0 abA	18.0 aA	84.0 aAB
T6	8.0 aA	14.0 aAB	12.5 aAB	13.5 aA	16.5 abA	17.5 aA	82.0 aAB
T7	8.0 aA	14.5 aA	14.5 aA	13.5 aA	16.5 abA	18.0 aA	85.0 aAB
T8	8.0 aA	15.0 aA	14.0 aA	14.5 aA	16.5 abA	18.0 aA	86.0 aAB
T9	8.0 aA	14.5 aA	13.5 aA	12.5 abA	16.0 abA	18.0 aA	82.5 aAB
T10	6.5 abA	13.0 aAB	12.0 aAB	12.0 abA	14.0 abA	16.0 abA	73.5 abAB
T11	5.5 bA	6.0 bB	9.0 bB	9.0 bA	13.0 bA	12.0 bA	54.5 bB
T12	7.0 abA	13.0 aAB	12.5 aAB	11.5 abA	16.5 abA	16.0 abA	76.5 aAB
T13	7.0 abA	13.5 aAB	13.0 aAB	12.0 abA	17.0 aA	18.0 aA	80.5 aAB
T14	7.0 abA	13.0 aAB	12.5 aAB	11.5 abA	16.5 abA	16.0 abA	76.5 aAB
T15	7.5 aA	14.0 aAB	13.0 aAB	13.0 abA	16.0 abA	16.0 abA	79.5 aAB
T16	8.0 aA	14.5 aA	13.5 aA	13.5 aA	17.0 aA	17.5 aA	84.0 aAB
T17	7.5 aA	14.0 aAB	13.0 aAB	13.0 abA	16.0 abA	16.0 abA	79.5 aAB
T18	7.0 abA	13.5 aAB	13.0 aAB	12.0 abA	17.0 aA	16.0 abA	78.5 aAB
T19	8.0 aA	14.5 aA	13.0 aAB	14.0 aA	16.0 abA	18.0 aA	83.5 aAB
T20	7.5 aA	13.5 aAB	12.0 aAB	13.0 abA	16.0 abA	16.0 abA	78.0 aAB
T21	8.0 aA	14.0 aAB	12.5 aAB	13.5 aA	17.0 aA	16.0 abA	81.0 aAB
T22	7.5 aA	14.0 aAB	12.5 aAB	13.0 abA	16.0 abA	17.0 aA	80.0 aAB
T23	7.0 abA	13.5 aAB	12.5 aAB	12.5 abA	16.0 abA	16.0 abA	77.5 aAB
T24	7.5 aA	14.0 aAB	12.5 aAB	12.5 abA	16.0 abA	16.5 aA	79.0 aAB
T25	7.5 aA	14.0 aAB	12.5 aAB	12.5 abA	16.5 abA	16.5 aA	79.5 aAB
T26	8.0 aA	14.5 aA	13.0 aAB	14.0 aA	17.0 aA	18.0 aA	84.5 aAB
T27	7.5 aA	14.0 aAB	13.0 aAB	12.0 abA	16.5 abA	17.0 aA	80.0 aAB

从表 5－15 可以看出，T7（K326 亩施纯氮 4.0kg，株行距 0.6m×1.2m，留叶数 18，初花打顶）中部叶的外观质量评价总分最高，T12（K326 亩施纯氮 5.5kg，株行距 0.5m×1.2m，留叶数 22，初花打顶）中部叶的外观质量评价总分最低。

综合考虑上部叶和中部叶的外观质量评价结果，K326 亩施纯氮 4.0kg，株行距（0.55～0.6）m×1.2m，留叶数 18，现蕾打顶或初花打顶，K326 上部叶和中部叶的外观质量评价总分最高。

表 5-15 不同处理 K326 中部叶外观质量比较

处理	颜色	成熟度	叶片结构	身份	油分	色度	总分
T1	7.0 aA	13.0 aA	13.0 abcAB	14.0 abA	15.5 abA	14.5 aA	77.0 aA
T2	6.5 aA	12.5 aA	12.5 bcAB	13.0 abcA	13.5 abA	13.0 aA	71.0 aA
T3	7.0 aA	13.0 aA	13.0 abcAB	14.0 abA	15.5 abA	14.5 aA	77.0 aA
T4	7.0 aA	13.5 aA	13.5 abcAB	14.5 aA	16.0 abA	15.0 aA	79.5 aA
T5	7.0 aA	13.0 aA	13.0 abcAB	14.0 abA	15.0 abA	15.0 aA	77.0 aA
T6	7.0 aA	13.5 aA	14.5 aA	14.0 abA	17.0 aA	15.5 aA	81.5 aA
T7	7.5 aA	14.0 aA	14.5 aA	14.5 aA	16.0 abA	16.0 aA	82.5 aA
T8	7.0 aA	13.0 aA	14.0 abAB	14.0 abA	16.0 abA	15.5 aA	79.5 aA
T9	7.0 aA	13.0 aA	13.0 abcAB	14.0 abA	15.5 abA	14.5 aA	77.0 aA
T10	7.5 aA	13.0 aA	13.5 abcAB	13.0 abcA	14.0 abA	15.0 aA	76.0 aA
T11	7.0 aA	13.0 aA	12.5 bcAB	13.5 abcA	12.0 abA	14.0 aA	72.0 aA
T12	7.0 aA	12.5 aA	12.0 cB	13.0 abcA	11.0 bA	13.0 aA	68.5 aA
T13	7.0 aA	13.0 aA	13.0 abcAB	12.5 bcA	14.0 abA	14.0 aA	73.5 aA
T14	7.5 aA	14.0 aA	13.0 abcAB	13.5 abcA	16.0 abA	16.5 aA	80.5 aA
T15	7.0 aA	13.0 aA	13.0 abcAB	12.5 bcA	13.5 abA	14.5 aA	73.5 aA
T16	7.5 aA	14.0 aA	13.0 abcAB	13.5 abcA	16.5 abA	17.0 aA	81.5 aA
T17	7.5 aA	14.0 aA	13.0 abcAB	13.5 abcA	15.0 abA	16.0 aA	79.0 aA
T18	7.5 aA	14.5 aA	12.5 bcAB	14.0 abA	16.5 abA	17.0 aA	82.0 aA
T19	8.0 aA	14.0 aA	12.5 bcAB	12.5 bcA	16.0 abA	16.5 aA	79.5 aA
T20	6.5 aA	13.0 aA	12.5 bcAB	13.0 abcA	15.5 abA	14.5 aA	75.0 aA
T21	7.0 aA	13.5 aA	12.5 bcAB	12.5 bcA	15.0 abA	15.0 aA	75.5 aA
T22	8.0 aA	12.5 aA	12.5 bcAB	13.0 abcA	14.0 abA	14.5 aA	74.5 aA
T23	8.0 aA	14.0 aA	13.0 abcAB	12.5 bcA	15.0 abA	17.0 aA	79.5 aA
T24	7.5 aA	13.5 aA	12.5 bcAB	12.0 c	17.0 aA	16.5 aA	79.0 aA
T25	7.0 aA	12.5 aA	12.5 bcAB	12.5 bcA	15.0 abA	14.5 aA	74.0 aA
T26	7.5 aA	12.5 aA	12.5 bcAB	13.0 abcA	15.5 abA	15.0 aA	76.0 aA
T27	8.0 aA	13.0 aA	13.0 abcAB	13.5 abcA	16.0 abA	15.0 aA	78.5 aA

（4）不同“控碱”技术对K326烟叶内在化学成分含量的影响。由表5-16至表5-18可见，根据Q/YZY 1—2009标准，优质烤烟上部叶烟碱含量为3.0%～3.8%，中部叶烟碱含量为2.3%～3.2%，K326亩施纯

表5-16　不同处理K326上部叶内在化学成分比较

处理	K（%）	Cl^-（%）	钾氯比	总氮（%）	烟碱（%）	氮碱比	总糖（%）	还原糖（%）	两糖差	糖碱比
T1	1.9 aA	0.1 bA	17.3 abA	2.6 cdefgABCD	3.6 abcdefA	0.7 abA	22.3 abcdefA	18.5 abcdeA	3.8 aA	6.1 abcdA
T2	1.6 aA	0.1 bA	16.0 abA	2.4 efgCD	3.4 cdefA	0.7 abA	26.0 abcdA	23.3 abA	2.7 aA	7.6 abcdA
T3	1.7 aA	0.1 bA	16.9 abA	2.5 cdefgABCD	3.6 abcdefA	0.7 abA	23.1 abcdefA	20.7 abcdeA	2.4 aA	6.4 abcdA
T4	1.4 aA	0.1 bA	9.8 abA	2.4 defgBCD	3.9 abcdefA	0.6 abA	24.5 abcdA	22.3 abcA	2.2 aA	6.3 abcdA
T5	1.7 aA	0.1 bA	11.9 abA	3.3 abABC	5.2 abcA	0.6 abA	12.8 fA	12.2 eA	0.6 aA	2.4 dA
T6	1.9 aA	0.1 bA	15.5 abA	2.4 efgCD	4.0 abcdefA	0.6 abA	21.9 abcdefA	19.4 abcdeA	2.5 aA	5.5 abcdA
T7	1.7 aA	0.2 abA	10.5 abA	3.4 aA	5.5 aA	0.6 abA	13.7 efA	12.0 eA	1.7 aA	2.5 dA
T8	1.7 aA	0.1 bA	18.8 aA	2.6 cdefgABCD	4.2 abcdefA	0.6 abA	21.0 abcdefA	18.8 abcdeA	2.2 aA	5.0 bcdA
T9	1.6 aA	0.1 bA	18.0 abA	2.2 gD	2.6 fA	0.8 abA	27.9 aA	25.0 aA	2.9 aA	10.7 aA
T10	1.6 aA	0.1 bA	13.6 abA	2.9 abcdeABCD	4.7 abcdeA	0.6 abA	20.9 abcdefA	18.9 abcdeA	2.0 aA	4.5 bcdA
T11	1.6 aA	0.1 bA	17.9 abA	2.4 defgBCD	3.3 defA	0.7 abA	22.4 abcdefA	19.0 abcdeA	3.4 aA	6.9 abcdA
T12	1.5 aA	0.1 bA	13.9 abA	2.2 fgD	2.9 efA	0.8 abA	26.8 abA	23.7 abA	3.1 aA	9.3 abA
T13	1.8 aA	0.1 bA	14.8 abA	2.6 cdefgABCD	3.9 abcdefA	0.7 abA	22.8 abcdefA	20.1 abcdeA	2.7 aA	5.9 abcdA
T14	1.6 aA	0.1 bA	11.7 abA	3.0 abcdABCD	4.4 abcdefA	0.7 abA	15.1defA	13.3 deA	1.8 aA	3.5 cdA
T15	2.0 aA	0.1 bA	16.3 abA	2.6 cdefgABCD	3.4 cdefA	0.8 abA	16.0 cdefA	13.7 cdeA	2.3 aA	4.7 bcdA

（续）

处理	K（%）	Cl^-（%）	钾氯比	总氮（%）	烟碱（%）	氮碱比	总糖（%）	还原糖（%）	两糖差	糖碱比
T16	1.8 aA	0.1 bA	14.8 abA	2.6 cdefgABCD	4.2 abcdefA	0.6 abA	23.6 abcdeA	21.7 abcdA	1.9 aA	5.6 abcdA
T17	1.8 aA	0.1 bA	13.5 abA	2.8 abcdeABCD	4.9 abcdA	0.6 abA	16.3 bcdefA	15.0 bcdeA	1.3 aA	3.3 cdA
T18	1.7 aA	0.1 bA	16.9 abA	2.4 cdefgBCD	2.8 fA	0.9 aA	23.2 abcdefA	21.7 abcdA	1.5 aA	8.4 abcA
T19	1.8 aA	0.1 bA	13.1 abA	3.1 abcABCD	5.2 abcA	0.6 abA	16.0 cdefA	14.4 cdeA	1.6 aA	3.1 cdA
T20	2.0 aA	0.1 bA	15.4 abA	2.8 abcdeABCD	4.8 abcdeA	0.6 abA	16.8 bcdefA	15.9 bcdeA	0.9 aA	3.5 cdA
T21	1.8 aA	0.2 aA	9.3 bA	2.7 bcdefgABCD	3.8 abcdefA	0.7 abA	20.5 abcdefA	18.9 abcdeA	1.6 aA	5.5 abcdA
T22	1.6 aA	0.1 bA	11.1 abA	2.5 cdefgABCD	3.6 abcdefA	0.7 abA	19.0 abcdefA	16.3 abcdeA	2.7 aA	5.2 abcdA
T23	1.8 aA	0.1 bA	14.8 abA	2.4 efgCD	3.1 defA	0.8 abA	22.8 abcdefA	18.6 abcdeA	4.2 aA	7.5 abcdA
T24	1.8 aA	0.2 aA	12.1 abA	2.8 bcdefABCD	3.7 abcdefA	0.8 abA	19.4 abcdefA	16.2 abcdeA	3.2 aA	5.3 abcdA
T25	2.1 aA	0.2 aA	13.7 abA	2.7 bcdefgABCD	4.2 abcdefA	0.7 abA	19.4 abcdefA	17.0 abcdeA	2.4 aA	4.7 bcdA
T26	1.8 aA	0.2 aA	11.3 abA	3.3 abAB	5.4 abA	0.6 abA	16.3 bcdefA	14.3 cdeA	2.0 aA	3.0 cdA
T27	2.1 aA	0.1 bA	15.8 abA	2.5 cdefgABCD	3.5 bcdefA	0.7 abA	19.9 abcdefA	18.4 abcdeA	1.5 aA	5.7 abcdA

表5-17 不同处理K326中部叶内在化学成分比较

处理	K（%）	Cl^-（%）	钾氯比	总氮（%）	烟碱（%）	氮碱比	总糖（%）	还原糖（%）	两糖差	糖碱比
T1	2.3 abcA	0.2 aA	15.2 bcA	1.9 abcdeAB	2.1 abcdeA	0.9 aA	24.5 bcdefABC	21.3 abcdAB	3.2 bcdeA	11.9 bcA
T2	2.6 aA	0.1 bA	20.2 abcA	1.7 bcdeAB	1.4 cdeA	1.2 aA	28.2 abcdeABC	23.3 abcAB	4.9 abcdeA	20.7 abcA
T3	2.4 abcA	0.2 aA	14.9 bcA	1.7 bcdeAB	1.7 abcdeA	1.0 aA	30.1 abcABC	24.8 abcAB	5.3 abcdA	17.5 abcA
T4	1.9 bcA	0.2 aA	11.4 cA	2.0 abcdeAB	2.9 abcdeA	0.7 aA	28.2 abcdeABC	22.8 abcdAB	5.4 abcA	9.6 cA
T5	2.6 aA	0.1 bA	23.8 abcA	1.9 abcdeAB	2.4 abcdeA	0.8 aA	26.0 abcdefABC	22.6 abcdAB	3.4 bcdeA	10.9 cA
T6	2.6 aA	0.1 bA	28.8 abcA	1.7 bcdeAB	1.6 bcdeA	1.1 aA	27.7 abcdeABC	22.5 abcdAB	5.2 abcdeA	17.4 abcA
T7	2.1 abcA	0.1 bA	26.1 abcA	2.3 abcAB	3.0 abcdeA	0.8 aA	23.4 cdefABC	19.7 bcdAB	3.7 abcdeA	7.9 cA
T8	2.1 abcA	0.1 bA	26.1 abcA	1.8 bcdeAB	2.3 abcdeA	0.8 aA	27.5 abcdeABC	22.0 abcdAB	5.5 abA	12.0 bcA
T9	2.2 abcA	0.1 bA	32.0 abcA	1.6 bcdeAB	1.4 bcdeA	1.1 aA	29.3 abcdABC	24.7 abcAB	4.6 abcdeA	20.3 abcA
T10	2.0 abcA	0.1 bA	22.3 abcA	2.0 abcdeAB	2.4 abcdeA	0.8 aA	25.8 abcdefA	22.9 abcdAB	2.9 cdeA	10.7 cA
T11	2.4 abcA	0.1 bA	30.1 abcA	1.8 bcdeAB	1.6 bcdeA	1.1 aA	23.5 cdefABC	19.4 cdAB	4.1 abcdeA	15.1 abcA
T12	2.0 abcA	0.1 bA	24.9 abcA	1.7 bcdeAB	1.9 abcdeA	0.9 aA	26.7 abcdefA	22.0 abcdAB	4.7 abcdeA	14.1 abcA
T13	2.1 abcA	0.1 bA	35.2 abA	1.6 cdeAB	1.4 cdeA	1.1 aA	27.4 abcdeABC	24.2 abcAB	3.2 bcdeA	20.0 abcA
T14	1.8 cA	0.1 bA	20.4 abcA	2.0 abcdeAB	2.8 abcdeA	0.7 aA	28.0 abcdeABC	22.5 abcdAB	5.5 abA	9.9 cA
T15	2.0 abcA	0.1 bA	25.0 abcA	1.8 bcdeAB	2.5 abcdeA	0.7 aA	26.7 abcdefABC	22.9 abcdAB	3.8 abcdeA	10.6 cA

（续）

处理	K（%）	Cl^-（%）	钾氯比	总氮（%）	烟碱（%）	氮碱比	总糖（%）	还原糖（%）	两糖差	糖碱比
T16	1.8 cA	0.1 bA	26.1 abcA	1.5 deB	1.1 eA	1.4 aA	32.7 abAB	28.5 abA	4.2 abcdeA	30.3 aA
T17	2.1 abcA	0.1 bA	26.4 abcA	1.7 bcdeAB	2.0 abcdeA	0.9 aA	29.6 abcdABC	25.6 abcAB	4.0 abcdeA	15.2 abcA
T18	2.2 abcA	0.1 bA	36.3 aA	1.9 bcdeAB	2.4 abcdeA	0.8 aA	26.7 abcdefABC	22.6 abcdAB	4.1 abcdeA	11.1 cA
T19	2.4 abcA	0.1 bA	21.6 abcA	2.7 aA	3.7 aA	0.7 aA	18.2 fC	14.1 dB	4.1 abcdeA	4.9 cA
T20	2.0 abcA	0.1 bA	22.1 abcA	2.3 abcAB	3.3 abcdA	0.7 aA	19.8 efBC	17.0 cdAB	2.8 deA	6.0 cA
T21	2.3 abcA	0.2 aA	12.7 cA	2.3 abcAB	3.5 abA	0.6 aA	21.3 defABC	17.8 cdAB	3.5 abcdeA	6.0 cA
T22	2.0 abcA	0.1 bA	25.3 abcA	1.7 bcdeAB	2.6 abcdeA	0.7 aA	27.5 abcdeABC	21.5 abcdAB	6.0 aA	10.7 cA
T23	2.1 abcA	0.1 bA	26.3 abcA	1.8 bcdeAB	2.4 abcdeA	0.8 aA	28.9 abcdABC	24.9 abcAB	4.0 abcdeA	11.8 bcA
T24	2.0 abcA	0.1 bA	34.0abA	1.7 bcdeAB	1.3 cdeA	1.3 aA	27.6 abcdeABC	23.6 abcAB	4.0 abcdeA	20.6 abcA
T25	2.5 abcA	0.1 bA	22.5 abcA	2.4 abAB	3.3 abcA	0.7 aA	21.1 defABC	18.4 cdAB	2.7 eA	6.4 cA
T26	2.6 abA	0.1 bA	23.5 abcA	2.1 abcdeAB	3.2 abcdA	0.7 aA	24.1 bcdefABC	20.9 abcdAB	3.2 bcdeA	7.6 cA
T27	2.2 abcA	0.1 bA	32.0 abcA	1.4 eB	1.2 deA	1.2 aA	34.2 aA	29.0 aA	5.2 abcdeA	28.3 abA

氮5.5kg，株行距（0.5～0.55）m×1.2m，留叶数22，现蕾打顶，上部叶烟碱含量符合优质烤烟内在化学成分的标准。K326亩施纯氮7.0kg，株行距0.5m×1.2m，留叶数18～20，现蕾打顶或初花打顶，中部叶烟碱含量符合优质烤烟内在化学成分的标准。

表5-18　不同处理K326烟叶烟碱含量均值比较表

因子	上部叶			中部叶		
	水平1	水平2	水平3	水平1	水平2	水平3
施氮量（A）	4.0	3.8	4.1	2.1	2.0	2.7
株距（B）	3.9	3.9	4.1	2.4	2.2	2.2
A×B	3.7	4.1	4.2	1.9	2.3	2.7
留叶数（C）	4.3	4.3	3.4	2.5	2.4	2.0
A×C	3.9	4.1	4.0	2.6	1.9	2.3
B×C	4.3	3.5	4.1	2.3	2.0	2.5
打顶时期（D）	3.9	3.8	4.3	2.1	2.4	2.3
A×D	3.6	4.0	4.4	2.3	2.2	2.3
B×D	4.0	4.2	3.8	2.1	2.5	2.2
C×D	3.9	4.0	4.0	2.3	2.1	2.5

由表5-19可见，根据Q/YZY 1—2009标准，优质烤烟上部叶总氮含量为2.0%～2.6%，中部叶总氮含量为1.8%～2.4%，K326亩施纯氮4.0～5.5kg，株行距0.5m×1.2m，留叶数22，扣心或现蕾打顶，上部叶总氮含量符合优质烤烟内在化学成分的标准。K326亩施纯氮4.0～7.0kg，株行距（0.5～0.6）m×1.2m，留叶数18～20，扣心或初花打顶，中部叶总氮含量符合优质烤烟内在化学成分的标准。

表5-19　不同处理K326烟叶总氮含量均值比较

因子	上部叶			中部叶		
	水平1	水平2	水平3	水平1	水平2	水平3
施氮量（A）	2.6	2.6	2.8	1.9	1.8	2.1
株距（B）	2.6	2.7	2.7	2.0	1.8	1.9
A×B	2.6	2.7	2.8	1.7	1.9	2.0
留叶数（C）	2.8	2.8	2.5	2.0	1.9	1.7

（续）

因子	上部叶			中部叶		
	水平1	水平2	水平3	水平1	水平2	水平3
A×C	2.7	2.7	2.6	2.0	1.8	1.9
B×C	2.8	2.5	2.8	1.9	1.8	2.0
打顶时期（D）	2.6	2.6	2.9	1.8	1.9	2.0
A×D	2.5	2.7	2.8	1.9	1.9	1.9
B×D	2.7	2.8	2.6	1.9	2.0	1.8
C×D	2.7	2.6	2.7	1.8	1.8	2.0

由表5-20可见，根据Q/YZY 1—2009标准，优质烤烟上部叶氮碱比为0.6～0.8，中部叶氮碱比为0.7～1.0。K326亩施纯氮4.0～7.0kg，株行距（0.5～0.6）m×1.2m，留叶数18～22，扣心或初花打顶，上部叶和中部叶氮碱比符合优质烤烟内在化学成分的标准。

表5-20　不同处理K326烟叶氮碱比均值比较

因子	上部叶			中部叶		
	水平1	水平2	水平3	水平1	水平2	水平3
施氮量（A）	0.7	0.7	0.7	0.9	0.9	0.8
株距（B）	0.7	0.7	0.7	0.9	0.9	0.9
A×B	0.7	0.7	0.7	1.0	0.9	0.8
留叶数（C）	0.6	0.7	0.7	0.9	0.8	1.0
A×C	0.7	0.7	0.7	0.8	1.0	0.9
B×C	0.6	0.7	0.7	0.9	1.0	0.8
打顶时期（D）	0.7	0.7	0.7	0.9	0.8	0.9
A×D	0.7	0.7	0.7	0.9	1.0	0.8
B×D	0.7	0.7	0.7	0.9	0.8	0.9
C×D	0.7	0.7	0.7	0.9	1.0	0.8

4. 讨论与结论

不同烟区烟碱含量的差异，主要是品种、生产技术和生态环境条件不同造成的。烟碱的积累能力是受遗传特性支配的（徐晓燕等，2001），遗传特性不同时，烟碱含量差异很大；不同遗传特性的烤烟品种，其烟碱含量的变异系数为0.20%～7.87%（左天觉等，1993）。因此，可以选择烟碱含量适宜、烟叶品质满足工业需求的品种（如云烟99、云烟100、云烟105等）进行种植（李伟等，2017），但是这些品种在工业可用性上替代不了工业对K326品种的需求。试验证明，烟碱主要是烟株根系合成后运输到烟叶中积累的，氮素是合成烟碱的必要元素，氮素的施用量越高，合成的烟碱也就越多，调整氮素用量是调控烟碱含量的关键农艺措施之一，对烟碱含量过高的区域，应适当少施氮肥（闫玉秋等，1996）。烤烟封顶、留叶是调节其营养水平的重要手段，在栽培措施中，封顶对烟碱积累所起的促进作用最大（徐晓燕等，2001）。烟碱含量过高的区域，要想降低烟叶烟碱含量，应适当晚封顶、提高封顶高度、多留叶。

由于生态环境属于不可控或难控制的因素，笔者研究认为，可以通过施氮量、种植密度及封顶留叶等农艺措施来调控烟碱含量，在植烟土壤肥力中等的情况下，K326烟碱含量调控的最优栽培技术措施为：亩施纯氮5.5～7.0kg，留叶数18～20，株行距（0.5～0.55）m×1.2m，现蕾或初花打顶。

（二）K326品种“增钾”技术试验研究

1. 研究背景

烟叶含钾量是衡量烤烟品质的重要指标之一，含钾量高的烟叶香气量足、吃味好，填充性强，燃烧性好，焦油等有害物质产生量减少，可提高烟叶品质和安全性（吴玉萍等，2010）。美国、津巴布韦的烟叶钾含量多为4%～6%，我国的烟叶钾含量却比较低，成为优质烟叶生产的限制因素之一。云南中部烟叶钾含量平均值为1.73%，大于2.0%的样品分布比例仅为24.86%，在全国处于中间水平，与湖南烟区、广西百色烟区相比尚有一定差距（邓小华等，2010）。云南烟区只有保山中部叶钾含量平均值大于2.0%，文山、昆明、红河次之，曲靖最低。适值（≥2.0%）样品率保山最高达53.06%，文山、昆明、红河均在20%左右，曲靖最低，仅有17.04%。曲靖、昆明和红河烟区中，烟叶钾含量过低（<1.5%）的乡（镇）数量明显多于其他州（市），烟叶钾含量过低的乡（镇）数量最多的是曲靖（张静等，2017）。

由此，笔者选择烟叶钾含量偏低的区域，以主栽品种K326为研究对象，开展“增钾”技术田间试验研究，以期为提高工业可用性提供科学依据。

2. 材料与方法

（1）试验地点与时间。试验安排在石林县板桥镇碧落甸村，海拔1 665米，北纬24°41′12.9″，东经103°15′52″。

试验时间：于2018年4月12—13日移栽。

（2）试验土壤基本农化性状。试验地土壤类型为水稻土，土壤基本农化性状如下：pH 7.69，有机质34.7g/kg，速效氮123.54mg/kg，有效磷35.74mg/kg，速效钾286.32mg/kg。

（3）试验处理与设计。采用随机区组设计的方法，开展田间小区试验，设4个处理，每个处理3次重复，共12个小区，各处理设计如下：T1，常规施钾肥（专用复合肥＋硫酸钾，作为CK）；T2，底肥（商品有机肥＋专用复合肥＋胶质芽孢杆菌）＋有机水溶肥（兑水追施2次）＋叶面活性钾（叶面喷施2次）；T3，底肥（饼肥＋专用复合肥）＋增施钾肥（$N:K_2O=1:4$）＋分施（移栽后30d常规追肥、60d、90d各1次，追施比例30%、50%、20%）；T4，膜下小苗移栽期（立体型保水缓控释多功能复合肥）＋破膜培土时（专用复合肥）＋硫酸钾。

（4）田间调查与方法。在封顶前调查有效叶数、打顶株高、腰叶长、腰叶宽，并计算腰叶面积加权平均值，计算公式：腰叶面积加权平均值$(cm^2)=1/N\sum$（每次重复的叶长×叶宽×叶面积系数0.634 5），其中，N为重复数，本试验重复数为3。

在病害发生盛期进行病害发生情况调查。

按小区进行分级测产，计算产值、均价及各等级所占比例。

采集各小区上部（B2F）、中部（C3F）烟叶样品进行室内检测化学品质及外观质量打分。

（5）数据分析方法。采用EXCEL和DPS数据处理系统进行数据统计、多重比较与显著性方差分析。

3. 结果与分析

（1）不同“增钾”技术措施对K326烤烟农艺性状的影响。由表5－21可见，K326品种田间生长以T2处理，即底肥（商品有机肥＋专用复合肥+胶质芽孢杆菌)+有机水溶肥(兑水追施2次)+叶面活性钾(叶面喷施2次)处理表现为最佳;其次是T1(对照)处理,即常规施钾肥(专用复合肥+硫酸钾),不同处理之间差异较小。

表5-21 不同处理K326烤烟农艺性状比较

处理	打顶株高(cm)	有效叶数(片)	腰叶长(cm)	腰叶宽(cm)	腰叶面积加权平均值(cm^2)
T1	86.8abA	19.6aA	57.9abA	25.9aA	952.7aA
T2	88.6aA	19.5abA	59.2aA	25.6aA	962.2aA
T3	83.3bA	18.3bA	56.4bA	24.4bA	873bA
T4	88.4aA	19.2abA	57.9abA	25.1aA	923.1aA

(2)不同"增钾"技术措施对K326烟叶经济性状的影响。由表5-22可见,T2、T3、T4处理K326品种烟叶产量、产值及中上等烟比例等经济性状均优于T1(对照),T2表现最好,其次T4,均显著增加。

表5-22 不同处理K326烟叶经济性状比较

处理	产量(kg/亩)	产值(元/亩)	均价(元/kg)	上等烟比例(%)	中上等烟比例(%)
T1	113.4bA	2 675bA	23.7abA	46.7abA	73.0bA
T2	128.5abA	3 206aA	24.6aA	49.7aA	82.4aA
T3	122.1abA	2 808bA	23.0bA	44.5bA	76.1bA
T4	136.0aA	3 192aA	23.2bA	43.8bA	79.1abA

(3)不同"增钾"技术措施对K326烟叶病害发生的影响。由表5-23可见,K326品种赤星病病情指数T2、T3处理均比T1(对照)高,而蚀纹病显著降低,T2、T3处理炭疽病、T3处理气候斑病病情指数均显著降低,不同处理之间野火病差异不显著。

表5-23 不同处理烤烟病情指数比较

处理	红大			K326				
	赤星病	蚀纹病	黑胫病	赤星病	蚀纹病	炭疽病	气候斑	野火病
T1	0.39abA	4.04aA	15.0bA	0.09bA	14.33aA	1.54abA	2.57aA	0.29aA
T2	0.67aA	3.93aA	19.44aA	0.13abA	11.95bA	1.04bA	2.85aA	0.37aA
T3	0.53abA	3.33bA	14.44bA	0.17aA	10.07bA	1.24bA	0.68bA	0.34aA
T4	0.24bA	3.47abA	14.44bA	0.14abA	9.6bA	1.81aA	2.77aA	0.26aA

（4）不同“增钾”技术措施对 K326 烟叶外观质量的影响。由表 5－24 可见，K326 品种上部叶（B2F）和中部叶（C3F）外观质量 T4 处理显著优于 T1（对照），且显著优于 T2、T3，T1、T2、T3 处理之间差异不显著。

表 5－24　不同处理 K326 烟叶外观质量比较

部位	处理	颜色	成熟度	叶片结构	身份	油分	色度	总分
B2F	T1	7.1aA	13.8aA	12.7abA	12.8bA	16.5bA	16.5bA	86.5bA
	T2	7.1aA	13.8aA	12.3bA	12.8bA	16.5bA	16.5bA	86.1bA
	T3	7.2aA	13.8aA	12.3bA	13.2abA	16.7abA	16.7abA	86.9bA
	T4	7.4aA	14.0aA	13.0aA	13.5aA	17.0aA	17.0aA	88.9aA
C3F	T1	7.3aA	13.8bA	14.0aA	14.0aA	16.8bA	16.2bA	89.1bA
	T2	7.4aA	14.0abA	14.2aA	14.0aA	17.3abA	16.8abA	90.7bA
	T3	7.3aA	13.8bA	14.0aA	14.0aA	16.8bA	16.2bA	89.1bA
	T4	7.5aA	14.3aA	14.3aA	14.5aA	18.0aA	17.3aA	93.0aA

（5）不同“增钾”技术措施对 K326 烟叶内在化学成分协调性的影响。由表 5－25 可见，K326 品种上部叶（B2F）和中部叶（C3F）钾含量、钾氯比 T2、T3、T4 处理均极显著高于 T1（对照），钾含量从 1.3%左右提高到 1.5%左右，钾氯比从 6 左右提高到 10 左右；氯离子含量均偏低（＜0.2%），各处理之间差异不显著。上部叶总氮含量在大于适宜范围上限（总氮 2.0%～2.6%），T2、T3、T4 处理均比 T1（对照）显著降低；中部叶在适宜范围内（总氮 1.8%～2.4%）显著降低，上部、中部叶烟碱含量均在适宜范围内（上部 3.0%～3.8%、中部 2.3%～3.2%）有所降低；氮碱比均在适宜范围内有所增加。上部、中部叶总糖含量总体在适宜范围内显著增加，上部叶还原糖含量在低于适宜范围下限显著增加，中部叶从低于适宜范围显著增加到适宜范围，两糖差在大于适宜范围有所增加，糖碱比显著增加。总体来看，上部叶内在化学成分协调性 T2、T3、T4 处理综合表现均显著好于对照 T1，中部叶以 T4、T3 处理综合表现为最好，其次是 T2，T1 综合表现最差。

表5-25　不同处理烟叶内在化学成分比较

部位	处理	K (%)	Cl^- (%)	钾氯比	总氮 (%)	烟碱 (%)	氮碱比	总糖 (%)	还原糖 (%)	两糖差	糖碱比
B2F	T1	1.28bB	0.20aA	6.4bA	2.93aA	3.77aA	0.78bA	22.1bA	16.0bA	6.1bA	4.3bA
	T2	1.47aA	0.19aA	8.1aA	2.85abA	3.57aA	0.80abA	22.9bA	16.4bA	6.5abA	4.8bA
	T3	1.51aA	0.21aA	7.2abA	2.70bA	3.43aA	0.79bA	25.4abA	18.4aA	7abA	5.4aA
	T4	1.51aA	0.20aA	7.6abA	2.76bA	3.20aA	0.87aA	27.1aA	18.7aA	8.4aA	5.9aA
C3F	T1	1.34bB	0.19aA	7.3bA	2.07aA	2.69aA	0.77bA	28.5bA	18.6bB	9.9bA	7.1bA
	T2	1.46abAB	0.14aA	10.6aA	1.68bA	2.06aA	0.82aA	34.2aA	22.8aAB	11.5aA	11.1aA
	T3	1.52aAB	0.14aA	10.8aA	1.76bA	2.22aA	0.80aA	33.6aA	23.6aA	10.0bA	10.8aA
	T4	1.61aA	0.15aA	11.3aA	1.94aA	2.43aA	0.81aA	32.7aA	23.1aAB	9.6bA	9.9abA

4. 讨论与结论

不同烟区烟叶钾含量差异，主要是品种、生产技术和生态气候条件造成的。不同烤烟品种对钾素的吸收累积能力存在差异，按基因型对钾素利用效率的高低分为四种类型：钾累积利用高效型、钾累积低效利用高效型、钾累积低效利用低效型和钾累积高效利用低效型（杨铁钊等，2009；王艺霖等，2012）。研究表明，钾肥的施用量在一定范围内与烟叶全钾含量存在极显著正相关关系（张鹏等，2002）。一般认为生产优质烟叶必须施用烟株最适产量和生长所需钾素的2～3倍，才能获得高钾含量的优质烟叶（曾洪玉等，2005）。根外施钾可以减少钾在土壤中的固定流失（潘秋筑等，1994）。叶面喷施钾肥，烟叶钾含量可以提高36.5%～50.0%（艾绥龙等，1997）。

本试验研究结果表明，K326品种在T2处理，即底肥（商品有机肥＋专用复合肥＋胶质芽孢杆菌）＋有机水溶肥（兑水追施2次）＋叶面活性钾（叶面喷施2次）条件下田间生长及经济性状综合表现最佳；其次是T4处理，即膜下小苗移栽期（立体型保水缓控释多功能复合肥）＋破膜培土时（专用复合肥）＋硫酸钾，各“增钾”技术措施下烟叶钾含量、钾氯比均极显著提高，钾含量从1.3%左右提高到1.5%左右，钾氯比从6左右提高到10左右。总体来看，在膜下小苗移栽期（立体型保水缓控释多功能复合肥）＋破膜培土时（专用复合肥）＋硫酸钾的处理下（T4）烟叶外观质量和内在化学成分协调性综合表现最好，其次是T2

和 T3 处理。

四、K326 前茬作物筛选及周年养分平衡施肥技术试验研究

（一）研究背景

烟草作为我国一种重要的经济作物，具有不耐连作的特点，合理的耕作制度能改善土壤的理化性状，对烟叶品质具有促进作用（陈瑞泰等，1987；刘国顺等，2003；王欣英等，2006）。已有研究表明，烤烟的生长受到前茬茬口特性的影响（周兴华等，1993；刘方等，2002）。徐照丽等（2008）研究指出，前作种类、氮水平以及前茬作物与氮水平的交互作用极显著地影响烤烟氮肥利用率，也显著影响烤烟上等烟比例、产量和产值；烤烟较好的前茬作物为大麦和油菜。不同前茬作物使烤烟的生长发育、产量和质量有明显差异（崔学林等，2009；彭云等，2010），其原因除与前茬引起的根际土壤微生物和残留的根系分泌物差异有关外，也与栽烟前土壤肥力差异和烟株生长期间土壤氮素矿化等养分供应差异有关（刘枫等，2011）。烤烟是产量、质量并重的作物，分析前茬对后作烤烟产量、质量的影响并且结合优化施肥，有针对性地改进栽培措施非常重要。

由此笔者在昆明市寻甸县烟区同一地块研究了不同前茬（大麦、绿肥、空闲）对 K326 生长、烟叶产量、质量的影响及周年施肥改进措施，以期为云南某卷烟品牌烟区生态优质烟叶生产提供理论指导。

（二）材料与方法

1. 试验地点与时间

试验地点：昆明市寻甸县推广站，海拔 1 808m。

试验时间：2014 年 9 月至 2016 年 9 月。

2. 供试土壤基本农化性状

试验土壤为水稻土，土壤肥力中等，各处理在小春作物收获后，土壤基本农化性状如下（表 5－26）：

表5-26　各处理土壤基本农化性状

前茬作物	pH	有机质（g/kg）	碱解氮（mg/kg）	有效磷（mg/kg）	速效钾（mg/kg）
绿肥	7.53	29.2	97	39.4	464
大麦	7.74	33.6	96	41.6	464
冬闲	7.68	32.5	100	53.1	617

3. 试验设计与处理

采用2因素3重复完全区组试验设计，A因素为前茬作物，开展小春作物种植及冬季休闲，前茬早熟型大麦（A1）、前茬空闲（A2）、前茬紫花苕子绿肥（A3），小春作物管理按照当地习惯进行；B因素为对应种植品种K326烤烟习惯施肥（B1）和周年养分平衡施肥（B2），各试验处理设计如下（表5-27）：

表5-27　试验处理编号及描述

处理编号	前茬作物～施肥处理
A1B1	大麦～习惯
A1B2	大麦～平衡
A2B1	空闲～习惯
A2B2	空闲～平衡
A3B1	绿肥～习惯
A3B2	绿肥～平衡

烤烟习惯施肥（B1）：施纯N 7.5kg/亩，N：P_2O_5：K_2O=1：1：(2～2.5)；基追比=3：2。基肥：腐熟农家肥作基肥塘施，施用量600kg/亩（干重）；烤烟专用复混肥（15：10：25），施用量30kg/亩；过磷酸钙（含$P_2O_5$16%），施用量28kg/亩，环施。追肥（1次）：在团棵期（移栽后25～35d），硝酸钾施用量22kg/亩，兑水穴施。

烤烟周年养分平衡施肥（B2）：待小春作物收获后，根据不同轮作模式土壤养分实测数据和周年养分平衡调整施烤烟专用复混肥（15：10：25）用量30kg/亩，过磷酸钙施用量11～25kg/亩；腐熟农家肥施用量600kg/亩。第一次追肥：移栽后10d左右（缓苗期～伸根期）追纯氮的20%左右（追肥用硝酸钾）。第二次追肥：团棵期（移栽后25～35d）追肥纯氮

20%左右（追肥用硝酸钾和硫酸钾）。

田间病虫害防治、采收、烘烤均按照当地优化管理标准进行。

4. 田间调查与样品分析

主要农艺性状和病害调查：在封顶前调查有效叶数、打顶株高、腰叶长、腰叶宽，并计算腰叶面积加权平均值，计算公式：腰叶面积加权平均值（cm^2）$=1/N\sum$（每次重复的叶长×叶宽×叶面积系数 0.634 5），其中，N 为重复数，本试验重复数为 3。

在发病盛期调查主要病害发生情况（发病率、病情指数）。

按小区进行分级测产，计算产值、均价及各等级所占比例。

采集各小区对上部（B2F）、中部（C3F）、下部（X2F）烟叶样品进行室内化学品质检测和外观质量打分；按处理进行上部（B2F）、中部（C3F）烟叶样品感官质量的分析。

5. 数据统计与分析

采用 EXCEL、DPS 等软件，对数据进行多重比较和方差显著性分析。

（三）结果与分析

1. 不同前茬作物及周年平衡施肥对 K326 农艺性状的影响

2015 年、2016 年数据分析结果表明，不同前茬作物对 K326 农艺性状的影响较小，前茬作物以绿肥处理下表现为最好，其次是空闲，大麦较差；施肥对 K326 农艺性状的影响较大，周年养分平衡施肥处理农艺性状均优于习惯施肥（表 5－28）。

表 5－28　不同处理 K326 农艺性状比较

年度及处理		有效叶数（片）	打顶株高（cm）	腰叶长（cm）	腰叶宽（cm）	腰叶面积加权平均值（cm^2）
2015	A1 前作大麦	20.8a	105.1a	57.4b	25.1a	915.1b
	A2 前作空闲	20.4a	105.1a	58.7ab	26.0a	973.8a
	A3 前作绿肥	20.7a	104.6b	60.2a	25.7a	983.6a
	B1 习惯施肥	20.6a	104.4b	58.3b	25.5a	951.5b
	B2 周年养分平衡	20.6a	105.5a	59.3a	25.9a	973.5a

（续）

年度及处理		有效叶数（片）	打顶株高（cm）	腰叶长（cm）	腰叶宽（cm）	腰叶面积加权平均值（cm^2）
2016	A1 前作大麦	20.1ab	116.3a	74.6a	28.6a	1 362.1a
	A2 前作空闲	19.1b	118.5a	72.7a	28.8a	1 337.9a
	A3 前作绿肥	20.3a	117.9a	72.0a	28.2a	1 299.0a
	B1 习惯施肥	19.7a	115.8a	72.4a	28.1a	1 299.3a
	B2 周年养分平衡	20.0a	119.4a	73.8a	29.0a	1 366.6a

注：表中小写英文字母 a，b，c 表示不同处理之间在 0.05 水平下的差异显著性（$P<0.05$）；下同。

2. 不同前茬作物及周年养分平衡施肥对 K326 病害发生的影响

2015 年 K326 发病较轻，主要病虫害为花叶病毒病，也有部分在早期因干旱导致死亡。在双因素作用下，K326 花叶病毒病的发病率及植株早期因干旱或病害死亡率前作空闲、习惯施肥处理显著增加，前茬作物空闲处理显著高于前作大麦、前作绿肥处理，养分周年平衡施肥处理显著低于习惯施肥。

2016 年 K326 番茄斑萎病发病较为严重，发病率为 10%～25%，现蕾期病死株率在 10%以下，弱小株率为 10%～20%；在团棵期，前茬作物绿肥的番茄斑萎病发病率较高，达到 20.51%，显著高于前作大麦和空闲，养分周年平衡施肥处理番茄斑萎病发病率、病死率和弱小株率均显著低于习惯施肥（表 5－29）。

3. 不同前茬作物及周年平衡施肥管理对 K326 经济性状的影响

2015 年不同前茬作物处理 K326 烟叶经济性状从优至劣依次为绿肥＞空闲＞大麦；周年养分平衡施肥处理烟叶经济性状好于习惯施肥。

2016 年 7 月试验田发生严重冰雹灾害，因此只能通过估算法估计亩产量的理论值（统计各小区损失烟叶的鲜叶重，并测定鲜叶水分含量）。

表 5－29　不同处理 K326 病害发生情况

年度	处理	植株早期死亡率（%）	花叶病毒病	
			发病率（%）	病指
2015	A1 前作大麦	5.8b	0.0a	0.0a
	A2 前作空闲	9.4a	3.3a	1.1a
	A3 前作绿肥	6.9b	0.3a	0.1a
	B1 习惯施肥	7.8a	2.4a	0.8a
	B2 周年养分平衡	7.0a	0.0b	0.0b

（续）

年度	处理	团棵期	现蕾期	
		番茄斑萎病发病率（%）	病死株率（%）	弱小株率（%）
2016	A1 前作大麦	16.03b	5.77a	18.59a
	A2 前作空闲	16.03b	6.73a	14.74a
	A3 前作绿肥	20.51a	2.88b	18.27a
	B1 习惯施肥	20.73a	6.20a	19.02a
	B2 周年养分平衡	14.32b	4.06b	15.38b

前作空闲和前作绿肥的产量（包括理论和实际产量）相对较高，前作空闲和前作绿肥的产量均高于前作大麦，养分周年平衡施肥的产量高于习惯施肥（表5－30）。

表5－30　不同处理K326经济性状比较

年度	处理	单叶重（g）	亩产量（kg）	亩产值（元）	均价（元/kg）	上等烟（%）
2015	A1 前作大麦	9.2b	126.3b	3 158a	25.0a	33.7a
	A2 前作空闲	9.7ab	130.8b	3 322a	25.4a	37.7a
	A3 前作绿肥	9.9a	139.5a	3 501a	25.1a	35.8a
	B1 习惯施肥	9.5a	127.9b	3 185a	24.9a	34.1a
	B2 周年养分平衡	9.7a	136.5a	3 467a	25.4a	37.3a

年度	处理	单叶重（g）	理论亩产量（kg）	灾后实际亩产量（kg）
2016	A1 前作大麦	7.87a	125.4a	67.34a
	A2 前作空闲	8.72a	131.8a	69.06a
	A3 前作绿肥	8.43a	128.9a	73.77a
	B1 习惯施肥	8.13a	125.7a	67.32a
	B2 周年养分平衡	8.55a	131.7a	72.79a

4. 不同前茬作物及周年平衡施肥管理对K326烟叶内在化学成分的影响

2015年、2016年数据分析结果显示，不同前茬作物对烟叶内在成分协调性的影响表现为：前茬绿肥更有利于烟叶总氮、烟碱含量的提高；前茬大麦更有利于烟叶钾含量的提高。综合来看，前作绿肥烟叶内在化学成分协调性比大麦、空闲更好；养分周年平衡管理能提高烟叶总氮、烟碱及钾含量，烟叶内在化学成分协调性比习惯施肥更好（表5－31）。

表5-31　不同处理K326烟叶内在化学成分比较

年度	部位	处理	总糖(%)	还原糖(%)	总氮(%)	烟碱(%)	K_2O(%)	氯(%)	淀粉(%)	两糖差(%)	糖碱比	氮碱比	钾氯比
2015	B2F	大麦	34.6a	27.1a	1.97b	1.84a	1.40a	0.06a	4.2a	7.5a	14.7a	1.1a	24.4a
		冬闲	36.7a	29.5a	1.88b	1.67b	1.22b	0.06a	3.0b	7.2a	17.7a	1.1a	22.3a
		绿肥	34.9a	27.9a	2.18a	1.75b	1.40a	0.05a	2.2b	7.0a	16.3a	1.8a	30.0a
		习惯	35.1a	28.0a	2.02a	1.65b	1.27b	0.07a	2.7a	7.2a	17.1a	1.2a	19.1a
		平衡	35.7a	28.3a	2.00a	1.86a	1.41a	0.05a	3.6a	7.3a	15.3a	1.1a	32.0a
	C3F	大麦	36.0a	30.9a	1.72b	1.53b	1.71a	0.14a	3.7a	5.2a	20.3a	1.1a	16.7a
		冬闲	36.5a	30.5a	1.71b	1.81a	1.65a	0.12a	3.0a	6.0a	17.0a	1.0a	14.5a
		绿肥	32.6b	27.5b	2.01a	1.74ab	1.62a	0.04a	3.4a	5.1a	16.4a	1.2a	40.1a
		习惯	34.4a	29.5a	1.80a	1.67a	1.49b	0.06a	3.0b	4.9a	17.9a	1.1a	29.3a
		平衡	35.6a	29.7a	1.82a	1.72a	1.82a	0.14a	3.8a	5.9a	17.9a	1.1a	18.2a
	X2F	大麦	35.5a	28.6a	1.63b	1.67a	1.70a	0.13a	1.3a	6.9a	18.3a	1.0a	14.5a
		冬闲	31.1a	25.1a	1.90a	1.55a	2.03a	0.15a	1.6a	6.0a	16.2a	1.2a	14.1a
		绿肥	31.5a	25.1a	1.86a	1.46a	2.06a	0.22a	1.0a	6.4a	17.2a	1.3a	17.0a
		习惯	34.1a	27.3a	1.75b	1.46b	1.84b	0.14a	1.2a	6.8a	18.9a	1.2a	16.6a
		平衡	31.3a	25.2a	1.85a	1.65a	2.02a	0.20a	1.7a	6.1a	15.6a	1.2a	13.8a

（续）

年度	部位	处理	总糖（%）	还原糖（%）	总氮（%）	烟碱（%）	K_2O（%）	氯（%）	淀粉（%）	两糖差（%）	糖碱比	氮碱比	钾氯比
2016	B2F	大麦	26.2a	19.3a	2.67a	2.66a	2.18a	0.15a	2.5a	6.8a	7.3a	1.0b	14.6a
		冬闲	24.6a	18.7a	2.56a	2.36b	2.23a	0.17a	2.5a	5.9ab	7.9a	1.1ab	13.3a
		绿肥	23.2a	18.8a	2.68a	2.23b	2.17a	0.15a	2.4a	4.4b	8.4a	1.2a	14.58a
		习惯	24.1a	18.5a	2.75a	2.47a	2.11b	0.16a	2.4a	5.5a	7.6a	1.1a	13.0a
		平衡	25.2a	19.3a	2.52b	2.37a	2.27a	0.15a	2.6a	5.8a	8.2a	1.1a	15.2a
	C3F	大麦	25.6a	19.0a	2.54a	2.19a	2.33a	0.16a	2.8a	6.6a	8.8a	1.1a	15.0a
		冬闲	26.6a	20.2a	2.45a	2.29a	2.33a	0.18a	3.4a	6.4a	8.8a	1.1a	14.3a
		绿肥	26.2a	20.1a	2.46a	2.50a	2.20a	0.12a	3.0a	6.2a	8.0a	1.0a	18.2a
		习惯	27.2a	19.9a	2.56a	2.47a	2.21b	0.13a	2.9b	7.3a	8.0a	1.0a	17.7a
		平衡	25.1a	19.6a	2.41b	2.19b	2.36a	0.18a	3.2a	5.5b	9.0a	1.1a	14.0a
	X2F	大麦	20.4a	17.0a	2.37a	2.01a	2.76a	0.18a	2.5a	3.4a	8.5a	1.2a	15.5a
		冬闲	23.5a	20.0a	2.33a	2.00a	2.58a	0.20a	2.4a	3.5a	10.1a	1.2a	13.0a
		绿肥	23.2a	19.0b	2.44a	2.09a	2.61a	0.17a	2.5a	4.2a	9.1a	1.2a	15.4a
		习惯	22.2a	18.5a	2.61a	2.13a	2.53b	0.17a	2.4b	3.7a	8.7a	1.2a	15.2a
		平衡	22.4a	18.8a	2.15b	1.94b	2.76a	0.20a	2.6a	3.6a	9.7a	1.1a	14.1a

5. 不同前茬作物及周年平衡施肥管理对K326烟叶感官评吸质量的影响

对2015年不同前茬作物特色品种K326烟叶感官评吸质量相比较后发现，前作绿肥、冬闲表现比大麦更好；养分周年平衡施肥处理好于习惯施肥（表5-32）。

表5-32　不同处理K326烟叶感官评吸质量比较

部位	处理	劲头	浓度	香气质	香气量	余味	杂气	刺激性	燃烧性	灰色	总得分	质量档次
B2F	大麦	3.0a	3.0a	10.8b	15.8a	18.8a	13.5b	9.0a	3.0a	3.0a	73.8b	3.4b
	冬闲	3.0a	3.0a	10.8b	15.8a	19.0a	13.3b	9.0a	3.0a	3.0a	73.8b	3.4b
	绿肥	3.0a	3.2a	11.0a	16.0a	19.0a	13.8a	9.0a	3.0a	3.0a	74.8a	3.5a
	习惯	3.0a	3.0a	10.7	15.5b	18.8a	13.2b	9.0a	3.0a	3.0a	73.2b	3.3b
	平衡	3.0a	3.1a	11.0	16.2a	19.0a	13.8a	9.0a	3.0a	3.0a	75.0a	3.5a
C3F	大麦	3.0a	3.0a	11.8a	16.5a	19.0a	14.5a	9.0a	3.0a	3.0a	76.8a	3.7a
	冬闲	3.0a	3.0a	10.8a	16.3a	18.8a	14.0b	9.0a	3.0a	3.0a	74.8a	3.5a
	绿肥	3.0a	3.1a	11.3a	16.3a	19.0a	14.0b	9.0a	3.0a	3.0a	75.5a	3.6a
	习惯	3.0a	3.0a	11.0a	16.2a	18.8a	14.2a	9.0a	3.0a	3.0a	75.2a	3.5a
	平衡	3.0a	3.0a	11.5a	16.5a	19.0a	14.2a	9.0a	3.0a	3.0a	76.2a	3.6a

注：总得分不包括劲头、浓度和质量档次。总得分为加权平均值，计算方法：前作处理下（大麦、冬闲、绿肥）总得分=1/2（习惯处理下总得分+平衡处理下的总得分）；施肥处理下（习惯、平衡）总得分=1/3（前作大麦处理下总得分+前作冬闲处理下的总得分+前作绿肥处理下的总得分）。

6. 讨论与结论

不同前茬种植后造成的栽烟前土壤肥力差异，导致肥力差异的原因不仅与前茬作物施肥量有关，还与前茬作物本身的养分吸收特性有关，前茬作物土壤碳氮比、根际pH变化与速效氮的释放有关（叶旭刚等，2008；王勇等，2011）。有研究表明，不同前茬还能导致根际土壤微生物和残留的根系分泌物有所差异，并且会影响后茬烤烟生长（张翔等，2012）。本研究表明不同前茬作物对K326的影响总体表现为：绿肥＞空闲＞大麦。2015年K326发病较轻，主要由花叶病毒病或早期干旱导致死亡，前茬大麦、绿肥处理下病害发生较轻，2016年K326以番茄斑萎病发病较为严重，发病率为10％～25％，现蕾期病死株率在10％以下，弱小株率为10％～20％，前茬作物绿肥的番茄斑萎发病率较高，达到20.51％，显著高于前作大麦和空闲。

烟草平衡施肥技术是根据土壤养分含量状况、烟草需肥规律以及肥效试验结果，选择适宜烟草生长的肥料品种、确定最佳施用量、施肥时期及施用方法的一项技术措施（董良早等，2010）。平衡施肥有利于培肥地力，实现烟草业的可持续发展（夏海乾等，2011）。本研究表明，养分周年平衡施肥处理下烤烟农艺性状、经济性状、烟叶内在化学成分和感官评吸质量表现优于习惯施肥；K326花叶病毒病、番茄斑萎发病率、病死率和弱小株率均显著低于习惯施肥。

综上所述，笔者认为在分析不同前茬作物在烤烟周年养分平衡的优化施肥的前提条件下，烤烟前茬优选绿肥，其次空闲，再次是大麦类等其他作物。

五、K326合理移栽方式和最佳移栽期试验研究

（一）研究背景

烤烟膜下移栽是先移栽烟苗后覆盖地膜的栽培方式，移栽时应注意深栽，防止地膜阻碍烟株向上生长并烫伤叶片，同时在地膜上戳孔以增加膜下环境的通气性。膜下移栽能保持土壤的水分及热量不易散失，将易损失的热量向土壤深处传导，利于烟苗成活。与传统地膜覆盖移栽相比，膜下移栽在于将保温范围扩大到烟苗，从而有效抵御低温冻害。膜下移栽要求烟苗移栽较早，有利于避开农忙季节，实现精耕细作。膜下移栽要求的“高起垄、深打塘”能降低培土劳动强度，还能促进烟苗不定根系的发育，提高烤烟对肥料的吸收利用率，促进烟叶光合效率（周瑞增等，1999）。膜下移栽能有效隔绝烟蚜与烤烟在移栽前期的接触，而且适时早栽的烟苗能减少育苗后期的人工操作，降低病毒传播概率，并避开蚜虫高发期，进一步降低烟草病毒的传染，且地膜能隔绝地老虎等害虫将虫卵产到烟株周围，从而减少病虫害的发生（时修礼等，2002）。

烤烟是喜光作物，移栽期过早易导致烤烟大田前期光照不足，会抑制光合作用相关酶的活性，从而使叶片中叶绿素含量低于正常水平，导致烟叶同化的干物质量减少，烟株正常生长发育所需的有机物不足；同时烟叶细胞倾向于延长生长，细胞分裂速度放缓，烟株表现为生长速度减缓，烟

茎纤弱，叶片数量少且薄，色素含量升高，成熟期不易落黄，烟叶烘烤后含梗率较高等（杨志清等，1998）。此外还会引起烤烟蛋白质、烟碱和全氮含量增高，淀粉、还原糖所占比例降低，香气质差且香气量不足，油分降低（刘国顺等，2007）。移栽期过迟又会使烤烟大田后期光照过强，易引起烤烟产生光抑制并减少叶绿素合成，烟叶栅栏组织和海绵组织细胞壁加厚增长，机械组织发达，主脉突出，烟叶变厚变重，易造成“粗筋暴叶”（杨兴有等，2008），还会使烤烟加速衰老，提高蛋白质和叶绿素降解率，增加 H_2O_2 的累积量（古战朝等，2012），降低烟叶中还原糖的含量（张波等，2007），提高烟碱含量（戴冕等，1985），对烤烟品质产生不利影响。

由此，笔者以常规移栽时间膜上壮苗为对照，探索适合 K326 品种的膜下小苗最佳移栽期，为 K326 品种移栽方式和移栽期合理搭配提供实践依据。

（二）材料与方法

1. 试验地点与时间

试验于 2014 年 4 月 7 日至 9 月在寻甸推广站（海拔 1 808m）进行。

2. 供试土壤基本农化性状

供试土壤为水稻土，土壤肥力较高，土壤基本农化性状如下：土壤 pH 为 7.56，有机质含量 30.15g/kg，有效氮 94.81mg/kg，有效磷 42.07mg/kg，速效钾 414.16mg/kg。

3. 试验设计和处理

采用完全随机区组田间试验方法，共设 5 个处理，3 次重复，15 个小区，田间随机排布，每个小区 60 株。各处理设计如下：T1，膜上壮苗（4 月 27 日移栽）；T2，膜下小苗（4 月 27 日移栽）；T3，膜下小苗（4 月 17 日移栽）；T4，膜下小苗（4 月 7 日移栽）；T5，膜上壮苗（5 月 7 日移栽）；T6，膜下小苗（5 月 7 日移栽）。

以上各处理移栽烟苗，保持苗龄一致（膜下小苗移栽苗龄一般为 30～35d，苗高 5～8cm，4 叶一心至 5 叶一心）。

4. 种植规格、施肥与田间管理

种植规格和密度：行距 1.2m×株距 0.5m，每亩烤烟定植数为 1 110 株。

施纯N 7.5kg/亩，N：P_2O_5：K_2O=1：1：2.5；基追比=3：2。基肥：腐熟农家肥作为基肥塘施，用量600kg/亩（干重），烤烟专用复混肥（15：10：25）用量30kg/亩，过磷酸钙（含P_2O_5，16%）28.1kg/亩。追肥（1次）：在移栽后25d左右，追施硝酸钾（13.5：44.5）用量22.2kg/亩，硫酸钾（含K_2O，50%）2.72kg/亩。

5. 田间调查与样品采集、分析

各小区大田生育期调查。

在封顶前调查有效叶数、打顶株高、腰叶长、腰叶宽，并计算腰叶面积加权平均值，计算公式：腰叶面积加权平均值（cm^2）$=1/N\sum$（每次重复的叶长×叶宽×叶面积系数0.634 5），其中，N为重复数，本试验重复数为3。

在病害发生盛期进行病害发生情况调查。

按小区进行分级测产，计算产值、均价及各等级所占比例。

采集各小区上部（B2F）、中部（C3F）烟叶样品进行室内检测烟叶化学品质和感官质量的分析。

6. 数据统计与分析

采用EXCEL、DPS等软件，运用统计学的方法，对数据进行多重比较和方差显著性分析。

（三）结果与分析

1. 不同移栽方式和移栽时间对K326主要生育期的影响

由表5-33可知，对于移栽方式相同的处理（T2、T3、T4、T6），烟苗移栽日期越早，其播种期至各生育期之间的天数越长。对于移栽日期相同的处理（T1和T2，T5和T6），膜上壮苗移栽的烤烟（T1、T5）播种期至生育期的天数显著高于膜下小苗（T2、T6）。

表5-33　不同处理K326烤烟主要生育期［月-日（天数）］

处理	播种期	出苗期	成苗期	移栽期	团棵期	现蕾期（10%）
T1	2-11	3-6（23）	4-23（71）	4-27（75）	5-25（103）	6-12（121）
T2	3-11	3-24（13）	4-23（43）	4-27（47）	5-25（75）	6-21（102）
T3	2-26	3-16（18）	4-13（46）	4-17（50）	5-18（81）	6-13（107）

（续）

处理	播种期	出苗期	成苗期	移栽期	团棵期	现蕾期（10%）
T4	2-11	3-6（23）	4-3（51）	4-7（55）	5-10（88）	6-2（111）
T5	2-11	3-6（23）	4-23（71）	5-7（85）	6-1（100）	6-17（116）
T6	3-20	4-5（16）	5-3（44）	5-7（48）	6-24（96）	7-2（104）

处理	现蕾期（50%）	中心花开放期（10%）	中心花开放期（50%）	脚叶成熟期	顶叶成熟期	大田生育期（d）
T1	6-17（126a）	6-21（130）	6-25（134）	7-1（140）	8-6（176）	101
T2	6-26（107d）	6-21（112）	6-25（116）	7-1（122）	8-6（158）	101
T3	6-16（110c）	6-20（114）	6-24（118）	6-30（124）	8-4（159）	109
T4	6-11（120b）	6-15（124）	6-20（129）	6-25（134）	8-1（171）	116
T5	6-22（121b）	6-26（126）	7-1（131）	7-6（136）	8-9（169）	94
T6	7-4（106d）	7-6（108）	7-11（113）	7-14（116）	8-13（146）	98

2. 不同移栽方式和移栽时间对K326农艺性状的影响

由表5-34可见，膜下小苗移栽K326农艺性状总体表现为4月27日>5月7日>4月17日>4月7日；膜上壮苗移栽烤烟农艺性状优于膜下小苗移栽；综合来看，以4月27日膜下小苗（T2）和膜上壮苗移栽（T1）农艺性状为最佳。

表5-34　不同处理K326农艺性状比较

处理	有效叶数（片）	打顶株高（cm）	腰叶长（cm）	腰叶宽（cm）	腰叶面积加权平均值（cm^2）
T1 膜上壮苗（4月27日）	21.1a	114.3a	62.1a	27.4ab	1 702a
T2 膜下小苗（4月27日）	20.0b	109.7ab	60.4ab	28.3a	1 709a
T3 膜下小苗（4月17日）	20.3ab	106.1ab	59.9ab	25.5c	1 527c
T4 膜下小苗（4月7日）	20.6ab	100.7b	57.0b	25.5c	1 454c
T5 膜上壮苗（5月7日）	21.0a	112.5a	61.2ab	27.3ab	1 671ab
T6 膜下小苗（5月7日）	20.2b	108.1ab	60.5ab	26.9b	1 627ab

3. 不同移栽方式和移栽时间对K326经济性状的影响

由表5-35可知，烟叶经济性状总体表现为4月27日、5月7日膜下小苗移栽优于4月7日和4月17日膜下小苗移栽；膜上壮苗移栽优于膜下小苗移栽；综合来看，以4月27日膜上壮苗移栽（T1）经济性状为最佳。

表5-35 不同处理K326经济性状比较

处理	单叶重（g）	亩产量（kg）	亩产值（元）	均价（元/kg）	上等烟比例（%）
T1 膜上壮苗（4月27日）	11.2a	168.8a	4 152.5a	24.6ab	30.0a
T2 膜下小苗（4月27日）	11.6a	142.4b	3 460.3ab	24.3ab	23.0b
T3 膜下小苗（4月17日）	11.4a	124.6c	3 164.8b	25.4a	29.4a
T4 膜下小苗（4月7日）	10.6b	135.0bc	3 226.5b	23.9b	25.9b
T5 膜上壮苗（5月7日）	11.6a	150.6ab	3 674.6ab	24.4ab	29.0a
T6 膜下小苗（5月7日）	11.8a	140.1b	3 278.3b	23.4b	24.2b

4. 不同移栽方式和移栽时间对K326烟叶内在化学成分的影响

由表5-36可见，对于移栽方式相同的处理（膜下小苗移栽T2、T3、T4、T6），上、中、下部烟叶内在化学成分协调性均以4月17日膜下小苗移栽（T3）为最好，其他日期膜下小苗移栽烟叶内在化学成分协调性相当；膜上壮苗移栽烟叶内在化学成分协调性优于膜下小苗移栽。

表5-36 不同处理K326烟叶内在化学成分比较

部位	处理	总糖（%）	还原糖（%）	总氮（%）	烟碱（%）	K_2O（%）	氯（%）	淀粉（%）	两糖差（%）	糖碱比	氮碱比	钾氯比
B2F	T1	34.4	26.4	2.24	2.28	1.87	0.04	1.7	8.0	11.6	0.98	51.5
	T2	35.8	26.4	2.13	1.97	1.73	0.05	1.6	9.4	13.4	1.08	31.8
	T3	35.6	26.7	2.25	2.29	1.89	0.08	3.0	8.9	11.7	0.98	24.0
	T4	30.1	22.8	2.15	2.57	1.77	0.06	2.2	7.3	8.9	0.84	29.2
	T5	37.9	28.9	2.22	2.53	1.77	0.06	2.2	9.0	11.4	0.88	29.2
	T6	36.2	27.4	2.02	1.94	1.75	0.07	2.1	8.8	14.1	1.04	25.0
C3F	T1	36.4	29.4	2.19	2.09	1.90	0.08	2.2	7.0	14.1	1.05	22.3
	T2	38.2	29.8	1.99	1.90	1.77	0.08	2.0	8.4	15.7	1.04	22.5
	T3	37.0	29.7	2.28	2.29	2.02	0.12	3.2	7.3	13.0	0.99	16.6
	T4	35.1	29.7	1.82	1.73	1.96	0.16	2.6	5.5	17.1	1.05	11.9
	T5	41.2	31.5	2.02	2.26	1.96	0.05	3.1	9.7	14.0	0.89	35.8
	T6	37.3	30.6	1.78	1.98	1.85	0.09	2.6	6.7	15.5	0.90	20.6

（续）

部位	处理	总糖（%）	还原糖（%）	总氮（%）	烟碱（%）	K_2O（%）	氯（%）	淀粉（%）	两糖差（%）	糖碱比	氮碱比	钾氯比
X2F	T1	32.2	26.8	1.95	1.50	1.82	0.12	1.7	5.4	17.9	1.30	15.8
	T2	31.8	25.6	1.64	1.73	1.57	0.16	1.9	6.2	14.8	0.95	10.0
	T3	31.3	24.4	2.00	1.76	2.06	0.16	2.8	6.9	13.9	1.13	12.6
	T4	34.0	28.4	1.97	1.41	1.88	0.15	1.1	5.6	20.1	1.40	12.9
	T5	37.20	29.50	1.82	2.06	1.86	0.14	2.1	7.7	14.3	0.88	13.3
	T6	35.30	28.60	1.58	1.78	1.68	0.13	1.6	6.7	16.1	0.89	12.9

5. 不同移栽方式和移栽时间对K326烟叶感官评吸质量的影响

由表5-37可见，对于移栽方式相同的处理（膜下小苗移栽T2、T3、T4、T6），上、中部烟叶感官评吸质量均以4月17日膜下小苗移栽（T3）表现为最好，其次是5月7日和4月27日，4月7日表现最差；膜下小苗移栽烟叶感官评吸质量优于膜上壮苗移栽。

表5-37　不同处理K326烟叶评吸质量比较

部位	处理	香型	劲头	浓度	香气质	香气量	余味	杂气	刺激性	燃烧性	灰色	得分	质量档次
B2F	T1	清偏中	3.2	3.3	10.5	15.5	18.5	13.0	8.5	2.0	2.0	70.0	3.2
	T2	清偏中	3.2	3.3	10.5	15.5	18.5	13.5	9.0	3.0	3.0	73.0	3.3
	T3	清偏中	3.2	3.3	11.0	16.0	18.5	14.0	9.0	3.0	3.0	74.5	3.5
	T4	清偏中	3.2	3.3	10.5	15.0	18.5	13.0	8.5	3.0	3.0	71.5	3.2
	T5	清偏中	3.2	3.3	11.0	15.0	18.5	13.0	9.0	3.0	3.0	72.5	3.2
	T6	清偏中	3.2	3.3	11.0	15.5	18.5	14.0	9.0	3.0	3.0	74.0	3.4
C3F	T1	清香型	3.0	3.0	10.5	15.5	19.0	13.0	9.0	3.0	3.0	73.0	3.3
	T2	清香型	3.0	3.0	11.0	16.0	19.0	13.5	9.0	3.0	3.0	74.5	3.5
	T3	清香型	3.0	3.0	11.0	16.5	19.0	14.0	9.0	3.0	3.0	75.5	3.6
	T4	清香型	3.0	3.0	11.0	15.5	19.0	13.5	9.0	3.0	3.0	74.0	3.4
	T5	清香型	3.0	3.0	11.0	15.5	19.0	13.0	9.0	3.0	3.0	73.5	3.3
	T6	清香型	3.0	3.0	11.0	16.0	19.0	14.0	9.0	3.0	3.0	75.0	3.5

注：总分不包括劲头、浓度和质量档次。总得分为加权平均值。

（四）讨论与结论

烤烟是一种对环境敏感型经济作物，烤烟的品质受生态因素的影响较大。其中，海拔是影响烤烟化学成分和含量的重要生态因素。海拔的变化，通常会导致光照强度、光照量、有效积温、昼夜温差、空气湿度和降水量等生态因子发生显著变化（李雪芳等，2020）。移栽是烤烟生产的关键环节，在不同的海拔范围、在适宜的移栽时间、采用适宜的移栽方式是形成优质烤烟的关键因素。综合考虑烤烟农艺性状、经济性状、烟叶内在化学成分及感官评吸质量，本研究表明 K326 品种以 4 月 17 日膜下小苗移栽表现为最好，膜下小苗移栽不宜太早也不宜太晚，4 月 27 日及以后时间移栽，宜采用膜上壮苗移栽。

六、K326 种植密度、单株留叶数、施氮量合理搭配试验研究

（一）研究背景

烟草的种植密度、施氮量及打顶留叶是烟叶生产过程中最基础的栽培技术，同时也是影响烟叶产量、质量的关键因素。研究表明，种植密度、施氮量及留叶数与烟叶的产量呈正相关关系，在一定范围内增加种植密度、施氮量及留叶数均可增加烟叶的产值（杨军章等，2012；周亚哲等，2016；吴帼英等，1983）；但种植密度、施氮量偏大或偏小，都不利于烟叶品质的形成，进而降低经济效益及工业可用性（沈杰等，2016；杨隆飞等，2011）。研究发现，适当增加留叶数，有利于减少烟叶中烟碱的含量，增加中性致香物质的含量，对于提高上部叶的质量有重要的作用（高贵等，2005；邱标仁等，2000；史宏志等，2011）。只有适宜的种植密度、施氮量及留叶数才可使烟叶获得较高的经济效益，较好的内在质量，所以这三者一直是烟草科学研究的重点。

由此，笔者通过研究种植密度、施氮量及留叶数对 K326 品种农艺性状、外观质量、内在化学成分及经济性状等方面的影响，探究出 K326 品种在本地适宜的种植密度、施氮量及留叶数，为 K326 品种的种植及推广提供理论基础。

（二）材料与方法

1. 试验地点和时间

根据当年K326种植分布，试验地点安排在陆良县芳华镇狮子口村委会新华村郭贵林承包地，位于东经103°40′25″，北纬25°6′49″，海拔1 864m。

试验时间：2014年4月22—23日移栽，8月25日采收完毕。

2. 供试土壤基本农化性状

土壤类型为水稻土，肥力中等，地势平坦，土壤基本农艺性状如下：土壤pH为6.6，有机质含量为24.29g/kg，有效氮含量为93.88mg/kg，有效磷38.86mg/kg，速效钾169.66mg/kg。

3. 试验设计与处理

试验设计以种植密度、单株留叶数、施氮量3因素3水平按L9（3^4）正交型表安排田间试验。试验共设9个处理、3次重复，27个小区，田间随机排列，每个小区60株。

A种植密度：设A1、A2、A3三个水平，行距一致为1.2m，对应株距分别为0.6m、0.55m、0.5m。B单株留叶数：设B1、B2、B3三个水平，分别于打顶时保留18叶、20叶、22叶。C施氮量：设C1、C2、C3三个水平，纯氮用量分别为每亩5.5kg、7kg、8.5kg（$N:P_2O_5:K_2O=1:1:2.5$）。

各处理组合如下：T1，A1B1C1；T2，A1B2C2；T3，A1B3C3；T4，A2B1C2；T5，A2B2C3；T6，A2B3C1；T7，A3B1C3；T8，A3B2C1；T9，A3B3C2。

田间栽培、管理、采烤，均按照当地优质烤烟标准生产技术进行。

4. 田间调查与样品分析

主要农艺性状：打顶株高，有效叶数，茎围，节距，腰叶长、腰叶宽，腰叶面积、单叶重；腰叶面积加权平均值（cm^2）$=1/N\sum$（每次重复的叶长×叶宽×叶面积系数0.634 5），其中，N为重复数，本试验重复数为3。

按小区进行主要经济性状统计分析，指标包括产量、产值、均价、上等烟比例、中上等烟比例等。

按小区采集上部（B2F）、中部（C3F）烟叶样品分析化学品质和外观质量打分。

5. 数据统计与分析

采用EXCEL、DPS等软件，运用统计学的方法，对数据进行多重比较和方差显著性分析。

(三) 结果与分析

1. 不同处理对K326烟叶外观质量的影响

总体来看，上部（B2F）和中部（C3F）原烟外观质量表现为颜色为橘黄色（测评分为7～8），成熟（测评分为13～14.5），叶片结构疏松（测评分为13.5～14.5），身份中等（测评分为13～14），油分为有（测评分为14～15），色度为强（测评分为14～15），长度均大于45cm（测评分为5），伤残度均小于10%（测评分为2），不同互作因素处理之间差异较小（表5-38）。

表5-38　互作因素处理K326烟叶外观质量比较

部位	处理	颜色	成熟度	叶片结构	身份	油分	色度	长度	残伤	总分
B2F	T1	7.0	13.5	13.5	13.0	14.0	14.0	5	2	82.0
	T2	7.5	14.5	14.0	13.5	14.5	14.5	5	2	85.5
	T3	7.0	13.5	13.5	13.5	14.0	14.0	5	2	82.5
	T4	7.5	13.5	13.5	13.5	14.5	14.5	5	2	84.0
	T5	8.0	14.0	14.5	14.0	15.0	15.0	5	2	87.5
	T6	8.0	14.5	13.5	14.0	15.0	15.0	5	2	87.0
	T7	8.0	14.5	14.5	14.0	15.0	15.0	5	2	88.0
	T8	7.5	14.0	14.0	14.0	14.5	14.5	5	2	85.5
	T9	7.5	14.0	13.5	13.5	14.5	14.5	5	2	84.5
C3F	T1	7.5	13.5	14.0	14.0	14.5	14.5	5	2	85.0
	T2	7.0	13.0	14.0	14.0	15.0	15.0	5	2	85.0
	T3	8.0	14.0	14.0	14.0	15.0	15.0	5	2	87.0
	T4	7.5	14.0	14.0	14.0	15.0	15.0	5	2	86.5
	T5	7.0	13.0	13.5	13.0	14.0	14.0	5	2	81.5
	T6	7.0	13.0	13.5	13.5	14.0	14.0	5	2	82.0
	T7	8.0	14.0	14.0	14.0	15.0	15.0	5	2	87.0
	T8	7.0	13.5	13.5	14.0	14.5	14.5	5	2	84.0
	T9	7.5	13.5	14.0	13.5	14.5	14.5	5	2	84.5

综合上部（B2F）和中部（C3F）原烟外观质量测评总分来看，以T7（A3，株距0.55m；B1，留叶数16；C3，施氮量为5kg/亩）为最高，其次，上部叶为T6、T5，中部叶为T3、T4。

2. 不同处理对K326农艺性状的影响

由表5－39可见，单因素对农艺性状的影响，主要受种植密度影响，A2（株距0.55m）处理下，打顶株高、腰叶长、宽及叶面积显著增加，B3（留叶数22）和C3（施氮量8.5kg/亩）均显著提高了株高，C3（施氮量8.5kg/亩）还显著增加了腰叶长和叶面积。

表5－39　单因素下K326农艺性状比较

单因素处理	打顶株高（cm）	茎围（cm）	节距（cm）	腰叶长（cm）	腰叶宽（cm）	腰叶面积（cm^2）
A1	116.0b	8.75a	4.27a	72.3b	31.8b	1 460.7b
A2	121.1a	8.91a	4.20a	74.3a	32.4a	1 529.7a
A3	120.8ab	8.46a	4.35a	72.1b	31.8b	1 454.8b
B1	117.7b	8.7a	4.32a	73.3a	31.8a	1 481.1a
B2	117.1b	8.81a	4.23a	72.5a	32.1a	1 480.0a
B3	123.1a	8.61a	4.27a	73.0a	32.0a	1 484.0a
C1	115.9b	8.57a	4.26a	71.0b	31.7a	1 429.0b
C2	119.1ab	8.74a	4.28a	72.8ab	31.7a	1 465.9ab
C3	122.9a	8.81a	4.28a	75.0a	32.6a	1 550.2a

由表5－40可见，互作因素处理之间打顶株高、腰叶长和叶面积表现出差异。T3、T4、T7、T9打顶株高显著高于T2、T1，以T3、T4为最高，T1为最低；T3、T4腰叶长显著高于T8、T1，以T3为最长，T1为最短；T3、T5叶面积显著高于T1，以T3为最大，T1为最小；互作因素处理之间茎围、节距和腰叶宽差异不显著。

表5－40　互作因素处理之间K326农艺性状比较

处理	打顶株高（cm）	茎围（cm）	节距（cm）	腰叶长（cm）	腰叶宽（cm）	腰叶面积（cm^2）
T1	108.6c	8.58a	4.28a	69.7c	31.0a	1 373.1b
T2	112.3bc	8.67a	4.25a	71.9abc	31.5a	1 438.3ab

（续）

处理	打顶株高（cm）	茎围（cm）	节距（cm）	腰叶长（cm）	腰叶宽（cm）	腰叶面积（cm^2）
T3	127.2a	9.00a	4.28a	75.4a	32.8a	1 570.6a
T4	123.1a	9.18a	4.25a	75.4a	32.4a	1 552.5ab
T5	120.0ab	9.10a	4.15a	74.9ab	32.8a	1 562.2a
T6	120.2ab	8.46a	4.20a	72.6abc	32.0a	1 474.4ab
T7	121.5a	8.34a	4.42a	74.7ab	32.0a	1 517.8ab
T8	119.0ab	8.67a	4.29a	70.7bc	32.1a	1 439.5ab
T9	121.8a	8.37a	4.33a	70.9abc	31.2a	1 407.0ab

由表5-41可见，单因素下，B2显著提高下部烟叶单叶重，C3显著提高了中部叶单叶重，其他处理之间差异不显著。互作因素处理下，T3、T5、T7中部叶单叶重显著增加，T5下部叶单叶重显著增加，不同处理之间上部叶单叶重差异不显著，但是T1、T3、T8较大。

表5-41　不同处理K326单叶重比较（g）

处理	上部（B2F）	中部（C3F）	下部（X2F）	单因素	上部（B2F）	中部（C3F）	下部（X2F）
T1	14.5a	13.7ab	12.0ab	A1	14.1a	14.2a	11.8a
T2	13.5a	13.8ab	11.8ab	A2	13.2a	13.7a	11.8a
T3	14.3a	15.0a	11.7ab	A3	13.5a	14.2a	11.2a
T4	12.7a	14.5a	11.5ab	B1	13.5a	14.2a	11.7ab
T5	13.7a	15.0a	13.0a	B2	14.0a	14.3a	12.1a
T6	13.2a	11.7b	11.0b	B3	13.3a	13.6a	11.0b
T7	13.3a	14.5a	11.7ab	C1	14.2a	13.1b	11.5a
T8	14.8a	14ab	11.5ab	C2	12.8a	14.1ab	11.2a
T9	12.3a	14ab	10.3b	C3	13.8a	14.8a	12.1a

综合农艺性状来看，单因素对农艺性状影响较小，互作处理以T3（A1B3C3：株距0.6m、留叶数22、施氮量8.5kg/亩）田间农艺性状表现为最好，其次是T5（A2B2C3：株距0.55m、留叶数20、施氮量8.5kg/亩）。

3. 不同处理对K326烟叶经济性状的影响

单因素下，B3（留叶数22）处理烟叶产量、产值显著增加，其他处理经济性状差异不显著（表5－42）。

表5－42　单因素下K326经济性状比较

单因素处理	产量（kg/亩）	产值（元/亩）	均价（元/亩）	上等烟（%）	中上等烟（%）
A1	211.6a	3 621.9a	17.1a	28.8a	67.9a
A2	200.7a	3 542.7a	17.6a	33.7a	67.1a
A3	209.9a	3 751.0a	17.9a	29.6a	72.6a
B1	207ab	3 617.1ab	17.5a	29.0a	67.8a
B2	198.4b	3 494.2b	17.6a	31.9a	69.8a
B3	216.7a	3 804.3a	17.5a	31.2a	70.1a
C1	209.1a	3 727.7a	17.8a	30.9a	70.5a
C2	203.4a	3 577.2a	17.6a	30.2a	69.7a
C3	209.7a	3 610.5a	17.1a	31.0a	67.4a

互作因素处理下，T3烟叶产量显著增加，T3、T8烟叶产值显著增加，中上等烟比例T8显著增加，各处理之间均价、上等烟比例差异不显著，均价以T8、T7、T6为较高，上等烟比例T6、T5较高（表5－43）。

表5－43　互作因素处理之间K326经济性状比较

处理	产量（kg/亩）	产值（元/亩）	均价（元/亩）	上等烟（%）	中上等烟（%）
T1	210.9ab	3 492.6b	16.5a	25.9a	63.1ab
T2	190.4b	3 385.5b	17.8a	29.4a	71.3ab
T3	233.7a	3 987.5a	17.0a	31.0a	69.3ab
T4	206.8ab	3 687.8ab	17.9a	32.9a	68.5ab
T5	191.9b	3 173.3b	16.4a	34.0a	61.1b
T6	203.4ab	3 766.9ab	18.5a	34.3a	71.6ab
T7	203.5ab	3 670.8ab	18.1a	28.2a	71.7ab
T8	213ab	3 923.7a	18.6a	32.4a	76.8a
T9	213.1ab	3 658.4ab	17.0a	28.2a	69.2ab

综合经济性状来看，单因素对经济性状影响较小，互作因素处理下，以T3（A1B3C3：株距0.6m、22片叶、8.5kg/亩）处理下经济性状为最好，其次是T8（A3B2C1：株距0.5m、留叶数20、施氮量5.5kg/亩）。

4. 不同处理对 K326 烟叶化学品质的影响

由表 5－44 可见，不同处理下 K326 品种上部（B2F）烟叶总氮、烟碱、总糖、还原糖、氮碱比、两糖差、糖碱比无显著差异；烟叶钾离子含量较高的是 T4、T5、T7、T8 处理，显著高于 T9 处理，与其他处理间的差异不显著；氯离子含量较高的是 T3、T6 和 T8 处理，较低的是 T7 和 T9 处理；钾氯比最高的是 T7 处理，显著高于 T3、T6 和 T8 处理，与其他处理间的差异则不显著。

中部（C3F）烟叶总糖、钾离子、两糖差在各处理间的差异不显著；总氮、烟碱含量较高的均是 T5 处理，较低的均是 T2、T6、T8 和 T9 处理；还原糖含量最高的是 T1 处理，显著高于除 T2 外的其余处理；氯离

表 5－44　不同处理烟叶化学成分含量比较

等级	处理	总氮（%）	烟碱（%）	总糖（%）	还原糖（%）	烟叶钾（%）	氯离子（%）	氮碱比	两糖差	糖碱比	钾氯比
B2F	T1	1.99a	2.64a	36.31a	32.08a	1.86ab	0.44ab	0.75a	4.23a	12.24a	4.21b
	T2	1.78a	2.37a	36.73a	31.94a	1.88ab	0.40abc	0.75a	4.79a	13.6a	4.82ab
	T3	2.01a	2.66a	36.58a	30.93a	1.88ab	0.48a	0.76a	5.65a	11.74a	4.02b
	T4	2.09a	2.6a	36.21a	31.52a	2.01a	0.37abc	0.80a	4.70a	12.28a	5.58ab
	T5	2.10a	2.72a	36.09a	31.16a	2.00a	0.38abc	0.77a	4.93a	11.52a	5.41ab
	T6	1.99a	2.48a	37.95a	30.41a	1.87ab	0.46a	0.81a	7.54a	12.44a	4.03b
	T7	1.87a	2.56a	36.54a	30.24a	2.01a	0.32c	0.73a	6.30a	11.88a	6.60a
	T8	1.81a	2.34a	38.66a	31.39a	1.94a	0.48a	0.77a	7.27a	13.48a	4.11b
	T9	1.81a	2.37a	38.32a	32.65a	1.74b	0.33bc	0.77a	5.67a	13.98a	5.34ab
C3F	T1	1.59bc	2.10bc	38.65a	33.38a	2.11a	0.55abc	0.76ab	5.27a	15.92ab	3.84abc
	T2	1.53c	1.95c	38.37a	31.35ab	2.20a	0.47bc	0.78ab	7.02a	16.09a	4.76abc
	T3	1.71abc	2.10bc	35.90a	30.39b	2.17a	0.46bc	0.81ab	5.51a	14.45abc	4.73abc
	T4	1.76ab	2.15bc	34.77a	29.85b	2.31a	0.42c	0.82a	4.92a	13.90bcd	5.62a
	T5	1.88a	2.46a	35.26a	30.11b	2.22a	0.42c	0.76ab	5.15a	12.23d	5.64a
	T6	1.61bc	1.98c	36.44a	29.41b	2.24a	0.62ab	0.82a	7.03a	14.96abc	3.61bc
	T7	1.72abc	2.31ab	35.68a	30.02b	2.29a	0.44bc	0.74b	5.66a	13.08cd	5.21ab
	T8	1.56c	2.00c	37.12a	30.27b	2.35a	0.73a	0.78ab	6.85a	15.16abc	3.32c
	T9	1.60bc	1.96c	36.53a	29.89b	2.11a	0.44bc	0.81a	6.64a	15.26ab	5.11abc

（续）

等级	处理	总氮（%）	烟碱（%）	总糖（%）	还原糖（%）	烟叶钾（%）	氯离子（%）	氮碱比	两糖差	糖碱比	钾氯比
X2F	T1	1.43b	1.62b	29.86a	27.80a	2.25a	1.06a	0.88abc	2.06a	17.48a	2.18c
	T2	1.58ab	1.81b	27.75a	24.67a	2.56a	0.80abc	0.87bc	3.08a	14.09ab	3.39abc
	T3	1.62ab	1.86b	30.05a	26.23a	2.42a	0.68abc	0.87bc	3.81a	14.13ab	3.64abc
	T4	1.67ab	1.93ab	27.83a	24.48a	2.72a	0.57bc	0.87bc	3.35a	12.74ab	4.83a
	T5	1.83a	2.19a	27.27a	24.00a	2.53a	0.85abc	0.83c	3.27a	10.98b	3.76abc
	T6	1.56b	1.68b	30.07a	26.84a	2.53a	0.86abc	0.93abc	3.24a	16.00ab	3.00abc
	T7	1.67ab	1.93ab	30.87a	27.58a	2.35a	0.54c	0.87bc	3.30a	14.32ab	4.48ab
	T8	1.57b	1.65b	30.10a	25.73a	2.51a	1.03ab	0.96ab	4.36a	15.80ab	2.53bc
	T9	1.58ab	1.63b	27.75a	22.89a	2.60a	0.79abc	0.97a	4.86a	14.08ab	3.45abc

子含量最高的是T8处理，显著高于除T1和T6外的其余处理，最低的是T4、T5处理；氮碱比较高的是T4、T6和T9处理，显著高于T7处理；糖碱比最高的是T2处理，最低的是T5处理；钾氯比较高的是T4和T5处理，最低的是T8处理。

下部（X2F）烟叶总糖、还原糖、钾离子和两糖差在各处理间的差异均不显著。总氮、烟碱含量最高的均是T5处理，T1、T8和T9处理含量较低；氯离子含量较高的是T1和T8处理，T7处理最低；氮碱比最高的是T9处理，最低的是T5处理；糖碱比最高和最低分别是T1和T5处理；钾氯比最高的是T4处理，最低的是T1处理。

总的来看，T5处理烟叶总氮、烟碱、钾离子含量以及钾氯比较高，糖碱比较低；T4处理钾离子含量、钾氯比、氮碱比较高，糖碱比较低；T1处理总糖、氯离子含量及糖碱比较高，钾氯比较低；T7处理钾离子含量、钾氯比较高，糖碱比较低；T9处理总氮、烟碱含量较低，氮碱比较高。

（四）讨论与结论

烤烟种植密度可直接影响烟田群体与个体之间的关系，制约着烟田群体结构的生理、生态特性，从而决定着烟叶的产量与品质。当烤烟种植密度过大时，通风透光较差，田间昼夜温差变小；根系发育不良，单株养分吸收量减少；各部位叶面积减小，叶片有效光合叶面积减小，田间整体光合作用降低；株高增加，节距拉长，茎围缩小，致使整个群体生长发育不良，烟叶品质不高（郭月清，1992；韩锦峰，1996）。种植密度过小时，不仅造成田间资源浪费，而且田间内部小气候容易恶化，个体发育不正常，叶片薄且品质差（郭月清，1992）。研究表明，烤烟株高、茎围、节距、叶片数、田间叶面积系数、腰叶长宽等农艺性状随着种植密度的增加而减小（王付锋等，2010；徐树德等，2010）。刘绚霞等（1993）研究发现，随着烤烟种植密度的增加，根系易产生交错，抑制新生侧根的发生，导致烟株养分吸收量减少，烟碱合成减少，烟叶烟碱含量降低。江豪等（2002）研究证明，种植密度对烟株生育期产生重要影响。徐树德等（2010）同样认为，随着株距的增大，团棵期、现蕾期及成熟期等生育期均会推迟。肖艳松等（2008）指出，密度过大或过小都会导致烤烟产量与质量之间的不协调，只有种植密度适当，才有利于提高烤烟单位面积产量，促进生长发育，提高烤烟产量与质量。

在实际生产中，应该根据K326的品种特性、区域气候生态条件和植烟土壤肥力，选择适宜的种植密度、施氮量和留叶数进行合理搭配。综合烟叶外观质量、农艺性状、经济性状和化学品质，本研究推荐云烟品牌曲靖原料基地，在中等肥力土壤上，K326品种种植配套技术（种植密度：行距1.2m、株距0.6m，留叶数22，施氮量8.5kg/亩，N∶P_2O_5∶K_2O=1∶1∶2.5）。

七、K326品种烟叶结构优化方法试验研究

（一）研究背景

随着国家烟草专卖局提出的“532、461”工程以及“卷烟上水平”行动的深入推进，卷烟产品结构不断优化，导致卷烟原料结构性矛盾更加突显，等级结构、部位结构不平衡，上等、中等烟需求量大，市场供应偏紧，低等、次等烟使用量少，库存较多。面对当前形势，国家烟草专卖局从2011年开始在全国逐步开展了烟叶结构优化工作，即在田间打掉底脚叶2片及顶部1片叶不采烤，以优化烟叶结构，提高上等、中等烟叶的相对比例。优化烟叶结构包括区域结构、品种结构和等级结构，但在实际工

作中，部分烟区、烟农未按国家局提出的标准操作，使烟叶结构优化效果大打折扣。面对这样的情况，有必要研究烟叶结构优化后烟叶部位、等级结构和质量的变化，优化烟叶结构对原料工业可用性的影响，评价烟叶结构优化后的烟叶原料对卷烟产品结构提升的满足水平，确保优质烟叶原料的有效供给。

优化烟叶结构是调节烟叶营养、改善烟叶结构比例的一项重要措施，对烟叶的产量和质量均有较大的影响。通过优化结构，提高优质烟叶的供给能力，减少低等、下等烟的产出，降低烟农生产成本，推动烟叶高质量发展，成为各烟草商业企业拥有市场、提升自身实力的资本（陈乾锦等，2020）。近年来，卷烟产品结构不断提升，导致烟叶原料结构性矛盾更加突出，主要表现在烟叶等级结构、部位结构和区域结构不平衡（陈志敏等，2012；王晓宾等，2012），低等、次等烟叶使用量少，库存增多。为此，国家烟草专卖局自 2011 年开始在全国开展了烟叶优化结构工作，其核心是清除田间不适用鲜烟叶，关键是确定合适的留叶数和打顶时机（蒋水萍等，2013）。不同的留叶数和打顶时间会影响烟株的生长发育（王付锋等，2010；张喜峰等，2014），带来产量与品质的差异（黄一兰等，2004；张黎明等，2011；宋淑芳等，2012），影响烟叶的可用性（Papenfus，1997）；不同地区、不同品种的最佳优化烟叶结构方式也不尽相同。研究烟叶优化结构的最佳方式、配套适宜的栽培技术措施，能提高上等烟比例、提升烟叶品质和增加烟农收入（王志勇，2014）。当前，对优化烟叶结构的研究还集中在生物学性状上（于永靖等，2012；钟鸣等，2012），对烟叶质量的影响也有涉及（江豪等，2001；王正旭等，2011），但对烟叶工业可用性的相关研究较少。

由此，本书以主栽品种 K326 为材料，通过卷烟工业相关评价指标，分析烤后烟叶质量，以期找到该品种的最佳优化烟叶结构方法，提高云南优质烟叶的有效供应能力。

（二）材料与方法

1. 试验地点与时间

试验地点：安排在保山市腾冲市（县级市）界头镇界头村（小地名：花桥坝）进行，北纬 25°25′24.2″，东经 98°39′20.6″，海拔 1 594 米，年降水量1 600～1 700mm，年平均气温15℃左右，无霜期超过270d，全年日照时数1 500h，属典型的亚热带季风气候。

试验时间：2013年4月10日移栽，7—9月采烤。

2. 试验设计与处理

试验共设计5个处理，3次重复，15个小区，田间随机排布，每个小区3行×20株=60株。选择田块规整，烟株长势中等偏上，田间长势整齐，田间单株叶数在22片以上，在现蕾期封顶（50%花蕾长出10cm）。

T1，保留2片底脚叶和1～2片顶叶（CK），使小区每株叶片统一为22片；T2，封顶时摘除2片底脚叶和1片顶叶，使小区每株叶片统一为19片；T3，封顶时摘除2片底脚叶和2片顶叶，使小区每株叶片统一为18片；T4，封顶后10天摘除2片底脚叶，烘烤到顶部4～6片叶时摘除1片顶叶，使小区每株叶片统一为19片；T5，封顶后10天摘除2片底脚叶，烘烤到顶部4～6片叶时摘除2片顶叶，使小区每株叶片统一为18片。

3. 栽培和田间管理

主要栽培措施和田间管理均按照当地优质烟叶生产规范进行。

供试土壤为水稻土，轮作模式为水旱轮作，种植规格为株距0.5m，行距为1.2m，定植数为1 100株/亩。

施肥情况：纯化学N用量为8.85kg/亩；N∶P_2O_5∶K_2O=1∶1.2∶2.6。

基肥：烤烟有机无机专用复合肥（有机质含量25%，N∶P_2O_5∶K_2O=8∶4∶12）施用量为40kg/亩；过磷酸钙（含P_2O_5，16%）施用量为50kg/亩。基肥施用方式：在烤烟移栽时采用塘施一次性施入土壤，覆土。追肥：按当地追肥习惯移栽后6～7d时采用硝酸钾（13.5-0-44.5）兑水提苗，施用量为30kg/亩；移栽后25d左右追烤烟有机无机专用复合肥（有机质含量25%，N∶P_2O_5∶K_2O=8∶4∶12）20kg/亩和硫酸钾（含K_2O，50%）5kg/亩，追肥方式为兑水浇施。氮肥（N）的基肥∶追肥=2∶3。

4. 挂牌定位采烤与分级

对每个小区的烟叶全部进行挂牌，挂牌标记：重复号（1、2、3）+处理号（T1、T2、T3、T4、T5）+叶位（从下向上标记为01、02、03……22等），比如，2T216为第2个重复T2处理从下向上第16片叶。

根据烟株成熟特征采收烟叶，坚持成熟采烤。每烤一炉，回潮后立刻分级到每片叶，各小区烟叶要求单独装袋和堆放保存。

5. 样品采集与分析

按小区进行主要经济性状统计分析，指标包括产量、产值、均价、单叶重、上等烟比例等。

每个小区，按等级（B1F、B2F、C2F、C3F、X2F）进行烟叶外观质量、内在化学成分分析；初烤烟外观质量指标：成熟度、颜色、油分、色度、叶片结构、叶片厚度；内在化学成分指标包括：总糖、还原糖、烟碱、总氮、K_2O、氯离子、淀粉等指标，计算两糖差、糖碱比、氮碱比和钾氯比。

每个处理，按等级（B1F、B2F、C2F、C3F、X2F）分别进行感官评吸打分。

6. 数据统计与分析

采用EXCEL和DPS数据处理系统进行多重比较和方差分析。

（三）结果与分析

1. 不同处理对K326烟叶外观质量的影响分析

由表5-45可见，不同处理各等级原烟外观质量从成熟度和颜色上来看没有差异，均表现为成熟和橘黄色。

表5-45　不同处理初烤烟叶外观质量比较

等级	处理	成熟	颜色	油分	色度	叶片结构	叶片厚度
B1F	T1	成熟	橘黄	有	强	尚疏松	稍厚
	T2			有	强		
	T3			有-多	较强-强		
	T4			有	强		
	T5			有-多	强		
B2F	T1	成熟	橘黄	有	中等-较强	稍密	稍厚-厚
	T2				中等-较强	尚疏松-稍密	稍厚-厚
	T3				中等	稍密	稍厚
	T4				中等-较强	稍密	稍厚-厚
	T5				中等-较强	稍密	稍厚-厚

（续）

等级	处理	成熟	颜色	油分	色度	叶片结构	叶片厚度
C2F	T1 T2 T3 T4 T5	成熟	橘黄	有	强	疏松	中等
C3F	T1	成熟	橘黄	有	中	疏松	中等
	T2			稍有-有			
	T3			有			
	T4			稍有-有			
	T5			稍有-有			
X2F	T1	成熟	橘黄	稍有-有	中	疏松	稍薄-薄
	T2			稍有-有			稍薄-薄
	T3			稍有			稍薄
	T4			稍有			稍薄
	T5			稍有-有			稍薄-薄

B1F不同处理之间差异主要表现在油分和色度上。T3和T5油分表现为有至多，T3色度表现为较强至强，其他处理油分表现为有、色度表现为强，不同处理叶片结构均表现为尚疏松，叶片厚度表现为稍厚。

B2F不同处理之间差异很小。其中T3的色度表现为中等，其他处理均为中等至较强，T2叶片结构表现为尚疏松至稍密，其他处理均表现为稍密，T3叶片厚度表现为稍厚，其他处理均表现为稍厚至厚。

C2F不同处理之间没有差异。

C3F不同处理之间的差异主要表现在油分上，T3、T1（对照）表现为有，T2、T4、T5表现为稍有至有，不同处理之间其他外观质量指标无差异。

X2F不同处理之间的差异主要表现在油分和叶片厚度上，T3和T4油分表现为稍有，叶片厚度表现为稍薄，T1、T2和T5油分表现为稍有至有，叶片厚度表现为稍薄至薄。

2. 不同处理对 K326 烟叶经济性状的影响

由表 5 - 46 可见，与 T1（对照）相比，结构优化处理烟叶产量、产值均有一定下降，T5 显著降低，T2、T3、T4 和 T1、T5 之间差异不显著，T3 产量、产值最接近对照。烟叶均价在不同处理之间差异不显著，T3 最高，其次是 T1，T4 最低。上等烟比例，T3、T1 显著高于 T4；中上等烟比例，不同处理之间差异不显著。结构优化处理烟叶单叶重均超过 T1（对照），T3、T2 显著高于 T1、T5。

表 5 - 46　不同处理主要经济性状比较

处理	产量（kg/亩）	产值（元/亩）	均价（元/kg）	上等烟（%）	中上等烟（%）	单叶重（g）
T1	245.9a	4 196.4a	17.1a	47.1a	58.6a	11.4b
T2	227.7ab	3 734.8ab	16.4a	40.0ab	57.2a	12.5a
T3	231.9ab	4 093.1ab	17.6a	47.2a	58.8a	12.6a
T4	224.8ab	3 522.6ab	15.7a	37.9b	53.7a	11.8ab
T5	209.7b	3 469.4b	16.4a	41.3ab	56.4a	11.5b

注：表中 a，b，c 表示不同处理在 $P<0.05$ 水平下的差异达到显著，下同。

综上所述，结构优化处理使烟叶产量、产值会有一定下降，其中 T5 显著降低，次低是 T4，而 T2、T3、T4 与 T1 之间，以及 T2、T3、T4 与 T5 之间差异均不显著，T3 产量、产值最接近对照；不同处理之间烟叶均价差异不显著，T3 最高；结构优化处理烟叶单叶重均超过对照，T3、T2 显著高于对照。

3. 不同处理 K326 烟叶产量等级结构和部位变化分析

（1）不同处理 K326 烟叶产量等级结构变化分析。由表 5 - 47 可见，不同处理上部叶中的上等烟有 B1F、B2F 两个等级，与对照相比较，T3 的产量所占比例增加，尤其是 B1F 增加了 7.56 个百分点，而其他处理降低；上部叶中的中等烟有 B3F、B4F、B2V 和 B3V 四个等级，其中，B3F 处理 1 占总产量的 1.94%，在结构优化后所占比例均降低，尤其是 T3 降低接近于 0%，不同处理 B3V 占总产量比例均接近 0%，B4F 为总产量的 0.6%，结构优化后接近于 0%；上部叶中的下等烟有 B1K、B2K、B3K，其中，B1K 结构优化后所占比例增加，B2K 降低，T2、T3、T5 处理 B3K 所占比例接近于 0%。

不同处理中部叶中的上等烟有C1F、C2F、C3F三个等级，T1、T2、T4、T5处理C1F所占比例接近于0%；与对照相比较，T3处理C2F所占比例有所增加，其他结构优化处理降低，T5处理C3F所占比例增加，其他处理降低；中部叶中的中等烟C3V、C4F二个等级，与对照相比较，C3V在结构优化后所占比例增加，T5处理C4F增加，其他处理减少。

CX1K、CX2K、GY1和GY2四个等级多数为中下部烟叶（叶位上从第1片到第13～15片），均为下等烟，综合来看，T2、T3所占比例比对照降低，T4、T5比对照增加。

下部叶中的上等烟X1F，除T5外，其他三个处理均比对照增加，尤其是T3比对照增加了1.3个百分点；下部叶中的中等烟有X2F、X3F、X2V三个等级，结构优化处理大多比对照有所增加；下部叶中的下等烟X4F，T3、T5有所降低，T2、T4有所增加。

（2）不同处理K326烟叶部位结构的变化分析。不同部位烟叶产量相对比例，上部叶T2、T3比对照增加，T4、T5降低；中部叶除T5增加外，其他处理均降低；中下部叶T2、T3降低，T4、T5增加；下部叶结构优化处理均比对照有所增加（表5-47）。

表5-47 不同处理烟叶产量等级结构、部位变化比较（%）

部位	等级		T1	T2	T3	T4	T5
上部叶	上等烟	B1F	12.38	11.58	19.94	10.39	7.75
		B2F	10.37	9.81	4.57	9.36	10.98
		合计	22.75	21.39	24.51	19.75	18.73
	下等烟	B1K	7.31	10.66	9.78	8.79	9.57
		B2K	2.81	1.95	1.94	1.45	1.14
		B3K	0	0.14	0.08	2.96	0.08
		合计	10.12	12.75	11.8	13.2	10.79
	中等烟	B2V	0.65	1.42	0.58	1.06	0.09
		B3F	1.94	0.88	0.06	1.51	0.41
		B3V	0	0.04	0	0.11	0
		B4F	0.6	0	0.05	0.02	0.11
		合计	3.19	2.34	0.69	2.7	0.61
	上部叶合计		36.06	36.48	37	35.65	30.13

（续）

部位	等级		T1	T2	T3	T4	T5
中部叶	上等烟	C1F	0.18	0	2.07	0.05	0.48
		C2F	6.37	3.69	7.1	5.09	5.32
		C3F	14.7	13.81	11.89	12.22	17.05
		合计	21.25	17.5	21.06	17.36	22.85
	中等烟	C3V	2.39	2.81	2.99	3.07	2.8
		C4F	3.85	3.29	2.05	3.5	5.34
		合计	6.24	6.1	5.04	6.57	8.14
	中部叶合计		27.49	23.6	26.1	23.93	30.99
中下部叶	下等烟	CX1K	10.1	13.6	9.75	11.98	11.24
		CX2K	7.96	6.16	6.26	6.32	8.41
		GY1	7.31	5.14	8.85	9.65	6.75
		GY2	5.75	4.93	4.49	5.05	6.25
	中下部叶合计		31.12	29.83	29.35	33	32.65
下部叶	上等烟	X1F	0.32	1.06	1.62	0.7	0.12
	中等烟	X2F	2.35	3.59	2.33	1.72	1.87
		X2V	1.59	3.65	2.49	3.92	2.65
		X3F	0.93	1.56	1.05	0.88	1.56
		合计	4.87	8.8	5.87	6.52	6.08
	下等烟	X4F	0.15	0.23	0.06	0.21	0.03
	下部叶合计		5.34	10.09	7.55	7.43	6.23

（3）不同处理对K326烟叶内在化学成分及协调性的影响分析。

①不同处理对K326烟叶常规化学成分含量的影响分析。由表5-48可见，烟叶总糖含量：B1F不同处理之间差异不显著，且均高于上部叶优质烤烟生产要求上限[31%，参见云南中烟工业公司《烤烟主要内在化学指标要求》（Q/YZY 1—2009），下同]。B2F处理3（T3）显著低于对照及其他结构优化处理，且符合优质烤烟生产要求（24%～31%），其他处理均高于上部叶优质烤烟生产要求上限（31%），T4和T1显著低于T5。C2F烟叶总糖含量，T3显著低于对照和其他结构优化处理，但不同处理烟叶总糖含量均超过中部叶优质烤烟生产要求上限（33%）。C3F烟叶总糖含量，不同处理之间差异不显著，且均高于优质烤烟生产要求上限（33%），其中

T3最低，且接近33%。X2F烟叶总糖含量，T2显著高于对照及T5，T2和T4符合下部叶优质烤烟生产要求（25%～32%），T1、T3、T5均低于下部叶优质烤烟生产要求下限（25%）。综合不同部位各等级烟叶总糖含量来看，上、中部叶普遍高于优质烤烟生产要求上限，下部叶低于优质烤烟生产要求下限，上、中部叶以T3为最佳，下部叶以T2为最佳。

表5-48　不同处理烟叶总糖含量比较

指标	处理	B1F	B2F	C2F	C3F	X2F
总糖（%）	T1	34.37a	32.81b	38.1a	34.59a	18.67b
	T2	33.99a	34.14ab	38.76a	36.8a	30.88a
	T3	34.69a	30.85c	36.71b	33.3a	20.94b
	T4	35.23a	33.15b	38.39a	34.74a	25.44ab
	T5	35.85a	35.09a	38.83a	35.47a	18.36b
还原糖（%）	T1	31.96b	31.09bc	36.06bc	31.99a	18.17b
	T2	32.42ab	32.58ab	37.11ab	34.85a	29.42a
	T3	32.73ab	29.15c	34.81c	32.85a	20.60b
	T4	34.3ab	32.41ab	37.77ab	34.08a	24.50a
	T5	35.31a	34.85a	38.32a	34.17a	17.76b
淀粉（%）	T1	4.49a	4.34ab	3.15a	3.84a	1.15a
	T2	4.02a	4.88ab	3.88a	3.5a	1.44a
	T3	4.48a	4.37ab	4.18a	2.16b	0.65b
	T4	4.32a	3.98b	3.88a	2.67ab	0.63b
	T5	4.6a	5.63a	3.98a	2.92ab	0.52b
钾 K_2O（%）	T1	1.89a	1.97a	1.93a	2.18a	2.57a
	T2	1.92a	1.99a	2.07a	2.36a	2.76a
	T3	1.93a	2.09a	1.97a	2.31a	2.97a
	T4	1.75a	1.85a	1.78a	2.07a	3.03a
	T5	1.88a	1.98a	2.1a	2.3a	2.76a
总氮（%）	T1	2.56a	2.67abc	2.2ab	2.29a	2.29a
	T2	2.41a	2.44c	2.22ab	2.2a	2.05a
	T3	2.53a	2.72a	2.34a	2.32a	2.24a
	T4	2.47a	2.69ab	2.13b	2.27a	2.14a
	T5	2.45a	2.46bc	2.11b	2.23a	2.34a

（续）

指标	处理	B1F	B2F	C2F	C3F	X2F
烟碱（%）	T1	3.12a	2.97a	2.78ab	2.76ab	1.69b
	T2	3.25a	2.95a	2.76ab	2.76ab	2.36a
	T3	3.06a	2.82a	2.92a	2.87a	2.23a
	T4	2.98a	2.99a	2.76ab	2.7ab	1.89ab
	T5	2.85a	2.78a	2.59b	2.59b	1.99ab
氯离子（%）	T1	0.62a	0.56a	0.78b	1.03a	1.50b
	T2	0.77a	0.70a	1.10a	1.16a	1.84ab
	T3	0.74a	0.68a	0.92ab	1.33a	2.23a
	T4	0.72a	0.62a	0.82ab	1.07a	1.92ab
	T5	0.59a	0.56a	0.9ab	0.97a	2.39a

烟叶还原糖含量：B1F不同处理均高于上部叶优质烤烟生产要求上限（26%），结构优化后烟叶还原糖含量提高，其中T1显著低于T5对照，其他处理之间差异不显著。B2F烟叶还原糖含量，不同处理均高于上部叶优质烤烟生产要求上限（26%），T3显著低于对照及其他结构优化处理。C2F烟叶还原糖含量，不同处理均高于中部叶优质烤烟生产要求上限（28%），T3显著低于其他处理，T1显著低于T5。C3F烟叶还原糖含量，不同处理之间差异不显著，且均高于中部叶优质烤烟生产要求上限（28%）。X2F烟叶还原糖含量，T4符合优质烤烟生产要求（24%～28%），T2高于上限，T5、T3、T1均低于下限，T5、T3、T1均显著低于T2、T4。综合不同部位各等级烟叶还原糖含量来看，上、中部叶普遍高于优质烤烟生产要求上限，下部叶低于优质烤烟生产要求下限，上、中部叶以T3为最佳，下部叶以T4为最佳。

烟叶淀粉含量：B1F不同处理之间差异不显著，且符合优质烤烟生产要求（4%～6%）。B2F烟叶淀粉含量，T4显著低于T5，且低于优质烤烟生产要求下限（4%），其他处理之间差异不显著，但均符合优质烤烟生产要求（4%～6%）。C2F烟叶淀粉含量，不同处理之间差异不显著，结构优化处理均高于对照，T3符合优质烤烟生产要求（4%～6%），其他处理均低于优质烤烟生产要求下限（4%）。C3F烟叶淀粉含量，不同处理均低于优质烤烟生产要求下限（4%），T3显著低于对照和T2。X2F淀粉含量过低，仅有1%左右，T1、T2显著高于T3、T4、T5。综合不同部位各等级烟叶淀粉含量来看，上部叶普遍符合优质烤烟生产要求（4%～6%）、中部叶普遍低于优质烤烟生产要求下限，下部叶淀粉含量过低，仅有1%左右，上部叶以T5为相对较高，中部叶C2F以T3为最佳，C2F及下部叶以T2和T1为较高。

烟叶钾（指K_2O，下同）含量：B1F以T3和T2为最高，T4最低，且低于优质烤烟生产要求（1.8%），其他处理符合上部叶优质烤烟生产要求（≥1.8%），不同处理之间差异不显著。B2F烟叶钾含量，以T3为最高（>2%），T4最低，不同处理均符合上部叶优质烤烟生产要求（≥1.8%），不同处理之间差异不显著。C2F烟叶钾含量，以T5、T2为最高，且均符合中部叶优质烤烟生产要求（≥2%），T4最低（<1.8%），其他处理在1.8%～2%之间，不同处理之间差异不显著。C3F烟叶钾含量，不同处理均符合中部叶优质烤烟生产要求（≥2%），以T2为最高，其次是T3、T5，T4最低，不同处理之间差异不显著。X2F烟叶钾含量，不同处理均符合下部叶优质烤烟生产要求（≥2.2%），以T4和T3为较高，达到3%左右，不同处理之间差异不显著。综合不同部位各等级烟叶钾含量来看，不同处理烟叶钾含量均符合优质烤烟生产要求，不同处理之间差异均不显著，上部叶以T3为最高，中部叶以T2和T5为较高，下部叶以T4和T3为较高。

烟叶总氮含量：B1F均符合上部叶优质烤烟生产要求（2%～2.6%），不同处理之间差异不显著。B2F烟叶总氮含量，T2和T5显著低于T3，且符合上部叶优质烤烟生产要求，T3、T4和T1超过上限（2.6%）。C2F烟叶总氮含量，T4和T5显著低于T3，不同处理均符合中部叶优质烤烟生产要求（1.8%～2.4%）。C3F烟叶总氮含量，不同处理之间差异不显著，但均符合中部叶优质烤烟生产要求（1.8%～2.4%），以T3为最高。X2F烟叶总氮含量，不同处理之间差异不显著，均超过下部叶优质烤烟生产要求上限（2%），以T2为最低，接近2%。综合不同部位各等级烟叶总氮含量来看，上部叶基本符合优质烤烟生产要求，中部叶均符合优质烤烟生产要求，下部叶均超过优质烤烟生产要求上限，上部叶以T2和T5为最佳，中部叶以T3为较高，下部叶以T2为最佳。

烟碱含量：B1F以T2为最高，T5最低（<3%），T1、T3处理均符

合上部叶优质烤烟生产要求（3%～3.8%），不同处理之间差异不显著。B2F烟碱含量均小于上部叶优质烤烟生产要求下限（3%），不同处理之间差异不显著。C2F、C3F烟碱含量，不同处理均符合中部叶优质烤烟生产要求（2.3%～3.2%），以T3为最高，且显著高于T5，其他处理之间差异不显著。X2F烟碱含量，T2稍高于下部叶优质烤烟生产要求上限（2.3%），其他处理均符合下部叶优质烤烟生产要求（1.5%～2.3%），T2、T3显著高于对照。综合不同部位各等级烟叶烟碱含量来看，上部叶烟碱含量符合或接近优质烤烟生产要求，中部叶均符合优质烤烟生产要求，下部叶基本上符合优质烤烟生产要求，上部叶不同处理之间差异不显著，中、下部叶以T3为最佳。

烟叶氯离子含量：B1F不同处理之间差异不显著，T5符合优质烤烟生产要求（0.1%～0.6%），其他处理在0.6%～0.8%之间。B2F烟叶氯离子含量，不同处理之间差异不显著，T5和T1符合优质烤烟生产要求（0.1%～0.6%），其他处理在0.6%～0.8%之间。C2F烟叶氯离子含量，不同处理均超过了优质烤烟生产要求上限（0.6%），T1显著低于T2，T1低于0.8%，其他处理均高于0.8%。C3F烟叶氯离子含量，不同处理之间差异不显著，且均超过了优质烤烟生产要求上限（0.6%），接近或超过了1%以上。X2F烟叶氯离子含量，不同处理是优质烤烟生产要求上限（0.6%）的2.5～4倍，T1显著低于T3和T5。综合不同部位各等级烟叶氯离子含量来看，不同处理各等级烟叶氯离子含量基本上均超过了优质烤烟生产要求上限，不同处理之间上部叶氯离子含量差异不显著，中、下部叶结构优化处理导致烟叶氯离子含量提高。

②不同处理对K326烟叶内在化学成分协调性的影响分析。由表5-49可见，不同处理、不同部位各等级烟叶两糖差均小于4%。与对照相比较，上、中部叶在结构优化处理后，两糖差均降低，上部叶B1F、B2F及中部叶中的C2F，T4、T5降低幅度较大，且显著低于T1（对照）及T3，中部叶中的C3F，T3和T4比对照显著降低，下部叶X2F，T2和T4比T3显著增加。

上部叶B1F氮碱比，T2符合优质烤烟生产要求（0.6～0.8），其他处理B1F和B2F氮碱比均超过了优质烤烟生产要求上限（0.8）；中部叶中的C2F、C3F氮碱比均符合优质烤烟生产要求（0.7～0.9），不同处理之间差异不显著；下部叶中的X2F氮碱比，结构优化处理比对照降低，其中，T3符合优质烤烟生产要求（0.9～1.1），T2接近0.9，其他处理大于上限。

表5-49　不同处理烟叶内在化学成分协调性比较

指标	处理	B1F	B2F	C2F	C3F	X2F
两糖差（%）	T1	2.41a	1.72a	2.04a	2.6a	0.50bc
	T2	1.57ab	1.57ab	1.65ab	1.95ab	1.46a
	T3	1.96a	1.7a	1.91a	0.44b	0.34c
	T4	0.93bc	0.74bc	0.63bc	0.66b	0.94b
	T5	0.55c	0.25c	0.5c	1.31ab	0.60bc
氮碱比	T1	0.83ab	0.91a	0.80a	0.84a	1.35a
	T2	0.74b	0.83a	0.80a	0.80a	0.87c
	T3	0.83ab	0.97a	0.80a	0.81a	1.04b
	T4	0.83ab	0.91a	0.77a	0.84a	1.13ab
	T5	0.87a	0.89a	0.82a	0.86a	1.17ab
糖碱比	T1	10.30a	10.60a	13.01bc	11.74b	10.74ab
	T2	9.98a	11.04a	13.45b	12.66a	12.45a
	T3	10.69a	10.40a	11.94c	11.43b	9.23b
	T4	11.75a	11.00a	13.71ab	12.71a	12.95a
	T5	12.50a	12.59a	14.82a	13.24a	8.91b
钾氯比	T1	3.18a	3.65a	2.59a	2.12a	1.72a
	T2	2.52a	2.93a	1.89a	2.09a	1.50a
	T3	2.71a	3.06a	2.18a	1.83a	1.39a
	T4	2.70a	3.23a	2.56a	2.24a	1.58a
	T5	3.82a	3.95a	2.35a	2.64a	1.16a

上部叶中的B1F糖碱比，不同处理之间差异不显著，其中，T2符合优质烤烟生产要求（6～10），其他B1F和B2F氮碱比均超过了优质烤烟生产要求上限（10）；中部叶中的C2F糖碱比，T3显著降低，且符合优质烤烟生产要求（8～12），T2和T1显著低于T5，但是均大于优质烤烟生产要求上限；中部叶中的C3F糖碱比，T3和T1均显著降低，且符合优质烤烟生产要求（8～12），其他处理大于优质烤烟生产要求上限；下部

叶中的X2F糖碱比，不同处理均符合优质烤烟生产要求（8～13），T3和T5显著降低。

不同处理、不同部位各等级烟叶钾氯比（指 K_2O/Cl，下同），均小于优质烤烟生产要求下限（4），处理之间差异不显著。

综上所述，结构优化处理降低了烟叶两糖差，T4、T5比对照显著降低；下部叶氮碱比，结构优化处理比对照降低，其中，T3符合优质烤烟生产要求；中、下部叶糖碱比，T3显著降低且符合优质烤烟生产要求。

（四）讨论与结论

黄夸克等（2013）在罗平县研究结果表明，优化烟叶结构后均不同程度提高了烤烟的经济性状。在打顶时清除脚叶，能够较好地优化烟叶结构，提质稳产增值；优化烟叶结构技术对于改善田间通风透光、增强光合作用、减轻病虫危害具有显著效果，可以使初烤烟叶获得较好的综合品质（张黎明等，2014；郭芳军等，2015；蒋水萍等，2013；马建彬等，2015）。摘除2片脚叶，二次打顶1片叶等优化结构措施，可以明显促进烟叶产值的提升（欧阳磊等，2015）。雷捌金等（2013）认为，低烟、次烟比例随打叶数量的增加而下降。其中，打顶后及时清除下部3～4片不适用烟叶和上部1片顶叶的处理，可以使产量稳定，等级质量结构最优，产值最高。邹诗恩等（2012）研究得出，随着留叶数的增加，株高明显增加。王斌等（2012）认为，经不同时间二次打顶，各处理上部烟叶的物理性状及化学指标与对照的差异显著，其叶长、叶宽、含梗率随二次打顶时间推延而增加，而叶厚、单叶重、梗重、平衡含水率逐渐减小；氮、钾、还原糖及总糖含量随二次打顶时间推延而增加，而烟碱含量逐渐减小。余志虹等（2012）研究认为，初花打顶能有效提高烤烟上部叶可用性。周初跃等（2012）报道，随着打顶时间推迟和有效叶片数增加，烟株的株高、节距增加，上部叶叶面积降低，中、上部叶烟碱含量降低。上部多留1～2片无效叶，株高明显增加，虽然顶叶开面不如常规打顶，但叶片的身份、结构较好，颜色更鲜亮。由于烟叶中烟碱有由下往上逐渐增加的趋势，打顶时顶部多留1～2片无效叶，使烟叶中烟碱往顶部无效叶分摊，减少烟碱在有效叶内存留的机会，可以得到降低上部叶烟碱的效果，有利于提高上部叶品质。上部多留1～2片无效叶还有利于改善等级结构，有利于提高烟叶的上等烟比例。

本研究结果表明，烟叶结构优化对各等级原烟外观质量的影响较小，而对烟叶经济性状的影响较大，因为进行烟叶结构优化，烤烟单株留叶数减少，营养分配发生改变，从而导致烟叶产量、产值、单叶重及均价等主要经济性状发生变化。总的变化规律是，烟叶结构优化处理，烟叶产量、产值降低，而单叶重、均价增加。从经济性状上来看，结构优化采取封顶时摘除 2 片底脚叶和 1～2 片顶叶，比封顶后 10d 摘除 2 片底脚叶和烘烤到顶部 4～6 片叶时摘除 1～2 片顶叶更有利于经济性状改善。各结构优化处理，以封顶时摘除 2 片底脚叶和 2 片顶叶，留叶数 18 片最为合理，该处理措施下烟叶产量、产值接近于常规对照（不优化），而单叶重、均价、上等烟比例、中上等烟比例均表现为增加。同时，综合结构优化对烟叶内在化学成分和协调性的影响来看，以封顶时摘除 2 片底脚叶和 2 片顶叶，留叶数 18 片为较佳效果。

八、K326 品种合理有机无机配施试验研究

（一）研究背景

化肥作为一种速效养分含量高、肥效快的肥料，在烤烟生产上得到广泛应用。但长期、大量使用化肥，忽视有机肥的使用，会造成烟田土壤板结，土壤中各种营养元素比例失调（李娇等，2013），从而导致烤烟生长的土壤环境变差，抑制了烤烟产量及品质的提高（张文军等，2012）。因此，如何保育土壤来保证烟叶质量和风格特色是目前亟待解决的问题之一（刘魁等，2020）。2015 年 2 月颁布的《到 2020 年化肥使用量零增长行动方案》提出了“精、调、改、替”的施肥技术路径，其中“替”即有机肥替代化肥。在烤烟生产上常采用有机肥替代部分化肥的施肥方式来改善土壤环境和烟叶质量，降低农业面源污染，实现烤烟生产可持续发展。增施有机肥或有机肥替代化肥，对植烟土壤有机质含量的提升和烤烟的生长发育、烟株的抗病能力提高、烟叶香气质改善均有显著的效果，但是，有机肥可替代化肥的具体比例是多少，目前尚缺乏相应的数据支撑。

由此，笔者开展了有机态氮占总氮量从 0％、10％、20％、30％、40％、50％、60％、100％等系列梯度对 K326 品种烟叶产量、质量及风

格特征的影响试验研究，探索有机无机配施比例与其各项指标之间的变化规律，以期为更合理地调控肥料、提高K326品种烟叶香气和烟叶品质提供理论依据。

（二）材料与方法

1. 试验地点与时间

试验地点：陆良县芳华镇狮子口村委会新华村杨海云承包地，位于东经103°40′25″，北纬25°6′49″，海拔1 864m。

试验时间：2014年4月22—23日移栽，8月25日采收完毕。

2. 供试土壤基本农化性状

土壤类型为水稻土，肥力中等，地势平坦。土壤基本农化性状表现为：土壤pH为5.78，有机质含量22.64g/kg，有效氮含量108.25mg/kg，有效磷含量67.5mg/kg，速效钾含量227.59mg/kg。

3. 试验设计和处理

设计采用完全区组试验设计，共设8个处理，3次重复，24个小区，每个小区54株，田间随机排列。各处理如下：T1，不施有机态氮，作为对照（CK）；T2，有机态氮10%，即有机态氮占总施氮量的10%（有机态氮∶无机态氮=1∶9）；T3，有机态氮20%，即有机态氮占总施氮量的20%（有机态氮∶无机态氮=2∶8）；T4，有机态氮30%，即有机态氮占总施氮量的30%（有机态氮∶无机态氮=3∶7）；T5，有机态氮40%，即有机态氮占总施氮量的40%（有机态氮∶无机态氮=4∶6）；T6，有机态氮50%，即有机态氮占总施氮量的50%（有机态氮∶无机态氮=5∶5）；T7，有机态氮60%，即有机态氮占总施氮量的60%（有机态氮∶无机态氮=6∶4）；T8，有机态氮100%，即只施有机态氮。以上各处理纯氮施用量为7kg/亩，N∶P_2O_5∶K_2O=1∶1∶2.5。有机肥为红河千州有限公司生产，养分含量为N∶P_2O_5∶K_2O=4∶2∶4。

试验品种K326种植规格：行距1.2m，株距0.6m。

田间栽培、管理、采烤，均按照当地优质烤烟标准生产技术进行。

4. 田间调查与采样分析

主要农艺性状：打顶株高，有效叶数，茎围，节距，腰叶长、腰叶宽，腰叶面积、单叶重。腰叶面积（cm^2）=$1/N\sum$（每次重复的叶长×叶宽×叶面积系数 0.634 5)，其中，N 为重复数，本试验重复数为 3。

按小区进行主要经济性状统计分析，指标包括产量、产值、均价、上等烟比例、中上等烟比例等。

按小区采集上部（B2F)、中部（C3F）烟叶样品分析化学品质和外观质量打分。

5. 数据统计与分析

采用 EXCEL、DPS 等软件，运用统计学的方法，对数据进行多重比较和方差显著性分析。

(三) 结果与分析

1. 不同处理对 K326 烤烟农艺性状的影响

由表 5-50 可见，不同处理之间 K326 品种烤烟有效叶数、打顶株高和茎围表现出差异。T3 有效叶数显著高于 T6；T1、T3 打顶株高、茎围显著高于 T8；不同处理之间节距、腰叶长、宽及腰叶面积差异不显著。

表 5-50 不同处理 K326 农艺性状比较

处理	有效叶数（片）	打顶株高（cm）	茎围（cm）	节距（cm）	腰叶长（cm）	腰叶宽（cm）	腰叶面积（cm^2）
T1	23.0ab	132.3a	8.77a	4.30a	74.4a	31.6a	2 359.5a
T2	22.2ab	117.0ab	8.27ab	4.35a	70.8a	29.3a	2 077.2a
T3	23.1a	126.6a	8.61a	4.50a	73.7a	30.3a	2 233.6a
T4	22.3ab	114.4ab	7.87b	4.45a	70.5a	30.8a	2 172.9a
T5	22.6ab	119.8ab	8.33ab	4.47a	72.2a	31.4a	2 270.8a
T6	22.0b	119.6ab	7.89b	4.53a	68.1a	29.9a	2 039.0a
T7	22.4ab	118.6ab	7.85b	4.37a	70.3a	30.4a	2 146.7a
T8	22.6ab	113.9b	7.86b	4.57a	70.5a	29.8a	2 104.4a

由表 5-51 可见，不同处理上部叶单叶重差异不显著，但以 T1、T2 为最大，中部叶单叶重 T3、T2 有显著增加，T6 最小；下部叶单叶重 T1、T4、T7 有显著增加，T5 最小；总体来看，T1（不施有机态氮）单叶重最大，其次是 T2、T3（有机态氮占总施氮量的 10%、20%)。

表5-51　不同处理K326单叶重比较（g）

处理	上部（B2F）	中部（C3F）	下部（X2F）
T1	13.8a	13.5ab	12.3a
T2	13.5a	14.0a	10bcd
T3	12.0a	14.2a	9.7cd
T4	12.5a	12.3ab	11.8a
T5	12.8a	13.0ab	8.7d
T6	12.5a	11.8b	11.5ab
T7	12.0a	13.0ab	11.8a
T8	12.8a	13.0ab	11abc

2. 不同处理对K326烟叶经济性状的影响

由表5-52可见，T5、T8烟叶产量有显著增加，T6显著低于其他处理；T5产值有显著增加，T6显著低于其他处理；T2、T5上等烟比例有显著增加，T4、T2、T1中、上等烟比例有显著增加。

表5-52　不同处理K326烟叶经济性状比较

处理	产量（kg/亩）	产值（元/亩）	均价（元/亩）	上等烟（%）	中上等烟（%）
T1	244ab	4 435.4ab	18.2a	33.2ab	68.1a
T2	243.4ab	4 692.5ab	18.9a	42.8a	69.1a
T3	250.7ab	4 383.1ab	17.6a	28.7b	64.6b
T4	244.1ab	4 560.3ab	18.6a	30.7b	74.5a
T5	274.2a	5 103.1a	18.8a	40.8a	66.5ab
T6	222.3b	3 674b	16.5a	30.0b	59.0b
T7	265.2ab	4 675.5ab	17.7a	29.7b	64.8b
T8	275.6a	4 829ab	17.6a	34.7ab	60.9b

综合来看，以T5（有机态氮占总施氮量的40%）处理下烟叶经济性状表现为最好，其次是T8（有机态氮占总施氮量的100%），而以T6（有机态氮占总施氮量的50%）为最差。

3. 不同处理对K326烟叶外观质量的影响

总体来看，K326品种上部（B2F）和中部（C3F）烟叶外观质量表现为颜色呈橘黄色（测评分为7～8），成熟（测评分为13～14），叶片结构疏松（测评分为13～14），身份中等（测评分为13.5～14），油分为有（测评分为13～15），色度为强（测评分为13～15），长度均大于45cm（测评分为5），伤残度均小于10%（测评分为2），不同处理之间差异较小（表5-53）。

表5-53　不同处理K326烟叶外观质量比较

部位	处理	颜色	成熟度	叶片结构	身份	油分	色度	长度	残伤	总分
上部B2F	T1	8.0	14.0	13.5	13.5	14.0	14.0	5	2	84.0
	T2	8.0	14.0	14.0	14.0	14.0	13.5	5	2	84.5
	T3	7.5	13.5	13.5	14.0	13.5	13.5	5	2	82.5
	T4	7.0	13.5	13.5	13.5	13.5	13.5	5	2	81.5
	T5	7.5	14.0	13.0	13.0	13.0	13.0	5	2	80.5
	T6	7.0	13.0	13.0	13.0	13.0	13.0	5	2	79.0
	T7	7.0	13.0	13.0	13.5	13.5	13.5	5	2	80.5
	T8	7.5	14.0	14.0	14.0	14.0	14.0	5	2	84.5
中部C3F	T1	8.0	14.0	14.0	14.0	15.0	15.0	5	2	87.0
	T2	8.0	13.5	13.0	13.5	14.5	14.5	5	2	84.0
	T3	8.0	14.0	14.0	14.0	15.0	15.0	5	2	87.0
	T4	7.5	13.5	13.5	14.0	15.0	15.0	5	2	85.5
	T5	7.5	13.5	13.5	14.0	14.5	14.5	5	2	84.5
	T6	7.0	13.0	13.0	13.5	14.0	14.0	5	2	81.5
	T7	7.5	13.5	13.0	14.0	14.5	14.5	5	2	84.0
	T8	7.0	13.0	13.0	13.5	14.0	14.0	5	2	81.5

综合上部（B2F）和中部（C3F）烟叶外观质量测评总分来看，以T1（不施有机氮）为最高，其次是T3（有机态氮占总施氮量的20%），有机氮占总施氮量超过50%后（T6～T8），烟叶外观质量下降。

4. 不同处理对K326烟叶化学品质的影响

由表5-54可知，不同处理中，K326品种上部（B2F）烟叶烟碱含量最高的是T1处理，最低的是T4处理，这两个处理之间的差异达到了显著水平，其他处理间的差异则不显著。总糖含量最高的是T5处理，最低的是T1处理，这两个处理之间的差异达到了显著水平，其他处理间的差异则不显著。还原糖含量高的是T4处理，最低的是T1处理，这两个处理之间的差异达到了显著水平，其他处理间的差异则不显著。两糖差含量最高的是T5处理，最低的是T3处理，这两个处理之间的差异达到了显著水平，其他处理间的差异则不显著。糖碱比最高的是T4处理，显著高于T1处理，与其他处理间的差异均不显著。其他化学指标在各处理间的差异均未达到显著水平。

表5-54　不同处理K326烟叶化学成分含量比较

处理		总氮（%）	烟碱（%）	总糖（%）	还原糖（%）	钾（%）	氯（%）	氮碱比	两糖差	糖碱比	钾氯比
上部B2F	T1	2.34a	3.51a	32.64b	28.13b	1.82a	0.33a	0.67a	4.51ab	8.06b	5.69a
	T2	2.25a	3.24ab	33.54ab	30.74ab	1.82a	0.37a	0.7a	2.8ab	9.51ab	4.98a
	T3	2.2a	3.28ab	33.42ab	30.85ab	1.86a	0.33a	0.67a	2.57b	9.46ab	5.83a
	T4	2a	2.91b	35.94ab	32.89a	1.68a	0.29a	0.68a	3.06ab	11.36a	7.14a
	T5	2.07a	3.13ab	37.53a	32.26a	1.83a	0.38a	0.66a	5.26a	10.43ab	5.18a
	T6	1.94a	3.07ab	36.75ab	32.66a	1.89a	0.35a	0.63a	4.09ab	10.66ab	5.42a
	T7	1.97a	2.97ab	35.44ab	30.83ab	1.8a	0.35a	0.67a	4.6ab	11.17a	5.5a
	T8	2.06a	3.08ab	34.67ab	31.47ab	1.73a	0.38a	0.67a	3.2ab	10.46ab	4.92a
中部C3F	T1	1.52a	2.01a	38.13b	31.17c	2.09a	0.23a	0.76bc	6.96a	15.57b	9.23a
	T2	1.64a	2.09a	39.08ab	32.73abc	2a	0.26a	0.78abc	6.35a	15.7b	7.97a
	T3	1.56a	1.99a	38.77ab	32.2bc	2.1a	0.26a	0.78abc	6.57a	16.24b	8.35a
	T4	1.38a	1.6a	40.8ab	34.89ab	2.07a	0.35a	0.86ab	5.91a	22.04a	7.94a
	T5	1.5a	2.05a	40.69ab	33.44abc	2.09a	0.38a	0.74c	7.25a	16.69ab	6.38a
	T6	1.49a	1.68a	42.29a	36a	2.22a	0.32a	0.88a	6.29a	21.87a	7.63a
	T7	1.59a	2.14a	37.91b	32.92abc	1.95a	0.36a	0.78abc	4.99a	18.14ab	5.63a
	T8	1.58a	1.99a	40.12ab	33.29abc	1.98a	0.32a	0.79abc	6.83a	16.83ab	6.9a

中部（C3F）烟叶总糖和还原糖含量最高的都是T6处理，总糖含量较低的是T7和T1，还原糖含量最低的是T1，差异达到了显著水平，其他处理间的差异则不显著。氮碱比最高的是T6处理，最低的是T5处理，这两个处理之间的差异达到了显著水平，其他处理间的差异则不显著。T4和T6糖碱比高，T1、T2、T3较低，T4、T6和T1、T2、T3处理之间差异达到了显著水平，其他处理间的差异则不显著。

（四）讨论与结论

前人研究表明，一定量的牛粪、菜籽饼或花生饼与化肥配施，可明显提高烤烟叶片中氮磷钾的营养配比，从而提高烟叶品质和产量（唐莉娜等，1999）。施用50%无机肥+50%芝麻饼肥比纯施用无机肥显著提高各种挥发性香气物质或脂类代谢物含量，改善烟叶品质；同时，50%无机肥+50%芝麻饼肥对烤烟质体色素及其降解产物含量影响最大（武雪萍等，2005；顾明华等，2009；刘洪华等，2010；张晓龙等，2010）。综合有机无机肥配施对K326生理特性、经济性状和化学品质的影响，结果表明在烤烟生产中，在化肥施用的基础上配施适量的有机肥可以增强烤烟的生理代谢、提高烤烟的产量和产值，在云南某卷烟品牌原料基地中等肥力偏上的土壤上，项目组推荐K326品种有机态氮占总施氮量的20%～40%，不宜超过50%。

九、K326品种化肥、化学农药减量增效技术试验研究

（一）研究背景

化肥和化学农药是确保烟叶产量和品质的重要生产资料，在烟草生产中发挥了巨大作用。随着化肥和化学农药使用量的不断增加，病虫害的抗药性在不断增强，导致化肥和农药用量愈来愈大，环境污染问题愈来愈严重。化肥的大量及不合理使用导致的土壤问题，越来越成为阻碍烟草产量和质量进一步提升的关键（葛鑫等，2003；张桃林等，2006）。随着化肥长期大量使用，烟叶中烟碱含量升高，还原糖、钾以及香气降低已经是不争的事实，而且一系列土壤问题（如土壤酸化、板结、富营养化和微量元素缺失等）也日趋严重。土壤退化导致烟草品质下降，品质下降又导致无法满足需求，需求得不到满足就继续加大化肥的用量……长此以往，恶性循环逐渐加剧，导致植烟土壤严重恶化（李浩等，2016；宋歌等，2015；蒋利明等，2017），进一步制约烟草品质（潘锋，2004）。化学农药作为一种防治病虫害的手段，除了对部分病害和虫害能够起到立竿见影的效果外，对很多病害如青枯病、烟草黑胫病、病毒病等的防效并不很理想，然而农民和烟草企业在严重的病虫灾害面前没有更好的对策，不得不使用这

些农药，这也暴露出农药本身及其使用技术的局限性。烟草行业为了自身存在与发展的需要，被要求生产“安全、无公害”的有机烟叶，来顺应公众对“吸烟与健康”的呼声。烟草“重金属”事件使烟草行业越来越感到烟叶安全的严峻性，对烟叶生产中化学品的使用特别是农药的控制也越来越严格。今后相当长的时期内，使用农药仍将是与烟草病、虫、草害做斗争的重要手段（丁伟等，2007）。因此，提高农药使用效果、降低农药使用量是提高烟叶安全的根本出路之一。

由此，本研究从烟草化肥和化学农药使用技术的角度，分析影响其使用效果的关键因素，旨在改进化肥和化学农药使用技术，提高化肥和农药利用率，增加烟叶安全性。

（二）材料与方法

1. 试验地点和时间

试验地点：在寻甸县河口镇双龙村委会偏坡路自然村小坪子张超承包地进行。

试验时间：2016年4月至9月。

2. 供试土壤基本农化性状

供试土壤为红壤，土壤肥力高，土壤基本农化性状如下：土壤pH为5.98，有机质含量43.89g/kg，有效氮172.63mg/kg，有效磷21.54mg/kg，速效钾561.8mg/kg。

3. 试验设计与处理

研究采用同田对比的试验手段，设4个处理，不设重复，每个处理0.5亩。试验处理设计如下：T1，常规施用化肥（常规用量+常规施用技术）+常规施用化学农药（常规用量+常规施用技术），作为对照；T2，化肥减量技术（化肥用量减15%+生物炭基复混肥+秸秆还田技术）+常规施用化学农药（常规用量+常规施用技术）；T3，化学农药减量施用技术（化学农药用量比常规减10%+抑制线虫类生物有机肥+多肽保）+常规施用化肥（常规用量+常规施用技术）；T4，化肥减量技术（化肥用量减15%+生物炭基复混肥+秸秆还田技术）+化学农药减量施用技术（化学农药用量比常规减10%+抑制线虫类生物有机肥+多肽保）。

4. 样品采集与分析

在烤烟打顶期调查烟株主要农艺性状，包括：有效叶数、株高、腰叶长、腰叶宽，计算腰叶面积等。腰叶面积（cm^2）$=1/N\sum$（每次重复的叶长×叶宽×叶面积系数 0.634 5），其中 N 为重复数，本试验重复数为 3。

按小区进行分级测产，计算产值、均价及各等级所占比例，采集各小区上部（B2F）、中部（C3F）、下部（X2F）烟叶样品进行室内检测化学品质，对上部（B2F）、中部（C3F）进行感官质量的分析。

5. 数据统计与分析

采用 EXCEL、SAS 等软件，运用统计学的方法，对数据进行多重比较和方差显著性分析，不同处理间的差异用 Fisher's LSD 进行方差分析。

（三）结果与分析

1. 两减技术对 K326 烤烟农艺性状的影响

由表 5－55 可见，T2 处理打顶株高、腰叶长、腰叶宽、腰叶面积均极显著高于对照（T1），T3 处理打顶株高、有效叶数、腰叶长极显著或显著高于对照（T1），T4 处理打顶株高、腰叶长极显著或显著高于对照（T1）。总体来看，减肥、减药技术均有利于 K326 农艺性状改善，其中减肥技术对 K326 农艺性状影响较大。

表 5－55　不同处理烤烟农艺性状比较

处理	打顶株高（cm）	有效叶数（片）	腰叶长（cm）	腰叶宽（cm）	腰叶面积（cm^2）
T1 对照	68c	17.6b	57.6b	22.4b	820.4c
T2 减肥	87a	18.6ab	69.6a	26.6a	1 173.8a
T3 减药	79.6b	19a	68a	21.8b	946.2bc
T4 减肥、减药	90.6a	18.2ab	69.2a	23.4b	1 029ab

2. 两减技术对 K326 烟叶经济性状的影响

由表 5－56 可见，相比于对照 T1，T2、T3、T4 处理烟叶产量分别提高 13.9%、22.5%、24.1%，烟叶产值分别提高 19%、17.3%、48%，此外，T2 处理均价、单叶重增加，T4 处理均价、上等烟比例、单叶重均有明显提高。总体来看，减肥、减药技术均有利于K326经济性状改善，同时减肥、减药技术对K326经济性状影响较大。

表5-56　不同处理烟叶经济性状比较

处理	产量（kg/亩）	产值（元/亩）	均价（元/kg）	上等烟比例（%）	单叶重（g）		
					B2F	C3F	X2F
T1对照	116.5	2 970.6	25.5	53.6	8.9	8.8	6.8
T2减肥	132.7	3 533.7	26.6	51.8	10.8	11.6	7.6
T3减药	142.7	3 483.6	24.4	50.0	9.4	9.5	6.7
T4减肥、减药	144.6	4 397.8	30.4	64.0	9.0	11.6	8.3

3. 两减技术对K326烟叶化学品质的影响

由表5-57可见，相对于T1对照，T2、T3、T4处理的烟叶总氮、烟碱含量降低，烟叶钾含量提高，烟叶总糖、还原糖、淀粉含量也有所提高。综合烟叶内在化学成分来看，减肥、减药技术均利于烟叶内在化学成分协调性提高，其中同时减肥、减药条件下烟叶内在化学成分协调性表现最好。

表5-57　不同处理K326烟叶化学成分比较

部位	处理	总糖（%）	还原糖（%）	总氮（%）	烟碱（%）	K_2O（%）	氯（%）	淀粉（%）	两糖差（%）	糖碱比	氮碱比	钾氯比
B2F	T1	23.8	19.2	3.67	3.67	1.92	0.08	1.5	4.6	5.2	1.00	22.9
	T2	24.5	22.2	2.81	3.28	2.21	0.14	2.5	2.2	6.8	0.86	16.0
	T3	24.8	21.1	2.96	3.56	2.12	0.15	1.6	3.7	5.9	0.83	14.3
	T4	25.1	23.6	2.20	3.15	2.40	0.12	2.6	1.5	7.5	0.70	20.8
C3F	T1	25.7	18.3	2.49	3.28	2.28	0.08	2.5	7.4	5.6	0.76	28.9
	T2	27.0	19.1	2.34	2.73	2.56	0.09	2.6	7.9	7.0	0.86	29.7
	T3	28.8	23.3	2.03	2.79	2.47	0.09	4.9	5.4	8.4	0.73	28.2
	T4	31.5	24.9	1.96	2.80	2.71	0.06	4.5	6.7	8.9	0.70	43.2
X2F	T1	24.4	21.2	2.55	2.68	2.59	0.11	2.0	3.2	7.9	0.95	23.5
	T2	27.9	23.4	2.39	2.20	3.43	0.21	3.0	4.5	10.6	1.09	16.4
	T3	28.7	25.2	2.19	2.27	2.88	0.09	2.5	3.5	11.1	0.96	31.4
	T4	29.3	26.5	2.04	1.84	3.55	0.08	2.6	2.8	14.4	1.11	45.8

4. 两减技术对K326烟叶感官评吸质量的影响

由表5-58可见，T2、T4处理相对于T1对照，上部烟叶香气质、香气量提高，数值增加，刺激性减轻；T3、T4处理相对于T1对照，中部烟叶香气质、香气量提高，劲头、浓度减小。综合烟叶感官评吸质量及档次来看，减肥、减药技术均有利于K326烟叶感官评吸质量提高，同时减肥、减药条件下K326烟叶感官评吸质量表现最好。

表5-58　不同处理烟叶感官评吸质量比较

部位	处理	香型	劲头	浓度	香气质	香气量	余味	杂气	刺激性	燃烧性	灰色	总得分	质量档次
B2F	T1	清偏中	3.5	3.5	10.8	15.7	18.8	13.3	8.4	3.0	3.0	72.8	3.2
	T2	清香	3.0	3.1	11.3	16.7	18.8	13.8	8.9	3.0	3.0	75.3	3.5
	T3	清偏中	3.5	3.5	10.8	16.2	18.8	13.3	8.4	3.0	3.0	73.3	3.2
	T4	清香	3.0	3.1	11.3	16.7	19.3	13.8	8.9	3.0	3.0	75.8	3.6
C3F	T1	清香	3.2	3.2	11.3	16.7	19.3	13.3	8.9	3.0	3.0	75.3	3.5
	T2	清香	3.2	3.2	11.3	16.7	19.3	13.8	8.9	3.0	3.0	75.8	3.6
	T3	清香	3.0	3.0	11.8	17.2	19.3	13.8	8.9	3.0	3.0	76.8	3.7
	T4	清香	3.0	3.0	11.8	16.7	19.3	13.8	8.9	3.0	3.0	76.3	3.6

注：总分不包括劲头、浓度和质量档次。总得分为加权平均值。

（四）讨论与结论

大量化肥在烤烟生产上的使用，特别是氮肥的使用，导致土壤复种指数（左丽君等，2009）居高不下，破坏土壤团聚体，从而影响肥料-土壤-作物养分系统的平衡，加速土壤质量下降（张北赢等，2010；胡雨彤，2017）。加之缺乏良好的培肥地力措施，造成土壤物理结构破坏、土壤营养供应不均衡、土壤环境恶化，微生物种群结构改变，导致土地生产能力下降，烟叶品质自然随之下降。化肥的长期大量使用使得土壤中C/N比降低，导致土壤退化严重，主要表现为土壤的板结酸化、土壤沙化、土壤肥力下降等，进一步导致土壤生产力的急剧下降（张北赢等，2010；刘恩科等，2008）；而且化肥过量使用，导致烟株抗逆性降低，病虫害频繁发生。全国烟草侵染性病害和昆虫调查结果显示，我国有68种烟草侵染性病害、200多种害虫，其中危害较重且经常发生的主要有病毒病、黑胫病、青枯病、赤星病等。人们通常采取施用化学农药的方式来防治病虫害，但长期使用农药，病虫害产生了抗药性，致使农药用量不断加大，导致土壤和烟叶中农药残留过高（罗静，2020）。因此，降低化肥和化学农药使用量是提高烟叶产量和品质的根本出路之一。本研究表明，降低化肥和化学农药使用量有利于 K326 农艺性状、经济性状、烟叶内在化学成分及感官评吸质量的提高，其中，减肥技术更有利于提高 K326 的农艺性状，同时减肥、减药更有利于提高 K326 经济性状、烟叶内在化学成分及感官评吸质量。

第六章 K326品种主要病虫害绿色防控技术试验研究

一、K326品种主要病害绿色防控技术试验研究

（一）研究背景

在烟草生产过程中，随着品种更换、气候变化、栽培模式的变更等，威胁烟草安全生产的病虫害也日益严重，给烟草产业带来了巨大的经济损失。其中，烟草黑胫病（烟草疫霉，*Phytophthora parasitica* var. *nicotianae*）和烟草普通花叶病（烟草花叶病毒，tobacco mosaic virus，TMV）是烟草种植过程中，最具毁灭性的病害。其中烟草黑胫病在烟草种植过程中的发病率平均为10%～20%，严重烟田的发病率可高达75%，甚至造成烟叶绝收（刘君丽等，2003）。目前对这两种病害的防治主要采取培育抗病品种、施用化学农药和综合防治管理等措施（马武军等，1999；常寿荣等，2008）。农药的大量滥用和不科学的使用造成烟田生态系统农残累积，导致病害抗药性迅猛上升，加大防控难度，降低烟叶品质，严重影响烟草的安全生产，污染农田环境，破坏生态平衡（彭清云等，2008）。

因此，开展烟草病害绿色防控集成应用迫在眉睫，本研究即是要通过K326品种病害综合防治试验，找出一套K326品种病害综合防治技术措施。

（二）材料与方法

1. 试验地点与时间

试验安排在石林县石林镇天生关村委会，位于东经103°26′12.4″，北

纬 24°53′33.5″，海拔 1 970m。

试验时间：2012 年 4 月初至 9 月底。

2. 试验方法

在种植 K326 品种的同一片田块内，针对田间主要病害进行同田对比试验。具体方法是：选取 3 户烟农，开展从苗期到成熟期的病害综合防治试验，同时选取 1 户不进行综合防治的烟农作为对照。综合防治的田块，在采取轮作、盖膜、增施钾肥、排除田间积水、清洁田园等综合农业防治措施的基础上，在烟株易感病的团棵期、病害初发时对症使用化学药剂进行防治，其中普通花叶病用 8%宁南霉素水剂 1 000 倍液防治；炭疽病用 50%多菌灵可湿性粉剂 500 倍液防治；野火病每亩用 100～130g 20%噻菌铜悬浮剂喷雾防治。

3. 调查病害标准和内容

（1）烟株病害调查标准。病害分级按照《烟草病虫害分级及调查方法》（GB/T 23222—2008）调查标准进行，每户采用 5 点取样方法调查，每点 20 株，共计 100 株。

（2）调查病害内容。普通花叶病、炭疽病、野火病的田间病情指数。

4. 烟叶主要经济性状调查

调查烟叶产量、产值、均价、上中等烟比例。

（三）结果与分析

1. 采用综合防治方法研究对 K326 病害发生防治效果的影响

由表 6－1 可见，用“以农业防治为主、辅以化学农药防治”的综合防治方法，防治 K326 品种的三大主要病害——普通花叶病、炭疽病和野火病的防治效果均达到 70%以上。

表 6－1　不同防治方法 K326 烟叶病害防效比较

处理	普通花叶病		炭疽病		野火病	
	病情指数	防治效果（%）	病情指数	防治效果（%）	病情指数	防治效果（%）
对照（ck）	1.04	—	2.48	—	1.25	—
重复Ⅰ	0.28	73.1	0.65	73.8	0.32	74.4
重复Ⅱ	0.30	71.2	0.61	75.4	0.31	75.2

（续）

处理	普通花叶病		炭疽病		野火病	
	病情指数	防治效果（%）	病情指数	防治效果（%）	病情指数	防治效果（%）
重复Ⅲ	0.32	69.2	0.57	77.0	0.29	76.8
平均	0.30	71.2	0.61	75.4	0.31	75.5

2. 采用综合防治方法研究对K326烟叶经济性状的影响

表6－2表明，参试农户K326品种的烟叶亩产量、亩产值、均价、上中等烟比例都比对照高，增幅分别为1.9%～7.7%、8.2%～13.5%、3.1%～6.1%、2.2%～5.6%。

表6－2　不同防治方法K326烟叶的经济效益比较

处理	亩产量（kg）	较对照增（%）	亩产值（元）	较对照增（%）	均价（元/kg）	较对照增（%）	上中等烟比例（%）	较对照增（%）
对照	155	—	3 527.8	—	22.76	—	90	—
重复Ⅰ	165	6.5	3 870.9	9.7	23.46	3.1	92	2.2
重复Ⅱ	158	1.9	3 815.7	8.2	24.15	6.1	95	5.6
重复Ⅲ	167	7.7	4 004.7	13.5	23.98	5.4	93	3.3
平均	163	6.5	3 889.2	10.3	23.86	4.8	93.3	3.7

（四）讨论与结论

通过以上K326品种病害综合防治试验，总结出了一套K326品种病害综合防治技术措施。具体如下：

1. 农业防治措施

（1）深耕晒垄，改善土壤结构，减少病虫基数。

（2）合理轮作与盖膜：田烟最好与水稻轮作，地烟最好与玉米轮作。

（3）增施有机肥：最好用50%的有机氮与50%的无机氮配合施用。

（4）提沟培土，减少田间积水，创造有利于烟株生长的田间小气候，增强烟株抗病性。

（5）保持田间卫生和通风透光，及时拔除病株、清除病叶和田间杂草，减少病害滋生。

2. 药剂防治

（1）苗期。育苗前用10%硫酸铜液对育苗工具进行消毒；每次剪叶前用肥皂水对剪叶刀具进行消毒，剪叶后用8%宁南霉素水剂1 000倍液叶面喷雾预防病毒病；移栽前2d用8%宁南霉素水剂1 000倍液叶面喷雾烟苗带药移栽。

（2）大田期。团棵期病害初发时，用8%宁南霉素水剂1 000倍液防治普通花叶病；用50%多菌灵可湿性粉剂500倍液防治炭疽病；每亩用100～130g 20%噻菌铜悬浮剂喷雾防治野火病。

二、捕食螨防治K326品种烤烟苗期蓟马的释放技术试验研究

（一）研究背景

蓟马（Thrips）逐渐成为苗期烟草生产上的主要害虫之一（董大志等，2011；Chappell et al.，2013），尤其是部分种类因取食所传播番茄斑萎病毒（tomato spotted wilt virus，TSWV）、烟草条纹病毒（tobacco streak virus，TSV）、烟草环斑病毒（tobacco ring spot virus，TRSV）等多种植物病毒（谢永辉等，2013）造成的危害更为严重（Peters et al.，1991；Srinivasan et al.，2012）。据报道，蓟马主要危害烤烟的苗期和开花期，在烤烟苗期，蓟马对烤烟的危害株率与TSWV病株率和危害程度呈现出正相关性。近年来昆明烟区烤烟苗期受蓟马的危害较为严重，平均危害株率为35.78%，优势种类为能高效率传播TSWV的西花蓟马（*Frankliniella occidentalis*）（谢永辉等，2019）。据笔者初步调查，烤烟苗期受蓟马危害株率严重时可高达80%以上，并可直接导致移栽后的田间烟株TSWV发病率达30%以上。烤烟苗期属于设施农业，环境较为稳定，受外界因素影响较小，最适合采用天敌生物防治，尤其是在吸食安全逐渐被消费者重视的形势下，绿色防控成为烤烟病虫害防治的重要举措（超群等，2017）。作为近年来商品化的主要天敌生物之一（张礼生等，2014），捕食螨（predatory mite）已经在多种作物上用于蓟马的生物防治（黄建华等，2016），尤其是对蓟马若虫的捕食效果极为明显（尚素琴等，2016），但是在烟草上的使用方法尚无相关研究报道。为了明确捕食螨在

烟草苗期蓟马防治的释放技术，笔者对捕食螨的最佳释放时间和适宜释放浓度进行了系统研究，旨在为捕食螨在烤烟上的应用提供理论依据，降低烤烟在苗期感染番茄斑萎病的风险，提升烟叶质量安全。

（二）材料与方法

1. 供试材料

蓟马为昆明田间采集活虫西花蓟马雌性成虫，捕食螨选择在昆明市烟草公司技术中心试验室用椭圆食粉螨（*Aleuroglyphus ovatus*）饲养扩繁的胡瓜钝绥螨（*Amblyseius cucumeris*），烟苗采用自主漂浮育苗的烤烟K326品种常规苗（2018年2月27日播种，3月17日出苗），苗笼采用由300目防虫网定制的小网笼，小纸杯采用50mL一次性试吃杯（d≈4cm，h≈4cm）。

2. 试验方法

（1）烤烟苗期捕食螨释放时间研究。通过在不同处理时期的苗笼内（162孔常规苗盘，每笼半盘）释放等量胡瓜钝绥螨（300头/笼），释放时采用小纸杯在苗笼中央点状缓释含有载体麦麸和猎物螨的混合载体，调查其对烟草蓟马的防治效果，每个处理3次重复（3笼），共计12笼。各处理编号如下：

CK，对照，未释放笼；T1，出苗期（由播种至2片子叶平展的幼苗达50%时）释放笼；T2，十字期（第1片、第2片真叶相继出现，当与子叶大小相似，交叉呈“十”字状时）释放笼；T3，竖叶期（第7片真叶出现，第4片、第5片真叶在早晚出现上竖现象时，即第1次剪叶时）释放笼。

（2）烤烟苗期捕食螨释放浓度研究。通过在出苗期（3月20日）的苗笼内（162孔常规苗盘，每笼半盘）采用点状方式释放不同浓度的胡瓜钝绥螨（用小纸杯在苗笼中央释放含有载体麦麸和猎物螨的混合载体），调查其对烟草蓟马的防治效果，每个处理3次重复（3笼），共计18笼。各处理编号如下：

CK，对照，未释放笼；C1，100头/笼；C2，200头/笼；C3，300头/笼；C4，400头/笼；C5，500头/笼。

在出苗期（3月20日）所有处理苗笼内统一接种30头上述活虫西花

蓟马雌成虫（折合种群密度约0.37头/株），成苗后可以移栽前调查各笼活虫西花蓟马总数量，计算各笼虫口减退率和防效。出苗后不施用任何药剂防治病虫害，其他操作按照昆明市烟草公司常规漂浮育苗相关标准执行。

3. 数据统计与分析

试验数据采用EXCEL和SPSS 18.0进行统计分析，利用邓肯氏新复极差法（Duncan's multiple range test，DMRT）进行差异显著性分析。试验所得数据采用以下公式计算：

虫口减退率（%）=（捕食螨释放前活虫数－捕食螨释放后活虫数）/捕食螨释放前活虫数×100%；

防效（%）=（捕食螨释放处理区虫口减退率－对照处理区虫口减退率）/（1－对照处理区虫口减退率）×100%。

（三）结果与分析

1. K326品种烤烟苗期捕食螨释放时间研究

由表6-3看出，在三个不同时期释放胡瓜钝绥螨对蓟马均有一定的防治效果，释放时间越早，对西花蓟马的虫口减退率和防治效果越好，尤其是T1（出苗期释放）处理，虫口减退率达54.44%，平均防效高达70.24%，然后T3（竖叶期释放）处理并不能压低蓟马种群，虫口减退率为－22.22%，防治效果甚微，仅为17.07%。方差分析结果表明：T1（出苗期释放）和T2（十字期释放）各处理的防治效果之间有极显著差异（$P<0.01$），而T3（竖叶期释放）处理的防治效果和CK（对照）没有显著差异（$P<0.05$）。

表6-3　不同时期释放捕食螨对蓟马的防治效果比较

处理	虫口减退率（%）	防效（%）
CK	－48.89±21.14bB	0cC
T1	54.44±16.63aA	70.24±8.57aA
T2	4.44±1.57cAB	34.55±8.94bB
T3	－22.22±17.5bcB	17.07±11.02bcBC
	$F=15.06$，$P<0.01$	$F=26.27$，$P<0.01$

综合不同捕食螨释放时期对蓟马的虫口减退率和防治效果来看，捕食螨释放时间越早（T1处理），对蓟马的虫口减退率和防效越好；推迟捕食螨释放时间（T2&T3处理），不会明显提升其对蓟马的防治效果，反而会降低其对蓟马的防治效果。

2. K326品种烤烟苗期捕食螨释放浓度研究

由表6-4看出，不同捕食螨释放浓度对蓟马均有一定的防治效果，并且释放捕食螨的浓度越高，对蓟马的防治效果越好；在C5（500头/笼）处理下，虫口减退率和防效分别高达68.89%和78.63%；在C3（300头/笼）、C4（400头/笼）、C5（500头/笼）处理下，虫口减退率均可达50%以上，防效均可达70%以上。方差分析结果表明：C3（300头/笼）和C4（400头/笼）以及C5（500头/笼）处理之间没有显著差异（$P<0.05$），但和C1（100头/笼）、C2（200头/笼）处理以及CK（对照）在防效方面均有极显著差异（$P<0.01$）。

综合不同捕食螨释放浓度对蓟马的虫口减退率和防治效果来看，C3（300头/笼）处理的释放浓度（3.75头/株）已经可以对蓟马的虫口减退率和防效具有较理想的效果；过低的捕食螨释放浓度（C1&C2处理），对蓟马的防治效果甚微；增加捕食螨释放浓度（C4&C5处理）并没有大幅提升其对蓟马的防治效果，反而因此会大幅增加防治成本。因此，释放的益害比大约为10∶1（捕食螨浓度3.75头/株，蓟马种群密度约0.37头/株）最佳。

表6-4　不同捕食螨释放浓度对蓟马的防治效果

处理	虫口减退率（%）	防效（%）
CK	−47.78±22.17cC	0dD
C1	−15.56±18.53cBC	21.84±3.88cC
C2	25.56±8.31bAB	49.21±3.5bB
C3	57.78±15.95abA	72.48±7.66aA
C4	64.44±8.75aA	74.76±9.25aA
C5	68.89±13.97aA	78.63±8.74aA
	$F=19.30$，$P<0.01$	$F=50.60$，$P<0.01$

（四）讨论与结论

生物防治措施历来都注重要早（Chenniappan et al.，2019），本研究的结果也验证了这一点。苗期蓟马的防治必须以防为主，使用时间过晚不仅会浪费人力和物力，而且防治效果甚微。本研究显示出苗期释放捕食螨对西花蓟马的防治效果可达 70%以上，在生物防治案例里（穆青等，2016）已经是非常理想的了，主要原因是烤烟苗期环境相对稳定可控，并且烟苗的密植性较好，又避免了大田期不确定自然因素导致防效差的状况，这也是天敌生物防治更适合在设施农业应用的又一印证。而且在烤烟实际育苗过程中，由于当前普遍使用的 60 目防虫网并不能对蓟马起到很好的防控作用（黄保宏等，2013），因此在烤烟出苗以后和蓟马侵入之前，尽早释放捕食螨，才能对蓟马起到较好的预防作用。

捕食螨释放浓度在一定程度上直接影响对蓟马的防治效果，然而在实际烤烟育苗生产中，除了考虑对蓟马的防治效果，还应考虑合作社或者育苗业主能接受的防治成本，过高的释放浓度会产生较高的防治成本，却未必产生很高的防效效益（Akter et al.，2019）。然而本研究是给予 30 头/笼（0.37 头/株）的蓟马虫口基数，来确定适宜的捕食螨释放浓度（3.75 头/株），益害比大约为 10∶1。实际指导生产中应结合当地育苗场地的蓟马虫口基数，来确定合理的捕食螨释放浓度，蓟马虫口基数过高时，还应先用高效低度的生物药剂来压低虫口基数，间隔一定时期后，再进行释放捕食螨。同时，捕食螨释放浓度过低起不到预期的防治效果，释放浓度过高未必能大幅提升防治效果，反而会因此大幅增加防治成本。

综合以上研究结果来看，在烤烟苗期利用捕食螨防治有害蓟马时，应在烤烟出苗以后尽早释放捕食螨；在苗期蓟马的种群密度较低时（0.37 头/株左右），按照益害比 10∶1 的比例释放捕食螨可以达到较好的防治效果。

三、夜蛾黑卵蜂对 K326 品种烤烟夜蛾类害虫的田间寄生能力试验研究

（一）研究背景

草地贪夜蛾（*Spodoptera frugiperda*）是近年来入侵我国的重要迁

飞性害虫，对玉米、水稻、烟草等产业造成重大威胁（王磊等，2019）。生物防治是可持续防控入侵性害虫的重要手段（阎世江等，2020）。夜蛾黑卵蜂（*Telenomus remus* Nixon）属于膜翅目（Hymenoptera）缘腹细蜂科（Scelionidae），是多种鳞翅目夜蛾科昆虫卵期重要的寄生性天敌，夜蛾黑卵蜂已被国内外证明，是防控草地贪夜蛾最有效的生物天敌之一（Cave，2000；Liao et al.，2019；Pomari-Fernandes et al.，2018；赵旭等，2020）。在我国，尤其是 2019 年草地贪夜蛾入侵以来，夜蛾黑卵蜂的室内和田间试验研究已取得一些显著成效，研究表明夜蛾黑卵蜂对草地贪夜蛾卵块寄生率可达到 100%，卵粒寄生率达到 80%以上（霍梁霄等，2019；杜广祖等，2021）。这些研究表明该蜂在我国草地贪夜蛾生物防治方面具有巨大的应用价值。

为了明确夜蛾黑卵蜂对 K326 品种烤烟夜蛾类害虫的田间寄生能力，笔者开展了大棚模拟夜蛾黑卵蜂烟田寄生试验，并展开了夜蛾黑卵蜂烟田扩散能力评估，研究结果对 K326 品种烟草上夜蛾类害虫，尤其是潜在害虫草地贪夜蛾的绿色防控技术的应用推广起到积极促进作用。

（二）大棚模拟夜蛾黑卵蜂在 K326 品种烟田寄生试验

1. 试验材料与方法

本试验通过“释放回捕法”在大棚模拟夜蛾黑卵蜂野外寄生斜纹夜蛾情况，即将 K326 品种盆栽烟放入大棚，在烟叶上粘贴斜纹夜蛾卵块后释放成蜂，寄生 3d 将斜纹夜蛾卵块收回，观察卵块寄生情况，以评估夜蛾黑卵蜂对烟田斜纹夜蛾卵的寄生能力。

第一次实验为预实验，于 2020 年 10 月 1—4 日进行。在温室大棚内盆栽培育 K326 品种烟苗，大棚面积为 2.5m×5.6m（$14m^2$），成熟期烟株 24 株，每行 4 株，呈 6 列。放蜂点为大棚中心点，在放蜂点邻近的烟株叶片上固定提前准备好的 6 个新鲜斜纹夜蛾卵块，约 1 500 粒，在放蜂点释放成蜂约 1 000 头，放蜂 3d 后收回卵块至养虫室培养并观察卵块情况，幼虫孵化后用毛笔轻轻将幼虫扫出，5d 后镜检观察卵粒变黑则被寄生，统计寄生卵粒数。

第二次实验于 2020 年 10 月 11—14 日进行。在温室大棚内盆栽培育

K326 品种烟苗，大棚面积 2.5m×5.6m（$14m^2$），选取 6～8 片叶、长势较为一致的烟株 162 株，每两株为一盆，每行 9 盆，呈 9 列。试验布局图如图 6-1 所示，在中心点 A 点释放夜蛾黑卵蜂，离中心点每隔一行处的对角线处设置 B 点，再隔一行对角线处设置 C 点，试验点挂标签做标记，在各试验点烟株的叶片上固定提前准备好的新鲜斜纹夜蛾卵块，A 点附近卵块 3 块，B 点和 C 点每个试验点 1 个卵块，共计 11 个卵块约 3 000 粒，释放夜蛾黑卵蜂成蜂约 2 000 头，放蜂 3d 后收回卵块至养虫室培养并观察卵块情况，幼虫孵化后用毛笔轻轻将幼虫扫出，5d 后镜检观察卵粒变黑则被寄生，统计寄生卵粒数（图 6-1）。

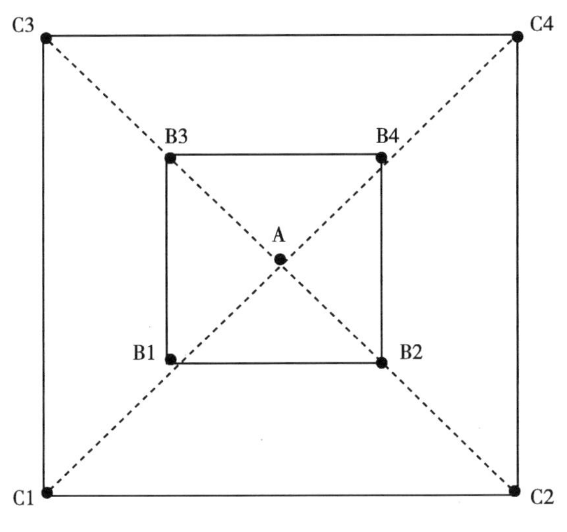

图 6-1　第二次大棚模拟试验布局图

2. 结果与分析

第一次试验结果显示，夜蛾黑卵蜂在大棚内寄生斜纹夜蛾卵的卵块寄生率为 100%，卵粒寄生率为 36.47%。

第二次大棚模拟寄生试验结果如图 6-2 所示，由图可知夜蛾黑卵蜂能够对大棚内 K326 品种烟株上的斜纹夜蛾卵进行定位和寄生，寄生率平均为 28.48%，并且中心点 A 的寄生率（41.00%）显著高于 B 点、C 点（19.93%和 24.50%）。寄生率相对较低，可能是因为在放蜂前给烟株浇水，大棚内和烟叶上湿度较大，影响夜蛾黑卵蜂的扩散和寄生。

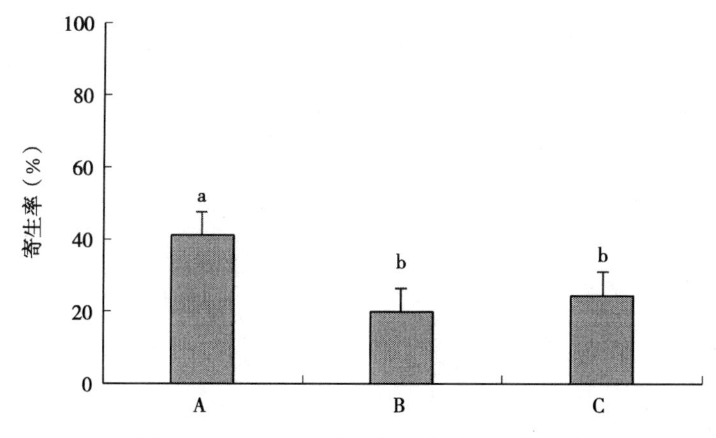

图 6－2　夜蛾黑卵蜂对斜纹夜蛾卵的寄生率

（三）夜蛾黑卵蜂在 K326 品种烟田扩散能力评估

1. 试验材料与方法

试验地点为昆明市嵩明县小街镇 K326 品种烟田，设置放蜂区和对照区，对照区与放蜂区间隔 400 米以上。

试验日期为 2020 年 8 月 12—16 日，释放量为 2 000 头/(次·亩)。

斜纹夜蛾为室内人工饲料饲养；夜蛾黑卵蜂用室内饲养的斜纹夜蛾进行繁育，成蜂和斜纹夜蛾成虫用 10％蜂蜜水饲喂。

实验时挑选 48 块斜纹夜蛾新鲜卵块，每个卵块卵量为 200～600 粒，统计每块卵块卵粒数，标记于产卵纸上，备用。选取 2 万头个体大小均匀、活力强的夜蛾黑卵蜂装在 50mL 离心管（玻璃管）中塞好棉塞，同时放入滴有 10％蜂蜜水的棉条为其提供营养，备用。

放蜂区试验布局图如图 6－3 所示，放蜂点设在放蜂区的中心点，以中心点为圆心设置 6 条辐射线，夹角均为 60°，分别编号 1、2、3、4、5、6，同时在 6 条辐射线上距离中心点 5m、10m、15m、20m、25m、30m 的位置选一株烟，作为试验点，挂红绳和写有编号的标签做标记，在每株烟的中部叶片上粘贴已标记好卵粒数的斜纹夜蛾卵块，共 36 个卵块。对照区选 3 垄烟株，垄间距 5m，每垄选 4 株烟，挂红绳和有编号的标签做标记，在烟株中部叶片上粘贴斜纹夜蛾卵块，共计 12 个卵块。

采用释放回捕法，在烟叶上粘贴斜纹夜蛾卵块，2h 后观察夜蛾黑卵

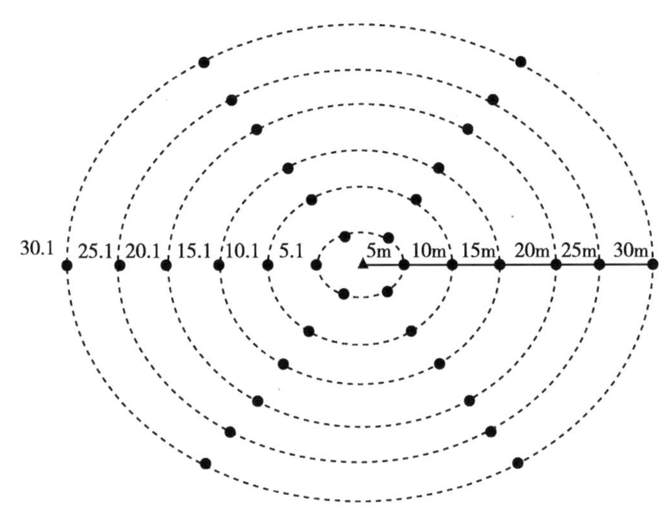

图 6－3　夜蛾黑卵蜂烟田释放布局图

蜂扩散情况，释放成蜂 3d 后收回卵块，进行室内培养，幼虫孵化后及时用毛笔扫出，5d 后镜检、统计卵块的寄生情况，根据寄生情况判断夜蛾黑卵蜂在烟田的扩散距离。

2. 结果与分析

实验结果表明，夜蛾黑卵蜂在 K326 品种烟田扩散能力很强，释放成蜂 2h 后，放蜂点附近烟叶上成蜂已全部扩散，距放蜂点 400m 的烟田（对照区）发现被夜蛾黑卵蜂寄生的卵块。

（四）结论

综上可见，夜蛾黑卵蜂完全可以对 K326 品种烟株上的斜纹夜蛾卵进行比较精准的定位和寄生，且对卵块的寄生率可高达 100%，对卵粒的寄生率也能达 30%以上，该蜂在烤烟夜蛾类害虫的生物防治上具有巨大的应用潜能。

第七章 K326品种关键配套烘烤及调香技术试验研究

一、K326品种采收成熟度试验研究

（一）研究背景

成熟度是烟叶生产的核心，是影响烟叶质量、特别是香气量和香气浓度的重要因素。它反映烟叶内各种化学成分的含量、比例等的变化情况，极大地影响烟叶的色、香、味，以及化学性质、物理性状、吸食质量及使用价值等，也是保证和提高烤后烟叶品质和外观质量的前提（朱尊权等，1990）。烟叶成熟度被认为是影响烟叶质量因素中的首要因素，也是保证和提高烤后烟叶品质及其工业可用性的前提（陈乾锦等，2020）。左天觉（1993）研究认为，成熟采收对烟叶品质的贡献占比超过整个烤烟生产技术环节贡献的1/3。通常所说的烟叶成熟度，包含田间鲜烟叶的成熟度和调制成熟度两方面，其中田间鲜烟叶成熟度是烟叶在田间生长发育过程中所表现出来的成熟度（叶为民等，2013）。田间鲜烟叶的采收成熟度与烤烟烟叶品质有密切关系，田间鲜烟叶的植物学性状是直观判断烟叶成熟度的关键因子，因此筛选到田间鲜烟叶最佳采烤成熟度及烟叶成熟时期关键植物学形态，对提高烟叶的品质具有举足轻重的作用（曾祥难等，2013；赵铭钦等，2008；赵铭钦等，2013）。

由此，笔者研究了不同采收成熟度对K326品种烟叶烘烤质量形成的不同影响，为制定符合K326品种质量风格的成熟采收技术标准，以及提高K326品种烟叶的烘烤质量提供参考依据。

（二）材料与方法

1. 试验地点与时间

试验地点：在嵩明县嵩阳镇大村子村委会，选 1 户烟叶生长正常、农户烘烤技术好的烟田进行。

试验时间：2013 年。

2. 试验设计与处理

每个采收叶龄选择 300 株烟进行采烤，共计 900 株。以下部叶 4～6 叶位、中部叶 10～12 叶位、上部叶 16～18 叶位分别代表下、中、上部叶，每次采 600～700 片鲜烟叶进行烘烤。以烟叶成熟度（外观特征）为试验因子，即烟叶进入成熟期后根据外观成熟特征，针对上、中、下部烟叶各设 3 个成熟度处理开展试验，采收标准见表 7－1。供试烤房控制在同一天装炉、点火，装烟密度一致。从第二炉开始进行试验，依次进行下、中、上部烟叶的烘烤试验。

表 7－1　不同采收烟叶成熟度试验处理

部位	处理	外观成熟特征
下部叶	叶龄 55d	叶面绿黄色，主脉约 1/4～1/3 变白
	常规采收时间（叶龄 60d）	叶面绿黄色，主脉 1/2 发白，茸毛部分脱落
	叶龄 65d	叶面黄绿色，主脉 2/3 变白，茸毛大部分脱落
中部叶	叶龄 65d	叶面黄绿色，主脉 2/3 发白，支脉 1/3 变白
	常规采收时间（叶龄 70d）	叶面黄绿色，主脉发白，支脉 1/2 变白。叶面有黄色成熟斑，茎叶角度增大
	叶龄 75d	叶面黄绿色，主脉发白，支脉 2/3 变白。叶面有黄色成熟斑，茎叶角度增大
上部叶	叶龄 71d	叶面黄绿色，主脉 2/3～3/4 变白，支脉 2/3 变白
	常规采收时间（叶龄 80d）	叶面浅黄色，主脉约 3/4 变白，支脉 2/3～3/4 变白。成熟斑明显，叶尖下垂，茎叶角度明显增大
	叶龄 89d	叶面全黄，主、侧脉基本变白。成熟斑明显，叶尖下垂，茎叶角度明显增大

3. 调查内容

各处理样品的初烤烟叶出炉后回潮、平衡水分，由分级技师组成外观质量评价小组，依《烤烟》（GB 2635—1992）对烟叶外观质量进行评价。

4. 烟叶取样及品质评价

每个处理取1个烟样（3kg），进行烟叶的常规化学成分和感官质量分析。

（三）结果与分析

1. 不同采收成熟度采烤的烟叶外观质量比较

从表7-2可见，不同采收成熟度对烤后烟叶外观质量产生较大影响：下部烟叶以提前5d采收（叶龄55d）的烤后烟叶为最好，颜色橘黄，烟叶外观质量好；中部烟叶以适熟采收（叶龄70d）的烤后烟叶为最好，颜色橘黄，油分多，色度强，外观质量好；上部烟叶以推迟9d采收（叶龄89d）的烤后烟叶为最好，油分多，色度浓。

表7-2 不同采收成熟度采烤的烟叶外观质量鉴定结果

部位	处理	油分	颜色	身份	结构	色度	含青	杂色
下部	55d	有⁻	橘黄	稍薄	疏松	中⁻	无	微有
	60d	有	橘黄	薄	疏松	中	无	有
	65d	有	橘黄	薄	疏松	中	无	有
中部	65d	有	橘黄	中等	疏松	中	有	有
	70d	多	橘黄	中等	疏松	强	无	有
	75d	有	橘黄	稍薄	疏松	强	无	微有
上部	71d	有⁻	橘黄	厚	稍密	强	有	有
	80d	多	橘黄	稍厚	稍密	浓	无	微有
	89d	多	橘黄	稍厚	稍密	浓⁻	无	微有

2. 不同采收成熟度采烤的烟叶化学品质比较

由表7-3可见，下部烟叶以提前5d采收（叶龄55d）为好，烤后烟叶的总糖、还原糖、烟碱、淀粉等内在化学成分含量更适宜，协调性更好；中部烟叶以适熟采收（叶龄70d）为佳，内在化学成分含量更适宜，协调性更好；上部烟叶以推迟9d采收（叶龄89d）为更好。

表7-3　不同采收成熟度采烤的烟叶的常规化学成分分析（%）

部位	处理	总糖	还原糖	总氮	烟碱	淀粉	糖碱比	两糖差
下部	55d	24.52	21.74	1.89	2.28	3.54	10.8	2.8
	60d	25.82	22.10	1.93	1.97	3.42	13.1	3.7
	65d	22.30	18.58	1.88	1.98	2.31	11.3	3.7
中部	65d	28.62	24.96	1.98	2.64	4.48	10.8	3.7
	70d	27.10	24.5	2.06	2.86	3.78	9.5	2.6
	75d	25.04	21.62	2.08	2.74	2.85	9.1	3.4
上部	71d	25.62	20.87	2.50	3.52	4.00	7.3	4.8
	80d	25.42	21.66	2.15	3.47	3.74	7.3	3.8
	89d	25.20	22.18	2.36	3.22	3.46	7.8	3.0

3. 不同采收成熟度采烤的烟叶感官评吸比较

由表7-4可见，下部烟叶以提前5d采收（叶龄55d）为好，烤后烟叶的香气量、香气质等感官质量指标更适宜，评吸总分最高；中部烟叶以适熟采收（叶龄70d）为佳，感官质量指标更适宜，评吸总分最高；上部烟叶以推迟9d采收（叶龄89d）评吸总分为最高。

表7-4　不同采收成熟度采烤的烟叶感官评吸结果比较

部位	处理	香气量	香气质	口感	杂气	劲头	评吸总分
下部叶	55d	11.5	46.5	12.6	6.6	6.0	77.2
	60d	11.3	46.5	12.4	5.5	6.0	75.7
	65d	11.0	45.5	12.3	6.0	6.5	74.8
中部叶	65d	13.0	48.0	12.0	6.0	6.5	79.0
	70d	13.4	49.5	12.5	6.0	6.5	81.4
	75d	12.5	49.5	12.0	6.0	6.0	80.0
上部叶	71d	13.3	52.5	12.1	6.0	7.5	83.9
	80d	13.5	54.0	12.5	6.5	6.5	86.5
	89d	14.0	54.5	12.8	6.8	6.5	88.1

（四）讨论与结论

烟叶的成熟度，能有效反映烟叶内在化学成分的协调程度及含量适宜程度。成熟度好的烟叶，其内含物质丰富，化学成分协调。随成熟度提高，烟叶糖含量和钾离子含量总体呈降低趋势，总氮和烟碱呈增长趋势；随着成熟度提高，烟叶C代谢逐渐从积累代谢转变为分解转化代谢，而烟叶N代谢逐步从分解转化代谢转变为积累代谢。钾离子随成熟度提高呈降低趋势，随叶片进一步成熟衰老，钾离子逐步向根部转移，叶片钾离子含量最低。成熟（A2）的烟叶各化学成分在适宜范围内，协调性最好，烟叶感官质量评价香气质细腻，香型突出，抽吸品质较好（马燕等，2010；陈雪等，2011）。本研究结果表明，K326品种下部烟叶应适当早收，在叶龄55d时开始采收，即当叶色初显黄色、主脉1/3变白及茸毛部分脱落时采收。中部烟叶应适熟采收，在叶龄70d时开始采收，即当叶色黄绿色、叶面2/3以上变黄、主脉发白、支脉1/2～2/3发白、叶尖叶缘呈黄色及叶面有黄色成熟斑时采收为宜。上部烟叶充分成熟，在叶龄89d时开始采收，即当叶色黄色、叶面充分变黄发皱、成熟斑明显、叶脉全白、叶尖下垂及叶缘曲皱时采收为宜。

二、K326品种减轻烟叶杂色的烘烤技术研究

（一）研究背景

烟叶的烘烤过程受多种因素影响，其中温湿度和烘烤时间尤为重要（孙曙光等，2011；王玉兵等，2008；江厚龙等，2012）。定色阶段是烘烤过程中最难掌握的阶段，该阶段任务主要是通过升温速度以及稳温时间来调节烘烤过程中的生理生化反应，将烟叶优良品质及时固定下来，使烟叶朝着高品质的方向变化，严格控制定色阶段的温湿度及烘烤时间，能够极大提高烟叶烘烤质量（徐秀红等，2008；江厚龙等，2012；赵应虎等，2013；史宏志等，1998；吴中华等，2004）。变黄阶段是增进烟叶品质的重要时期，定色阶段是稳定已获得的化学品质的关键时期，干筋阶段是对烟叶香吃味的补充和大量排湿干燥时期（刘国顺，2003）。聂东发等大多数学者研究认为，烟叶烘烤时适当提前进入定色期，能够使烟叶充分变黄，一方面提高烟叶的外观质量和化学成分的协调性，另一方面能够改善烟叶的内在品质，提高初烤烟叶的香吃味，从而使烟叶的烘烤质量和工业可用性进一步提高。另外，50～55℃是美拉德反应的关键时期，该阶段主

要进行还原糖和氨基酸的缩合反应，变黄期产生的高分子物质如淀粉、叶绿素和类胡萝卜素等降解为小分子物质，该时期小分子物质再进行缩合反应产生大量致香物质，温度达到50℃时，烤烟特有香气开始出现（王娟等，2012；聂东发等，2007；吴中华等，2004）。

K326在烘烤过程中烟叶衰老速度较快，变黄和失水特性较好，烘烤期间多酚氧化酶（POP）活性较高，叶片分层落黄好，烟叶易烤性较好，但是叶片较厚、变黄稍慢。烘烤技术不当时，下部烟叶易烤枯，上部烟易挂灰，烤后青烟少，黄烟和杂烟略多，烟叶耐烤性一般，较云烟系列烤烟品种难烤（伍优等，2013；刘春奎等，2011；崔国民等，2013）。由此，笔者采用了不同的烘烤方式，量化烘烤过程中的温湿度和时间技术指标，以期找出适宜的烘烤工艺，同时提高K326烟叶的工业可用性，为K326烤烟品种优质烟叶生产提供一定的技术支撑。

（二）材料与方法

1. 试验地点与时间

试验地点：昆明市宜良县九乡乡。

试验时间：2013年。

2. 试验方法

选择标准化烤房进行试验。中部和上部叶分别设三炉进行烘烤：

第一炉参照K326现行烘烤曲线进行烘烤，记录烘烤过程中烟叶变化及温湿度操作情况；第二炉根据第一炉的烤后烟叶质量评价，进行干湿球温度的修正和排湿速度的调整，并作出相应记录；第三炉根据第二炉出炉烟叶的质量评价，进行干湿球温度的修正和排湿速度的调整，并作出相应记录。

最终通过上述烘烤试验，找出K326品种烟叶的最佳烘烤技术工艺。

（三）结果与分析

1. K326中部叶烘烤试验结果及分析

（1）K326中部叶烘烤曲线比较。从图7-1、图7-2、图7-3可以看出，第一炉变黄期前期干球温度升温太慢，而且还起伏较大，干球温度达到38～39℃后稳温时间太短，变黄期后期干球温度达到41～42℃时没有稳温过程；在定色期至干筋期，干球温度升高不均匀。通过后二炉的逐炉调整，K326中部叶的烘烤曲线（图7-3）变黄期、干叶期、干筋期的温湿度及升温速度更加科学合理。

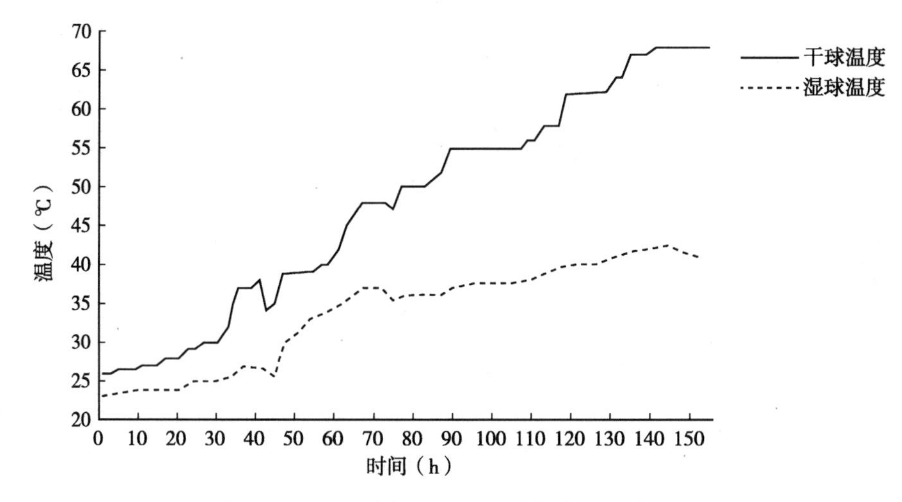

图7-1　K326中部叶烘烤工艺曲线图（第一炉）

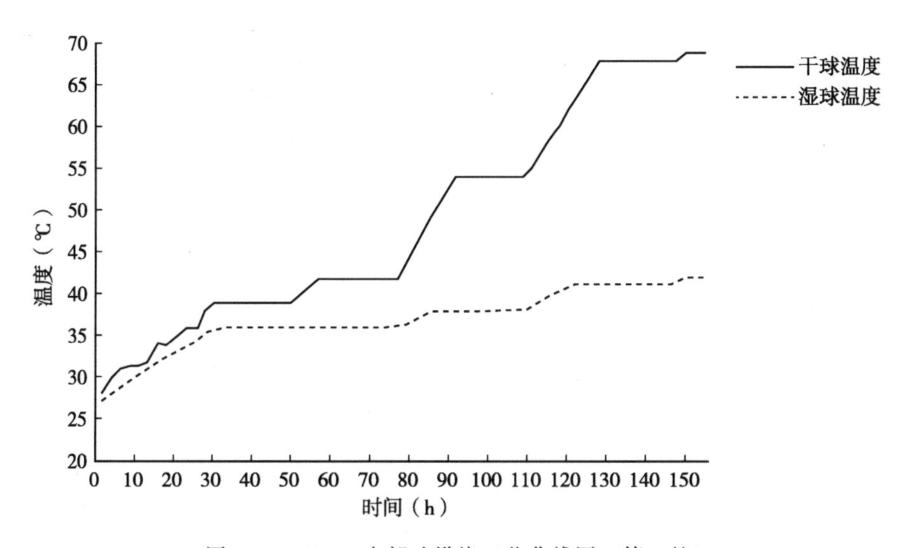

图7-2　K326中部叶烘烤工艺曲线图（第二炉）

（2）K326中部叶烟叶烘烤质量分析。从表7-5可以看出，与第一炉烟叶相比，第三炉烤后烟叶上等烟叶比例、正组烟叶比例、均价最高，杂色、微带青烟叶比例最低，表明对烘烤中的温湿度及升温速度的调整是有

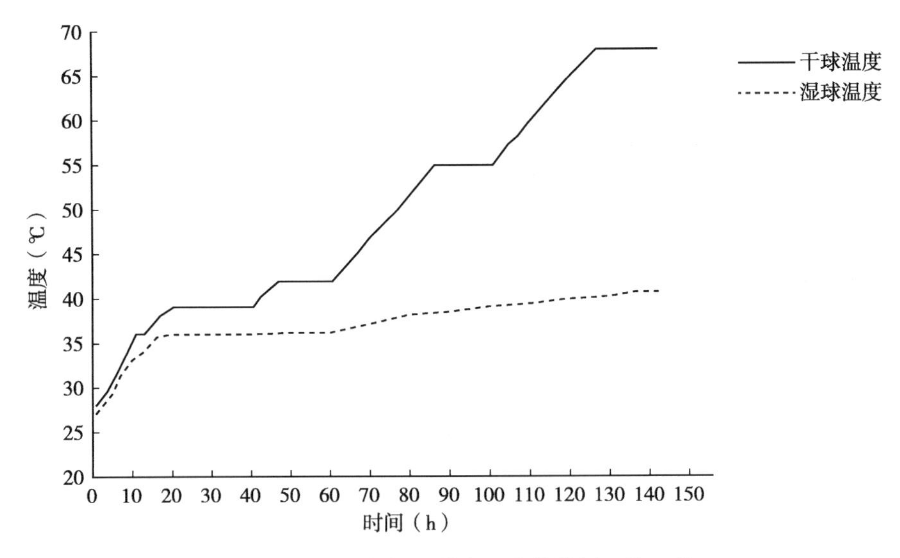

图7-3　K326中部叶烘烤工艺曲线图（第三炉）

效的，因此可以认为中部叶第三炉的烘烤工艺是可行的。

表7-5　K326中部叶烤后烟叶等级结构调查

烘烤炉数	上等烟比例（%）	上中等烟比例（%）	均价（元/kg）	正组烟叶比例（%）	杂色烟比例（%）	微带青烟比例（%）
第一炉	33.56	75.54	12.91	79.74	8.98	11.28
第二炉	56.52	92.87	15.99	95.17	2.13	2.70
第三炉	66.49	98.53	16.93	98.84	0.79	0.37

2. K326上部叶烘烤试验结果及分析

（1）K326上部叶烘烤曲线比较。由图7-4可以看出，变黄期前期干球温度升温较慢，35℃以下的烘烤时间过长，使烤后烟叶杂色较多；由图7-5可见，升温速度有所加快，但没有明显的稳温阶段，并且在干叶期升温速度稍快；由图7-6可见，在变黄、干叶、干筋期均有明显的稳温阶段，升温速度适中。

（2）K326上部叶烘烤质量分析。从表7-6可以看出，上部叶第三炉烤后烟叶的上等烟比例、上中等烟比例、均价及正组烟比例等，均较第一炉有显著增加，杂色烟比例则有显著下降。

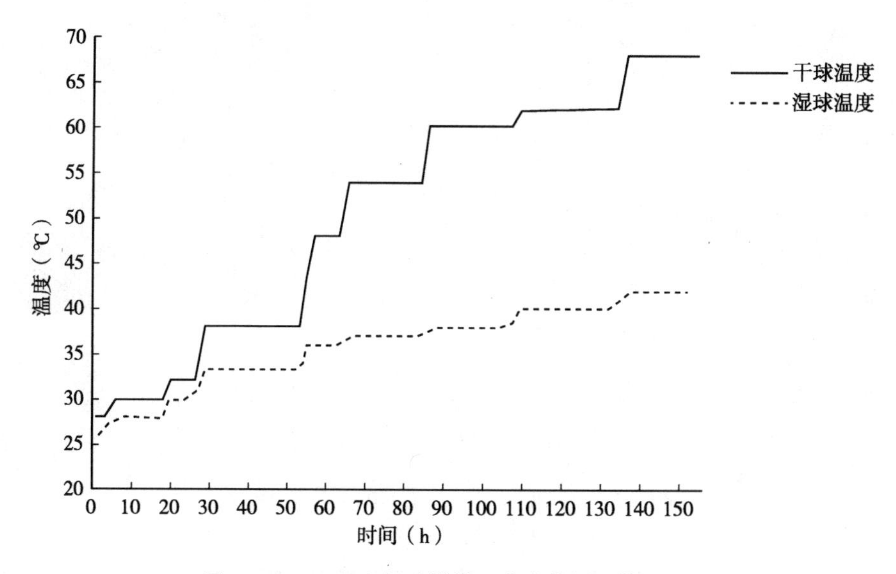

图7-4　K326上部叶烘烤工艺曲线图（第一炉）

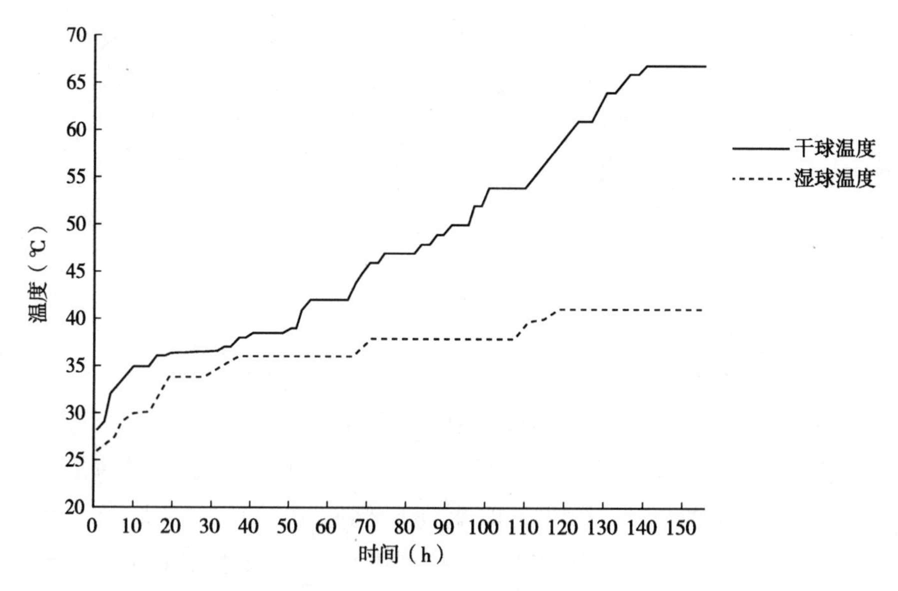

图7-5　K326上部叶烘烤工艺曲线图（第二炉）

由上部叶第三炉烤后烟叶的综合评价结果看，上部叶第三炉的烘烤工艺达到了K326品种上部叶的烘烤要求，所以认为上部叶第三炉的烘烤工艺是科学合理的。

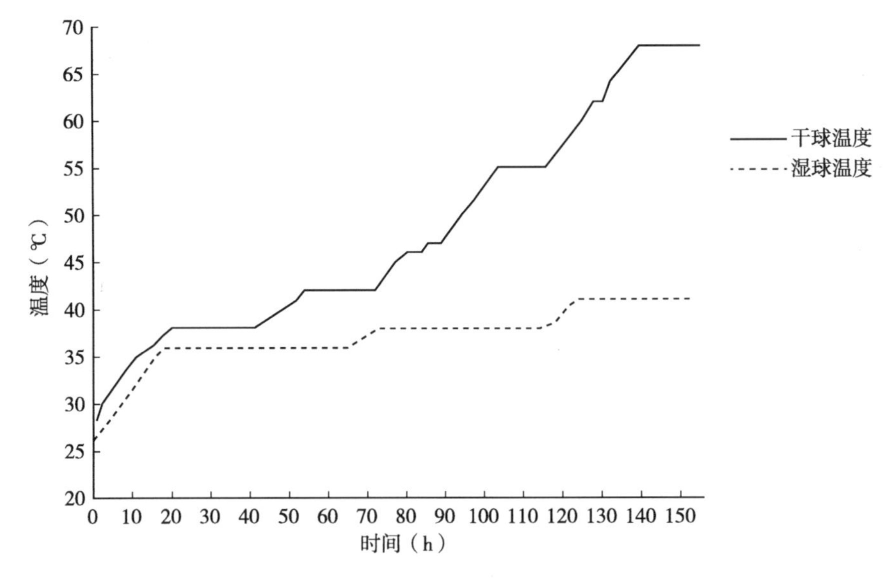

图 7－6　K326 上部叶烘烤工艺曲线图（第三炉）

表 7－6　K326 上部叶烤后烟叶等级结构调查

烘烤炉数	上等烟比例（%）	上中等烟比例（%）	均价（元/kg）	正组烟叶比例（%）	杂色烟比例（%）	微带青烟比例（%）
第一炉	43.15	83.79	13.38	83.79	13.21	3.00
第二炉	62.21	89.31	15.18	89.31	9.69	1.00
第三炉	63.90	99.47	16.20	99.47	0.53	0

（四）讨论与结论

烘烤工艺必须与烟叶素质配套，即必须根据烟叶的具体烘烤特性灵活调整，才能确保烟叶烘烤质量，防止或减少挂灰烟。对于水分小的烟叶，要适当增加装烟密度，通过增加烤房装烟量来提高烤房内的空气相对湿度；在变黄阶段要采取“先拿色、后拿水”的烘烤策略，要大胆变黄、保湿变黄、甚至补湿变黄，提高烟叶各种水解酶活性，促进大分子物质充分、适度降解转化；定色阶段升温速度要慢，整个烘烤过程保持湿球温度稍高于正常烘烤工艺（宫长荣等，2003）。对于水分含量较大的烟叶，要适当减小编烟密度和装烟密度，在变黄阶段要采取“先拿水、后拿色”的烘烤策略，高温低湿脱水，适当降低湿球温度，使烟叶边变黄、边变软，防止出现硬变黄。对于各种逆境下生产的非正常烟叶，都要根据其烘烤特性制定适宜的烘烤工艺，才能防止或减少挂灰烟（宫长荣等，2003；薛焕荣等，1999）。

本研究通过对K326品种中部叶和上部叶的6炉烘烤试验，总结出了一套改进K326品种烟叶烘烤的工艺技术。经第二年烘烤验证试验证明，K326品种烟叶的这套烘烤工艺技术是可行的。现总结如下：

1. 变黄期

装烟后关闭地洞，天窗微开，烧火让气流上升，待气流上升到烤房顶部后，关闭天窗。用2～3h使干球温度上升至30℃，干湿球温度差保持在1～2℃。然后以每小时1℃的速度使干球温度上升至35～36℃，并稳温，使干湿球温度差保持在1～2℃。待底台烟叶叶尖变黄3～5cm时，再以每小时1℃的速度使干球温度上升至38℃，并稳温，干湿球温度差保持在2～3℃，直到底台烟叶达到7～9成黄，叶片发软（上部叶在这个温度要稳温并适当延长时间）。干球温度再以每小时0.5℃的速度上升至40～42℃，并稳温，干湿球温度差保持在4～5℃，直到底台烟叶全黄，主脉发软，叶尖卷曲（小卷筒）（上部叶在这个温度要稳温并适当延长时间），此时可以逐渐打开天窗和地洞进行排湿，但要注意速度不能太快。

2. 定色期

干球温度以每小时0.5℃的速度上升至46～47℃，并稳温，湿球温度保持在37～38℃，待底台烟叶进入大卷筒，顶台烟叶全黄，然后干球温度以每小时1℃的速度上升到54～55℃，并稳温，湿球温度保持在39～40℃。

3. 干筋期

干球温度再以每小时1℃的速度上升至65～68℃，并稳温，湿球温度保持在39～41℃，直至全炉烟叶干筋，最终干球温度不能超过68℃。

三、K326密集烘烤过程中变黄程度与升温速度技术研究

（一）研究背景

烟叶烘烤是影响烟叶品质的关键步骤，变黄期是基础，定色期和干筋期是稳定烟叶化学成分和感官质量、香气量、香气质和刺激性等的重要时

期（刘国顺，2003）。变黄期是增进和改善烟叶风格特点的重要阶段，这个时期是烟叶大分子物质降解、小分子物质形成的重要时期，也是烟叶外观质量形成的关键时期（刘腾江等，2015）；定色阶段是终止烟叶内部生理变化、固定烟叶品质并增进烟叶香气的工艺过程，也是烟叶品质形成的最关键时期，这个阶段也是技术操作最难掌控的时期（王松峰等，2012；詹军等，2012）。因此在变黄和定色阶段时，若烘烤不当，会严重影响烟叶的外观和内在品质以及经济价值（王伟宁等，2013），关于烘烤的研究也多集中于这两个阶段。江厚龙等（2012）研究认为，当变黄期和定色期均延长12h时，能有效提高烤后烟叶的品质。张真美等（2016）研究认为，延长变黄和定色时间各24h，能够有效促进新植二烯的积累；只延长变黄时间24h，烟叶的中性致香成分含量均明显增加；只延长定色时间24h，不利于香气质的形成。赵文军等（2015）发现，变黄后期的烘烤时间延长11h、定色后期烘烤时间延长4h，能够有效提高上、中等烟的比例，改善烟叶外观和内在品质。一般情况下，在上部烟叶烘烤过程中，烟叶在变黄期达到变黄要求后再延长8～12h，能够有效避免烟叶烤青。本书以K326品种为试验对象，对变黄期与升温速度技术进行初步探索，旨在为密集烘烤精准工艺的实施提供一定的理论依据。

（二）材料与方法

1. 试验地点与时间

试验于2017年在安宁八街开展。

2. 供试烟叶

供试烟叶为当地主栽特色品种K326，同一天移栽，田间管理一致；同时采摘，同时装炕；按照试验要求编烟和装炕；确保营养、部位、成熟度均衡一致。以从下部向上数10～12片的中部叶作为研究对象。烟叶编竿前要分类，保证每竿鲜烟叶素质一致，编竿均匀，每竿120～150片。编竿后，根据试验项目要求选取素质相同的20竿烟叶供试。对供试烟叶（连同烟竿）称重并挂牌标记。同一个试验各处理的烤房每房装烟密度要求统一，竿距10～12cm，保证每炕装烟4t。

3. 试验设计与处理

试验设置4个处理：CK（按当地常规烘烤工艺进行）；T1，变黄结束时烟叶8成黄后，以每3h 1℃的升温速度转入定色期升温定色；T2，变黄结束时烟叶9成黄后，以每2h 1℃的升温速度转入定色期升温定色；T3，变黄结束时烟叶9成黄后，以1℃/h的升温速度转入定色期升温定色。

以上各处理除试验设计的工艺参数不同外，其他工艺参数均按照当地常规烘烤工艺参数进行。

（三）结果与分析

1. 不同处理对K326烟叶内在化学成分的影响

由表7-7可知，与对照相比，3个处理总糖和还原糖含量均高于对照，而烟碱、总氮和淀粉含量均低于对照；各烟叶钾和氯含量差异较小。其中处理1和处理2烟叶化学成分协调性较好，这说明变黄期结束后慢升温有利于烟叶大分子物质降解，提升烟叶糖含量，降低淀粉含量，促进烟叶化学成分的协调性。

表7-7 不同处理K326烟叶化学成分含量比较（%）

处理	总糖	还原糖	烟碱	总氮	钾	氯离子	淀粉
CK	27.31	23.50	2.72	2.53	1.85	0.37	4.68
T1	33.24	28.50	2.51	2.18	1.77	0.29	2.54
T2	31.22	27.32	2.55	2.32	1.90	0.42	3.34
T3	29.33	25.81	2.61	2.44	1.72	0.38	4.06

2. 不同处理对K326烟叶感官质量的影响

由表7-8可知，与对照相比，其余3个处理烟叶感官质量评分总分均高于对照，且以处理1为最高，这说明适当降低变黄期后升温速度有利于提升烟叶感官质量，提升烟叶品质。

表7-8 不同处理K326烟叶感官质量比较

处理	香气质	香气量	杂气	浓度	刺激性	余味	燃烧性	灰色	总分
CK	7	6.5	6.5	6	6.5	6.5	7	6	39
T1	7.5	7	7	6.5	7	7	7	7	42
T2	7.5	6.5	6.5	6.5	6.5	6.5	7	6	40
T3	7	6.5	7	6.5	7	7	7	6.5	41

注：总分不含燃烧性和灰色。

（四）讨论与结论

烟叶烘烤过程的变黄期是潜香物质的主要转化和积累的重要阶段，烟叶变黄时间过短，内在大分子物质转化、分解不充分，一定程度上会降低烟叶香气物质含量，增加烟叶抽吸过程中的杂气和刺激性。反之，变黄时间过长，则内含物质过度消耗，烤后烟叶内在化学成分不协调，香气量不足，抽吸品质变差。因此，适宜的变黄时间是烤好烟叶的前提和基础（李堡等，2010；罗华等，2009；冉法芬等，2010）。另外，烟叶的变黄时间容易受到烤烟品种、鲜烟叶素质以及其他外在因素的影响，在实际烘烤操作中难以固定和复制，而根据烟叶的外在变黄程度来确定烟叶的变黄和转火时间具有可操作性（常爱霞等，2010；王爱华等，2008；王传义等，2008）。烘烤过程中，定色期升温速度对烤烟内在化学成分的协调性、香气物质含量和感官抽吸品质有明显的影响（詹军等，2011）。因此，烘烤过程中在变黄程度的最好时机，以最佳转火升温速度定色，对于确保烟叶烘烤质量具有重要意义。本研究综合各处理烟叶化学成分和感官质量评价，8成黄＋每3h 1℃的升温速度有利于提升烤后烟叶品质。

四、K326品种烟叶烘烤过程中调香技术试验研究

（一）不同香料植物材料添加方式对K326烟叶质量的影响研究

1. 研究背景

香气物质的构成及含量是衡量烟叶质量和工业可应用性的重要指标，也是衡量烟叶香气状况最有效、最直接的指标（史宏志等，2011）。烟叶的香气质量和烟叶致香成分的含量有着密切的关系，定性定量分析烟叶中的致香成分，能比较客观、准确的评价烟叶质量（詹军等，2013）。近年来，随着密集烤房的大面积推广和“降焦减害”的不断深入，烟叶香气量不足、香气质下降、吃味欠佳已成为制约卷烟品牌价值提升的主要因素。如何提高烟叶香气量、香气质及吃味一直是烟草研究的重要领域，也获得了多方面的研究成果，如在烟叶生产中配合施用有机肥，合理把握烟叶采收时间以提高成熟度，在调制过程中采用变频技术优化烘烤工艺等，均能

提高烤烟香气物质含量、改善烟叶品质（杨夏孟，2012；刘勇等，2012；彭玉富等，2011；刘闯等，2011；张晓远等，2009；王柱石等，2014）。

天然香料植物具有独特浓郁的芳香气味（王淑敏等，2006），墨红玫瑰香味纯正、浓烈，具有丝绒一样的质感（石俊峰等，2008），其精油是高档卷烟中常见的调香剂，能赋予卷烟清新自然的花香，使香气优雅，降低刺激，提升舒适感。薰衣草全株略带木头甜味的清淡香气，其精油具有清香带甜的花香，香气透发、持久，可增加烟气丰富细腻度，柔和烟香（陆宗鲁等，2009）。有关香料植物在卷烟调香中的应用研究，多集中在精油的提取工艺和卷烟配方上，关于烘烤过程中添加香料植物墨红玫瑰和薰衣草来改善烟叶香气质量的研究鲜有报道。鉴于调制过程是烟叶香气前体物降解，香气物质形成及转化的最重要阶段（赵会纳等，2015），在此过程中会产生许多致香成分，其含量或增加或减少甚至消失（刘晓迪等，2013；王爱华等，2010；王岚等，2008），笔者通过在烘烤过程采用不同的外源香料植物及不同的添加方式，探讨不同香料植物及不同添加方式对烤后烟叶致香成分及感官评吸质量的影响，旨在为提高烟叶香气质量提供新途径及理论依据。

2. 材料与方法

（1）试验材料。供试香料植物为采自昆明市安宁市八街镇当季生长正常的墨红玫瑰和薰衣草。香料植物的调香部分（墨红玫瑰为花瓣，薰衣草为穗状花序）均于晴朗天气早晨带露水采摘，供试香料植物精油为采用水蒸气蒸馏法提取所得，香料植物风干样为自然通风干燥的花瓣和穗状花序。供试烤房为气流自然上升式普通烤房，2 路 5 棚，装烟室规格为 5m×2.7m×2.7m。供试烟叶为烤烟 K326 中部叶，田间管理按昆明市优质烤烟栽培生产技术规范进行，烟叶成熟时按照叶位采收。气质联用分析仪为美国安捷伦公司的 Agilent GC6890N/MS5975I。

（2）试验设计。试验于 2016 年在昆明市安宁市八街镇摩所营村进行，烟叶按成熟标准采收后，挑选成熟度、大小基本一致的叶片，按每竿 120～130 片绑竿。各处理烟叶采自同一地块，并在同一天内完成采收、编烟、装炕与开烤。通过参考香料植物精油与烟叶配伍性试验结果及文献（詹军等，2013），确定香料植物新鲜样和风干样的添加比例为：每千克鲜烟叶 0.004kg 花，精油为：0.06mL/kg（表 7－9）。将各处理所需的香料植物新鲜样、风干样平分装入4个圆形竹筐内摊薄（香料植物精油稀释5倍后平分装入4个烧杯），在点火前将盛有香料植物新鲜样、风干样、精油的竹筐或烧杯悬挂于烤房底棚四周，悬挂高度距烤房地面600mm。各处理烘烤工艺均严格按三段式烘烤工艺进行。烘烤结束、回潮后，每个烤房上、中、下位置的烟竿单独标记、分级，各取C3F烟叶样品1kg，制作混合样，各处理重复3次。样品混匀后送检，进行致香成分的检测和感官评吸评价。

表7-9　不同香料植物及添加方式试验设计

试验处理	香料植物品种	添加方式	1kg鲜烟叶添加量
T1	墨红玫瑰	香料植物新鲜样	0.004kg花
T2		香料植物自然风干样	0.004kg花
T3		香料植物精油	0.06mL
T4	薰衣草	香料植物新鲜样	0.004kg花
T5		香料植物自然风干样	0.004kg花
T6		香料植物精油	0.06mL
CK	无	无	无

（3）测定项目与方法。

①致香成分的提取及分析。样品处理、致香成分提取与GC/MS分析条件参考文献（詹军等，2011）的方法进行。

②烟叶评吸鉴定。将各处理烟叶切丝后卷制成长70mm、圆周为27.5mm的标准烟支，经过平衡水分后，由红云红河烟草（集团）有限责任公司评吸专家根据国标《卷烟感官技术要求》（GB/T 5606.4—2005），对样品的感官质量进行评吸，并按云南中烟工业有限责任公司技术中心单体烟叶感官质量评吸表，对香韵（满分35分，即清香5分、焦香5分、甜香5分、干草香5分、烘烤香5分、果香5分、其他5分）、香气特征（满分55分，即愉悦性10分、香气量10分、透发性5分、细腻5分、绵延5分、甜度10分、杂气10分）、烟气特征（满分35分，即浓度10分、劲头5分、柔润5分、成团5分、刺激性10分）、口感特征（满分20分，即干净度10分、津润感5分、回味5分）进行评分。

（4）数据处理与分析。采用MICROSOFT EXCEL 2010和SPSS 17.0

进行数据整理和分析；采用Duncan法进行多重比较。

3. **结果与分析**

(1) 不同香料植物添加方式对K326烟叶苯丙氨酸类致香物质含量的影响。由表7-10可知，苯丙氨酸类致香成分总含量表现为T2＞T6＞T4＞CK、T2、T6、T4＞T5、T1＞T3，T3显著低于CK。苯甲醛、苯甲醇、苯乙醇和苯乙醛是苯丙氨酸类致香物质中最主要的4种香气物质，试验表明，苯甲醛含量T2和T4处理中较高，苯甲醇含量T3处理显著低于其他处理，其他处理之间差异不显著，苯乙醛含量在T2和T6处理中较高，显著高于T1、T5、CK。综合来看，烘烤过程中添加墨红玫瑰风干样(T2)、薰衣草新鲜样（T4）和薰衣草精油（T6）的处理有利于苯丙氨酸类致香物质的形成和积累，其他处理对苯丙氨酸类致香物质的形成和积累无明显影响。

表7-10 不同处理烤后K326烟叶苯丙氨酸类致香物质的含量比较（μg/g）

指标	T1	T2	T3	T4	T5	T6	CK
苯甲醛	0.08ab	0.09b	0.05a	0.10b	0.06a	0.08ab	0.08ab
苯甲醇	4.59b	4.96b	2.98a	5.37b	5.08b	5.08b	5.60b
苯乙醛	0.19a	0.95c	0.33ab	0.67bc	0.17a	0.82c	0.15a
苯乙醇	1.40a	1.72b	1.24a	1.85b	1.32a	1.75b	2.19c
吲哚	0.24b	0.26bc	0.24b	0.22b	0.24b	0.29c	0.13a
2-甲氧基-4-乙烯基苯酚	1.32a	1.10a	1.18a	1.18a	1.32a	1.59b	2.09b
丁基化羟基甲苯	0.11a	0.15a	0.13a	0.12a	0.14a	0.13a	0.14a
邻苯二甲酸二丁酯	0.86b	0.89bc	1.09c	0.67ab	0.48a	0.52a	0.66ab
合计	8.79ab	10.12b	7.24a	10.18b	8.81ab	10.26b	11.04b

注：同行不同小写字母表示差异达0.05显著水平；下同。

(2) 不同香料植物添加方式对K326烟叶美拉德反应产物含量的影响。由表7-11可知，美拉德反应产物总含量在T3处理中最高，其显著高于T1和T4处理，而T2、T5、T6和CK处理无明显差异。对各物质含量进行分析可知，糠醛、5-甲基糠醛和2，3-二氢苯并呋喃各处理间无显著差异；1-(2-呋喃基)-乙酮、2-吡啶甲醛含量T3处理最高；3-羟基-2-丁酮、4-吡啶甲醛和胡薄荷酮含量CK处理最高。综合来看，烘烤过程中除添加薰衣草新鲜样（T4）的处理，美拉德反应产物总量显著低于CK外，其他处理相比CK无明显差异；其中，添加墨红玫瑰风干样（T2）和精油（T3）的处理，美拉德反应产物总量略高于其他处理。试验表明上述几种香料植物添加方式对烤烟美拉德反应产物的形成和积累无明显促进作用。

表7-11　不同处理烤后K326烟叶美拉德反应产物的含量比较（μg/g）

美拉德反应产物	T1	T2	T3	T4	T5	T6	CK
1-戊烯-3-酮	0.11b	0.07a	0.11b	0.09ab	0.09ab	0.11b	0.11b
3-羟基-2-丁酮	0.17a	0.18a	0.21ab	0.27bc	0.30cd	0.29bcd	0.36d
3-甲基-1-丁醇	0.29ab	0.68d	0.45cd	0.34ab	0.53cd	0.25a	0.58cd
吡啶	0.40ab	0.44b	0.44b	0.41ab	0.39ab	0.36a	0.44b
3-甲基-2-丁烯醛	0.08a	0.17c	0.10ab	0.14bc	0.11ab	0.13bc	0.15bc
己醛	0.07a	0.09a	0.09a	0.10a	0.06a	0.07a	0.09a
2-甲基四氢呋	0.17ab	0.13ab	0.26c	0.09a	0.16ab	0.14ab	0.18b
糠醛	1.30a	1.18a	1.49a	1.15a	1.26a	1.06a	1.14a
糠醇	0.35a	0.42abc	0.46bc	0.33a	0.46bc	0.38ab	0.49c
1-(2-呋喃基)-乙酮	0.07b	0.07ab	0.10c	0.04a	0.05ab	0.06ab	0.05ab
2-吡啶甲醛	0.05a	0.06bc	0.07c	0.05ab	0.06abc	0.06abc	0.05ab
糠酸	0.13a	0.15ab	0.17ab	0.17ab	0.16ab	0.19b	0.19b
5-甲基糠醛	0.07a	0.07a	0.10a	0.06a	0.05a	0.06a	0.06a
4-吡啶甲醛	0.03ab	0.05cd	0.04bc	0.03a	0.04abc	0.04ab	0.06d
1H-吡咯-2-甲醛	0.02a	0.02ab	0.03abc	0.04c	0.03abc	0.03abc	0.03bc
1-(1H-吡咯-2-基)-乙酮	0.63ab	0.65ab	0.71bc	0.42a	0.64ab	0.92c	0.62ab
苯并[b]噻酚	0.05a	0.03a	0.05a	0.05a	0.05a	0.05a	0.04a
胡薄荷酮	0.10ab	0.12b	0.08a	0.13bc	0.12b	0.12b	0.15c
2，3-二氢苯并呋喃	0.20a	0.21a	0.20a	0.14a	0.19a	0.15a	0.20a
2，3′-联吡啶	0.13b	0.32c	0.17b	0.07a	0.15b	0.16b	0.27c
合计	4.42ab	5.11bc	5.34c	4.11a	4.90bc	4.63abc	5.26c

（3）不同香料植物添加方式对K326烟叶类胡萝卜素类降解产物含量的影响。由表7-12可知，类胡萝卜素降解产物产生的香味阈值相对较低，对香气贡献大，其中关键致香成分有β-大马酮、β-二氢大马酮、巨

豆三烯酮、氧化异佛尔酮和3-氧代-α-紫罗兰醇等。试验表明，类胡萝卜素类降解产物总含量T2处理显著高于其他处理及CK，T4和T5处理显著低于CK，T1、T3和T6处理与CK相比无明显差异。β-大马酮、β-紫罗兰酮、巨豆三烯酮B、巨豆三烯酮C、巨豆三烯酮D含量T2处理最高；β-二氢大马酮、香叶基丙酮、二氢猕猴桃内酯含量T1处理最高；3-氧代-α-紫罗兰醇含量T4处理最高，且显著高于CK；氧化异佛尔酮、藏花醛含量CK最高。综合来看，烘烤过程中添加墨红玫瑰风干样（T2）有利于类胡萝卜素类降解产物的形成和积累，而添加薰衣草新鲜样（T4）和风干样（T5）对类胡萝卜素类降解产物的形成和积累有不利影响。

表7-12　不同处理烤后K326烟叶类胡萝卜素类降解产物的含量比较（μg/g）

指标	T1	T2	T3	T4	T5	T6	CK
2-环戊烯-1,4-二酮	0.16bc	0.14ab	0.18c	0.13a	0.15abc	0.17bc	0.16bc
6-甲基-5-庚烯-2-酮	0.15a	0.24b	0.17a	0.15a	0.15a	0.16a	0.20ab
2,4-庚二烯醛A	0.12ab	0.04a	0.09ab	0.15b	0.06a	0.14b	0.04a
2,4-庚二烯醛B	0.13cd	0.06ab	0.11bcd	0.16d	0.07abc	0.13cd	0.05ab
氧化异佛尔酮	0.25ab	0.20ab	0.25ab	0.29b	0.28b	0.16a	0.42c
藏花醛	0.08a	0.14bc	0.06a	0.10ab	0.08a	0.10ab	0.16c
β-大马酮	3.39bc	3.55c	3.12abc	2.95ab	3.10abc	3.23bc	2.64a
β-二氢大马酮	1.06b	1.06b	0.83a	0.97ab	0.94ab	0.99ab	0.92ab
香叶基丙酮	0.78c	0.65abc	0.66abc	0.47a	0.58abc	0.55ab	0.68bc
β-紫罗兰酮	1.25a	1.98b	1.32a	1.44ab	1.29a	1.50ab	1.95b
二氢猕猴桃内酯	0.64b	0.46a	0.49ab	0.40a	0.42a	0.51ab	0.55ab
巨豆三烯酮A	0.72ab	0.95c	0.97c	0.56a	0.63a	0.65a	0.89bc
巨豆三烯酮B	2.66a	4.05b	2.90a	2.33a	2.30a	2.52a	3.19a
巨豆三烯酮C	0.75a	1.06b	0.82a	0.71a	0.75a	0.82a	0.90ab
巨豆三烯酮D	2.65ab	4.07c	2.74ab	2.48a	2.32a	3.00ab	3.31b
3-氧代-α-紫罗兰醇	0.17bc	0.11ab	0.07a	0.33d	0.19c	0.17bc	0.18bc
金合欢基丙酮A	4.70ab	6.35c	4.54ab	4.10a	4.99ab	4.21a	5.60bc
金合欢基丙酮B	0.14a	0.19ab	0.22ab	0.15a	0.22ab	0.23ab	0.25b
合计	19.66ab	25.30c	19.54ab	17.87a	18.52a	19.24ab	22.09b

（4）不同香料植物添加方式对K326烟叶西柏烷类降解产物含量的影响。由表7-13可知，西柏烷类是烟叶腺毛分泌物的重要成分，其中茄酮是烟草中含量较丰富的中性香味物质。试验表明，西柏烷类降解产物总含量T2和CK处理显著高于其他5个处理，其中T2处理最高，T1处理最低。对各物质含量进行分析可知，芳樟醇含量T6处理最高；茄酮、西柏三烯二醇含量T2处理最高；茄那士酮、植醇含量CK最高。综合来看，烘烤过程中添加墨红玫瑰风干样（T2）有利于西柏烷类降解产物的形成和积累，而添加墨红玫瑰新鲜样（T1）、墨红玫瑰精油（T3）及薰衣草新鲜样（T4）、薰衣草风干样（T5）、薰衣草精油（T6）对烤烟西柏烷类降解产物的形成和积累有不利影响。

表7-13　不同处理烤后K326烟叶西柏烷类降解产物的含量比较（μg/g）

指标	T1	T2	T3	T4	T5	T6	CK
丁内酯	0.07ab	0.06a	0.07ab	0.08bc	0.09c	0.10c	0.10c
芳樟醇	0.15b	0.17b	0.10a	0.18bc	0.17b	0.22c	0.15b
茄酮	5.42a	11.18c	6.78ab	7.83b	5.97a	5.91a	8.17b
降茄二酮	0.24a	0.39b	0.18a	0.18a	0.24a	0.18a	0.39b
茄那士酮	0.70a	1.31b	0.31a	0.25a	0.39a	0.82ab	3.01c
植醇	1.57a	1.94bc	2.13c	1.65ab	1.84abc	1.90abc	2.15c
西柏三烯二醇	4.46a	22.14c	11.53ab	11.15ab	11.47ab	15.47bc	19.59c
合计	12.61a	37.19c	21.10ab	21.32ab	20.17ab	24.60b	33.56c

（5）不同香料植物添加方式对K326烟叶类酯类降解产物含量的影响。由表7-14可知，类酯类降解产物总含量T6处理显著高于CK，T3、T2和T3处理略高于CK，但差异不显著，而T1处理显著低于其他处理。棕榈酸、棕榈酸乙酯、寸拜醇（$C_{20}H_{34}O$）、亚麻酸甲酯含量T6处理最高；棕榈酸甲酯含量T4处理最高；壬醛含量T1、T3处理显著低于T2，其他处理间无显著差异。综合来看，烘烤过程中添加薰衣草精油（T6）能显著提高烤烟类酯类降解产物含量，添加墨红玫瑰精油（T3）、薰衣草新鲜样（T4）、薰衣草风干样（T5）和墨红玫瑰风干样（T2）对烤烟类酯类降解产物的形成和积累作用不明显，而添加墨红玫瑰新鲜样（T1）不利于烤烟类酯类降解产物的形成和积累。

表7-14 不同处理烤后K326烟叶类酯类降解产物的含量比较（μg/g）

类酯类降解产物	T1	T2	T3	T4	T5	T6	CK
壬醛	0.13a	0.20b	0.13ab	0.18ab	0.14ab	0.17ab	0.17ab
1-(3-吡啶基)-乙酮	0.03a	0.06ab	0.04a	0.03a	0.04ab	0.04ab	0.07c
2,6-壬二烯醛	0.20abc	0.11a	0.25bc	0.12ab	0.26c	0.16abc	0.45d
十四醛	3.18c	2.67bc	0.89a	2.00ab	1.22a	1.16a	1.57ab
棕榈酸甲酯	0.88a	0.81a	1.29cd	1.31d	1.08b	1.11bc	1.13bcd
棕榈酸	0.91a	0.91a	1.37a	1.36a	1.94b	2.10b	1.06a
棕榈酸乙酯	1.15a	0.95a	1.97b	1.41a	2.26b	2.26b	1.37a
寸拜醇	3.12a	5.94bc	5.78bc	4.81b	5.13b	7.05c	5.00b
亚麻酸甲酯	3.44a	6.08bc	7.15c	5.35b	5.83bc	7.45c	6.47bc
合计	13.05a	17.72b	18.87bc	16.55b	17.89b	21.05c	17.27b

（6）不同香料植物添加方式对K326烟叶其他致香成分含量和总量的影响。由表7-15可知，与CK相比，添加香料植物各处理烤后烟叶新植二烯含量均大幅提高，致香成分总量表现为T2、T5＞T3、T6、T4、T1＞CK，其中T2和T5处理显著高于CK。除新植二烯外，其他致香成分的总量T2处理最高，其次为CK和T6处理，而T1处理显著低于其他处理。其他类致香成分中2-戊基呋喃含量CK最高，2-甲氧基-苯酚、3-(1-甲基乙基)（1H）吡唑［3,4-b］吡嗪含量各处理间无明显差异，肉豆蔻酸甲酯T4处理显著高于其他处理，肉豆蔻酸T2处理显著高于其他处理。综合来看，密集烘烤过程中添加香料植物能大幅提高新植二烯的含量，致香成分总含量也随之提高；其中，添加墨红玫瑰风干样（T2）和薰衣草风干样（T5）对提高新植二烯含量和致香成分总含量有显著效果，其次为添加薰衣草精油（T6）的处理。

表7-15 不同处理烤后K326烟叶其他致香成分含量和总量比较（μg/g）

致香成分	T1	T2	T3	T4	T5	T6	CK
2-戊基呋喃	0.25a	0.25a	0.24a	0.30a	0.28a	0.20a	0.42b
2-甲氧基-苯酚	0.04ab	0.11b	0.02a	0.05ab	0.04ab	0.05ab	0.05ab
3-(1-甲基乙基)（1H）吡唑［3,4-b］吡嗪	1.62c	1.20a	1.19a	1.38abc	1.24ab	1.48bc	1.44abc

（续）

致香成分	T1	T2	T3	T4	T5	T6	CK
肉豆蔻酸甲酯	0.06a	0.19b	0.13ab	0.56d	0.13ab	0.17b	0.26c
肉豆蔻酸	0.07a	0.23c	0.17bc	0.07a	0.11ab	0.05a	0.15b
新植二稀	641.71ab	758.77b	639.30ab	637.10ab	715.47b	680.54ab	523.33a
致香物质总量（除新植二烯）	60.56a	97.43d	73.84b	72.41b	72.10b	82.18bc	91.56cd
致香物质总量	702.26ab	856.23b	713.14ab	709.51ab	787.60b	762.68ab	614.86a

注：致香物质问题＝笨丙氨酸类总量＋美拉德反应产物总量＋类胡萝卜类降解产物总量＋类西柏烷类物质总量＋其他致香物质总量＋新植二烯，下同。

（7）不同香料植物添加方式对 K326 烟叶感官评吸质量的影响。从感官评吸结果看（表 7－16），T3 处理清香、甜香、干草香较好，香气愉悦性尚好，香气细腻，杂气较轻，甜度、柔润感、津润感较好，综合得分最高；T2 处理清香、甜香、干草香较好，香气量尚足，香气透发性、绵延性较好，甜度、浓度较好，综合得分略低于 T3 处理；T4 处理焦香稍显，甜香、干草香和烘烤香稍欠，香气愉悦性不佳、香气量不足，青杂气重，得分最低。与 CK 相比，添加墨红玫瑰的 3 个处理香韵得分和香气特征得分较高，清香、甜香、愉悦性和甜度较好，余味舒适；添加薰衣草新鲜样的处理（T4）青杂气重，掩盖其他香气，香韵得分和香气特征得分较低。综合来看，添加墨红玫瑰的 3 个处理及薰衣草风干样和精油的处理感官评吸得分高于 CK，其中添加墨红玫瑰精油的处理（T3）感官评吸质量最好，其次为添加墨红玫瑰风干样的处理（T2）。对比添加墨红玫瑰的 3 个处理和薰衣草的 3 个处理发现，添加墨红玫瑰的处理整体效果好于添加薰衣草的处理。

表 7－16　不同处理烤后 K326 烟叶感官评吸质量得分

处理	香韵	香气特征	烟气特征	口感特征	合计
T1	14.0	36.0	21.0	13.5	84.5
T2	15.5	37.5	22.5	12.5	88.0
T3	14.5	37.5	22.5	14.5	89.0
T4	11.5	33.0	20.5	12.5	77.5
T5	10.5	34.5	21.0	14.0	80.0

（续）

处理	香韵	香气特征	烟气特征	口感特征	合计
T6	12.0	33.5	21.5	14.0	81.0
CK	13.5	33.5	20.5	11.5	79.0

4. 讨论与结论

致香物质是影响烟叶质量的重要化学成分，其含量多少常被用来衡量烟叶香气的强弱（刘彩云等，2010）。新植二烯是烤烟中性致香物质中含量最高、最重要的香气成分，其本身具有青果香或清香，烟叶燃烧时可直接进入烟气，可醇和烟气并减轻刺激性，还可进一步分解转化为具有清香气息的植物呋喃，增进烤烟的香吃味（乔新荣等，2008；周昆等，2008）。烟叶烘烤的过程是香气前体物降解、香气物质形成及转化的主要时期，烘烤进程的推移和烤房环境条件的变化，都会直接影响到烟叶香气物质的消长变化，根据烟叶内在特性调节烘烤过程的烤房环境条件，能够改善烟叶品质（訾莹莹等，2011）。研究表明，在烘烤过程中添加墨红玫瑰和薰衣草的新鲜样、风干样及精油，有利于新植二烯的形成与积累，而对苯丙氨酸类致香物质、美拉德反应产物和西柏烷类降解产物的形成与积累无明显促进作用，烤后烟叶致香成分总含量大幅增加，烟叶吸食品质得到改善（添加薰衣草新鲜样的处理除外）。笔者推测，由于在烘烤过程中香料植物挥发性成分散布于整个烤房，改变了烤房内部气体环境，在烟叶进行复杂的生理生化反应中，这些挥发性成分对烟叶内部某些化学物质的降解与转化起到了促进或抑制的作用，致使烤后烟叶致香成分发生变化，新植二烯含量显著增加，香吃味得到改善。但由于上述两种香料植物所含挥发性成分有差异，及不同形态香料植物在烘烤过程中挥发性成分的散发规律不同，造成烤后烟叶香气质量和感官质量的不同；薰衣草过多的凉香也可能掩盖了其他香气，进而影响了烟叶的抽吸品质；另外香料植物新鲜样在烘烤变黄期的低温高湿环境中更容易腐烂，可能也是造成烤后烟叶致香成分总含量和感官评吸得分偏低的原因之一。本实验结果和詹军等研究结果不完全一致，可能是香料植物的添加量、添加方式的差异，对部分烤烟致香物质的形成与积累作用不完全相同导致的。

目前，有关烘烤过程中外源香料植物对烟叶品质影响的机理尚不清楚，而且经烘烤调香后烟叶的香气在复烤、醇化及制丝过程中的变化还未进行跟踪研究，从而影响了该方法的应用，这也是下一步研究的重点，以便为烘烤调香的推广应用提供指导。

本试验结果表明，在烟叶烘烤过程中添加墨红玫瑰和薰衣草可以提高烤后烟叶致香物质含量，使吸食品质得到改善；但不同的香料植物及添加方式对烟叶烘烤质量的影响不同，添加墨红玫瑰的处理烤后烟叶感官质量优于添加薰衣草的处理，而添加墨红玫瑰精油对烟叶香气质量的改善效果最好，其次为墨红玫瑰风干样。

（二）不同墨红玫瑰材料添加量对 K326 烟叶质量的影响研究

1. 研究背景

为了提高中式卷烟的香气及其特有的风格特征，在卷烟生产过程中常添加天然香料植物或合成的香精香料来修饰和突出烟叶本身的烟香风味，但现有的加香技术尚不能满足中式卷烟的发展需求。目前，有关香料植物在卷烟调香中的应用研究多集中在卷烟配方上，关于烘烤过程中添加香料植物来改善烟叶香气质量的研究报道极少。烘烤调制过程作为烟叶香气前体物降解、香气物质形成及转化的主要时期（赵会纳等，2015），在此过程中烟叶内大分子有机物质经酶的作用不断分解转化与消耗，小分子有机物质不断积累，许多致香成分的含量或增多或减少，有的甚至消失（刘晓迪等，2013；王爱华等，2010；王岚等，2008），烤烟香气、吃味和劲头逐渐形成。并且在烘烤过程中改善烤房内部的环境状况（温度、湿度及风速），能一定程度上提高烤后烟叶致香物质含量、改善烟叶品质（詹军等，2011；王柱石等，2014）。詹军等（2013）研究表明，密集烘烤过程中添加外源香料植物对烤后烟叶香气质量有较大影响，但针对外源香料植物不同添加方式、不同添加量对烤后烟叶质量的影响还未做进一步的探索和研究。鉴于墨红玫瑰是一种具有浓郁芳香气味的天然香料植物，其香味纯正而浓烈，具有丝绒一般的质感（时俊峰等，2008），其精油可用作高档卷烟的调香剂，能赋予卷烟清新自然的花香，使香气优雅、舒适，笔者通过添加墨红玫瑰的鲜花、干花、精油及按不同比例分别添加，探讨烘烤过程中外源香料植物不同添加方式和添加量对烤后烟叶致香成分及感官评吸质量的影响，旨在为提高烟叶香气质量和吸食品质提供新途径及理论依据。

2. 材料与方法

（1）试验材料。供试香料植物为安宁市八街镇当季生长正常的墨红玫瑰，香料植物的调香部分（花瓣）均于晴朗天气早晨带露水采摘，一部分置于自然通风处风干，一部分采用水蒸气蒸馏法提取精油。供试烤房为 2 路 5 棚的气流自然上升式普通烤房，装烟室规格为 5m×2.7m×2.7m。供试烟叶为烤烟 K326 中部叶（第 10～12 叶位），田间管理依昆明市优质烤烟栽培生产技术规范进行，烟叶成熟采收。气质联用分析仪为 Agilent GC6890N/MS5975I（美国安捷伦公司）。

（2）试验设计。试验于 2016 年在昆明市安宁市八街镇摩所营村进行，烟叶按成熟标准依叶位采收后，挑选成熟度、大小基本一致的叶片，按每竿 130 片绑竿。各处理烟叶采自同一连片地块，并在同一天内完成采收、编烟、装炕与开烤，各烤房装烟标准一致。选取墨红玫瑰干花、鲜花、精油进行试验，各处理添加方式及添加量详见表 7－17。

表 7－17　墨红玫瑰添加方式及添加量

试验处理	香料植物品种	添加方式	添加量
T1			1kg 鲜烟叶添加 0.001kg 干花
T2	墨红玫瑰	干花	1kg 鲜烟叶添加 0.002kg 干花
T3			1kg 鲜烟叶添加 0.004kg 干花
T4			1kg 鲜烟叶添加 0.001kg 鲜花
T5	墨红玫瑰	鲜花	1kg 鲜烟叶添加 0.002kg 鲜花
T6			1kg 鲜烟叶添加 0.004kg 鲜花
T7			1kg 鲜烟叶添加 0.015mL
T8	墨红玫瑰	精油	1kg 鲜烟叶添加 0.03mL
T9			1kg 鲜烟叶添加 0.06mL
CK	无	无	无

按试验设计要求将各处理墨红玫瑰鲜花、干花平分装入 4 个圆形竹筐内摊薄，将墨红玫瑰精油稀释 5 倍后平分装入 4 个开口玻璃瓶，在点火前将盛有墨红玫瑰鲜花、干花或精油的竹筐或玻璃瓶悬挂于烤房底棚四周，

悬挂高度距烤房地面600～800mm。各处理烘烤工艺按三段式烘烤工艺进行。烘烤结束、回潮后，每个烤房下、中、上位置的烟竿单独标记、分级，各取C3F烟叶样品1.0kg，制成混合样，各处理3次重复。样品混匀后，将每片烟叶去除叶尖和叶基部各1/3部分后沿主脉一分为二，一半烟叶除去主叶脉后测其化学物质；另一半烟叶切丝混匀卷烟作为评吸样品（董淑君等，2015）。

（3）测定项目与方法。

①致香成分的提取及分析。样品的处理和致香成分提取与GC/MS分析条件参考文献（詹军等，2011）中的方法进行，内标化合物采用乙酸苯甲酯。

②烟叶评吸鉴定。将各处理烟叶切丝后卷制成标准烟支，经过平衡水分后，由红云红河烟草（集团）有限责任公司评吸专家依《卷烟感官技术要求》（GB/T 5606.4—2005）对样品的感官质量进行评吸，并按云南中烟工业有限责任公司技术中心单体烟叶感官质量评价表，对香韵（满分35分，即清香5分、焦香5分、甜香5分、干草香5分、烘烤香5分、果香5分、其他5分）、香气特征（满分55分，即愉悦性10分、香气量10分、透发性5分、细腻5分、绵延5分、甜度10分、杂气10分）、烟气特征（满分35分，即浓度10分、劲头5分、柔润5分、成团5分、刺激性10分）、口感特征（满分20分，即干净度10分、津润感5分、回味5分）进行评分。

（4）数据处理与分析。采用MICROSOFT EXCEL 2010和SPSS 17.0进行数据整理和分析；选用Duncan法进行多重比较。

3. 结果与分析

（1）不同墨红玫瑰材料添加量对K326苯丙氨酸类致香成分含量的影响。由表7-18可知，T9处理的苯丙氨酸类致香物质总含量显著高于其他处理；T3、T4、T6和T7处理显著低于CK；T1、T2、T5和T8处理与CK差异不明显。苯甲醛、苯甲醇、苯乙醛、苯乙醇、吲哚含量T9处理最高，邻苯二甲酸二丁酯含量T7处理最高。除T9处理外，其他处理对苯丙氨酸类致香物质的形成和积累无明显促进作用。

表 7-18 不同处理烤后 K326 烟叶苯丙氨酸类致香物质的含量比较（μg/g）

指标	T1	T2	T3	T4	T5	T6	T7	T8	T9	CK
苯甲醛	0.14de	0.11bcde	0.08ab	0.10abc	0.13cde	0.10abcd	0.07a	0.11bcde	0.14e	0.08ab
苯甲醇	5.76bcd	6.08cd	5.23bc	4.78b	6.06cd	5.62bcd	3.49a	5.06bc	9.08e	6.76d
苯乙醛	0.32ab	0.29ab	0.12a	0.52bc	0.30ab	0.34abc	0.19a	0.55bc	0.58c	0.20a
苯乙醇	2.26ef	2.08cde	1.80bc	1.83bcd	2.14def	1.58b	1.23a	2.21ef	2.47f	2.29ef
吲哚	0.36de	0.29bc	0.25ab	0.33cde	0.37de	0.32cd	0.35cde	0.39e	0.39e	0.22a
2-甲氧基-4-乙烯基苯酚	1.54cd	1.21abc	1.27abc	1.74d	1.54cd	1.11ab	1.05a	1.39bc	1.55cd	1.16ab
丁基化羟基甲苯	0.09a	0.13abc	0.14abc	0.13abc	0.12ab	0.23cd	0.24d	0.28d	0.20bcd	0.21bcd
邻苯二甲酸二丁酯	0.80ab	0.76ab	0.79ab	0.62ab	0.54a	0.92bc	1.65e	1.21cd	1.46de	1.50de
合计	11.27bc	10.98bc	9.68ab	10.05ab	11.20bc	10.22b	8.27a	11.20bc	15.87d	12.42c

（2）不同墨红玫瑰材料添加量对 K326 美拉德反应产物含量的影响。由表 7-19 可知，美拉德反应产物总含量 T7 处理显著高于 CK，其他处理相比 CK 无明显差异。对各物质含量进行分析可知，3-甲基-1-丁醇、吡啶、己醛、胡薄荷酮含量 T9 处理最高；糠醛、糠醇、1-(2-呋喃基)-乙酮、糠酸、5-甲基糠醛含量 T7 处理最高；3-甲基-2-丁烯醛含量 CK 最高；1-戊烯-3-酮和 1-(1H-吡咯-2-基)-乙酮含量 T1 处理最高。总体上，烘烤过程中添加墨红玫瑰精油的各处理，美拉德反应产物高于添加墨红玫瑰鲜花和干花的各处理及 CK。

（3）不同墨红玫瑰材料添加量对 K326 类胡萝卜素类降解产物含量的影响。由表 7-20 可知，类胡萝卜素类降解产物总含量 T1、T5 和 T9 处理显著高于 CK，其中 T1＞T5＞T9；T2、T3 和 T6 处理显著低于 CK，其中 T3 含量最低，T2 和 T6 相当；其他处理与 CK 无明显差异。2,4-庚二烯醛 A、藏花醛、香叶基丙酮、二氢猕猴桃内酯和金合欢基丙酮 A 含量 T9 处理最高；2-环戊烯-1,4-二酮、2,4-庚二烯醛 B 和金合欢基丙酮 B 含量 T7 处理最高；β-大马酮、β-二氢大马酮、巨豆三烯酮 A、巨豆三烯酮 B、巨豆三烯酮 C、巨豆三烯酮 D 含量 T1 处理最高；氧化异佛尔酮、β-紫罗兰酮含量 CK 处理最高。总体上，烘烤过程中添加适量的墨红玫瑰干花、鲜花、精油均有利于类胡萝卜素类降解产物的形成和积累，但随着

表 7-19　不同处理烤后 K326 烟叶美拉德反应产物的含量比较（μg/g）

指标	T1	T2	T3	T4	T5	T6	T7	T8	T9	CK
1-戊烯-3-酮	0.11d	0.09abcd	0.08ab	0.10cd	0.07a	0.10bcd	0.10abcd	0.10abcd	0.09abcd	0.08abc
3-羟基-2-丁酮	0.24a	0.32abc	0.42c	0.25a	0.33abc	0.24a	0.39bc	0.28ab	0.38bc	0.40bc
3-甲基-1-丁醇	0.37a	0.37a	0.32a	0.45ab	0.45ab	0.52b	0.56b	0.43ab	1.37d	1.12c
吡啶	0.42abc	0.42ab	0.39a	0.47cde	0.43abcd	0.39a	0.48de	0.45bcde	0.49e	0.45bcde
3-甲基-2-丁烯醛	0.10a	0.15abc	0.16abc	0.11ab	0.13ab	0.16abc	0.13ab	0.17bc	0.15abc	0.19c
己醛	0.07ab	0.08abc	0.06a	0.10bc	0.08abc	0.09abc	0.10c	0.09bc	0.11c	0.09abc
2-甲基四氢呋喃-3-酮	0.23c	0.11a	0.20bc	0.11a	0.13ab	0.06a	0.31d	0.20bc	0.14ab	0.11a
糠醛	1.27ab	1.17ab	1.05a	1.69bc	1.38ab	1.09ab	1.99c	1.39ab	1.31ab	1.20ab
糠醇	0.44a	0.34a	0.42a	0.53a	0.46a	0.38a	0.87b	0.50a	0.50a	0.31a
1-（2-呋喃基）-乙酮	0.07a	0.05a	0.06a	0.09ab	0.06a	0.05a	0.12b	0.09ab	0.06a	0.06a
2-吡啶甲醛	0.06a	0.05a	0.06a	0.06a	0.06a	0.06a	0.09bc	0.09b	0.10c	0.10c
糠酸	0.19abc	0.17a	0.20abc	0.20abc	0.17ab	0.18abc	0.31d	0.25bcd	0.23abc	0.25cd
5-甲基糠醛	0.08a	0.04a	0.04a	0.18ab	0.08a	0.05a	0.23b	0.09a	0.07a	0.05a
4-吡啶甲醛	0.05c	0.04a	0.04a	0.04ab	0.06c	0.04a	0.06c	0.05bc	0.05c	0.06c
1H-吡咯-2-甲醛	0.04c	0.02ab	0.02a	0.03bc	0.04c	0.05de	0.05e	0.04cde	0.04cd	0.04cde
1-（1H-吡咯-2-基）-乙酮	1.21e	0.52abc	0.62bc	0.40ab	0.88d	0.41ab	0.74cd	0.91d	0.73cd	0.36a
苯并［b］噻酚	0.05ab	0.05ab	0.04a	0.06b	0.06ba	0.07cd	0.11f	0.09e	0.08de	0.08de
胡薄荷酮	0.12a	0.13ab	0.13ab	0.16cde	0.16cde	0.14abc	0.15bcd	0.16cde	0.18e	0.18de
2，3-二氢苯并呋喃	0.21abcd	0.14a	0.17ab	0.20abc	0.21abcd	0.19abc	0.26bcd	0.30d	0.29cd	0.18ab
2，3′-联吡啶	0.21c	0.16ab	0.16ab	0.14a	0.28d	0.19bc	0.16ab	0.20bc	0.19bc	0.22c
合计	5.43ab	4.42a	5.00a	5.37ab	5.52ab	4.46a	7.21c	5.88ab	6.56bc	5.53ab

表 7-20 不同处理烤后 K326 烟叶类胡萝卜素类降解产物的含量比较（μg/g）

指标	T1	T2	T3	T4	T5	T6	T7	T8	T9	CK
2-环戊烯-1，4-二酮	0.16ab	0.13a	0.16ab	0.16ab	0.15ab	0.14a	0.29c	0.21b	0.16ab	0.15ab
6-甲基-5-庚烯-2-酮	0.22a	0.19a	0.24a	0.22a	0.22a	0.17a	0.21a	0.21a	0.39b	0.24a
2，4-庚二烯醛 A	0.07bc	0.09bc	0.07bc	0.08bc	0.03a	0.06ab	0.09bc	0.11c	0.14d	0.08bc
2，4-庚二烯醛 B	0.09a	0.13abc	0.10ab	0.13abc	0.13abc	0.16cd	0.19d	0.14bc	0.18d	0.14bc
氧化异佛尔酮	0.33cd	0.28bc	0.36cd	0.30bc	0.19a	0.22a	0.36cd	0.032cd	0.30bc	0.39d
藏花醛	0.12bc	0.12b	0.08a	0.15de	0.15cde	0.12bcd	0.12bc	0.11ab	0.18e	0.15cde
β-大马酮	4.13d	2.87a	2.88a	3.26b	3.96cd	2.98ab	2.93ab	3.27b	3.76c	2.70a
β-二氢大马酮	1.59e	0.87ab	0.81a	1.20cd	1.52e	1.04bc	0.81a	1.05bcd	1.24d	0.79a
香叶基丙酮	0.86c	0.54a	0.58a	0.89c	0.86c	0.55a	0.88c	0.76bc	1.04d	0.63ab
β-紫罗兰酮	1.44a	1.59a	1.83a	1.54a	1.85a	1.88a	1.70a	1.66a	1.79a	2.32a
二氢猕猴桃内酯	0.75a	0.51a	0.47a	0.53ab	0.72c	0.44a	0.63bc	0.50a	0.87d	0.42a
巨豆三烯酮 A	1.11b	0.80ab	0.62a	0.84ab	1.06b	0.81ab	0.90ab	0.80ab	0.86ab	0.96ab
巨豆三烯酮 B	4.41e	2.91bc	2.15a	3.33cd	3.63d	2.39ab	2.61ab	2.54ab	3.30cd	2.87bc
巨豆三烯酮 C	1.30e	0.90ab	0.75a	0.99bc	1.22de	0.95bc	1.00bc	0.84ab	1.00cd	0.88ab
巨豆三烯酮 D	4.84f	3.16bc	2.71ab	3.66de	3.81e	2.48a	2.69ab	2.72ab	3.25cd	2.98bc
3-氧代-α-紫罗兰醇	0.23cdef	0.15abc	0.11ab	0.18abcd	0.31f	0.29ef	0.13ab	0.26def	0.20bcde	0.09a
金合欢基丙酮 A	5.52bc	4.28a	3.95a	5.16b	5.54bc	4.70ab	4.69ab	5.45bc	6.14c	5.23b
金合欢基丙酮 B	0.20abc	0.16ab	0.25abcd	0.14a	0.23abc	0.28bcde	0.49f	0.38ef	0.31cde	0.36de
合计	27.37e	19.68ab	18.12a	22.76c	25.58de	19.66ab	20.72bc	21.04bc	25.11d	21.38bc

墨红玫瑰干花、鲜花添加量的增多反而抑制类胡萝卜素类降解产物的形成和积累。

（4）不同墨红玫瑰材料添加量对K326西柏烷类降解产物含量的影响。由表7-21可知，除T3处理外，其他各处理西柏烷类降解产物总含量均显著低于CK，其中T1、T4处理最低。从各物质含量看，丁内脂含量各处理与CK相比无明显差异；芳樟醇含量T5和T9处理显著高于其他处理，T2、T3和T7含量显著低于CK；茄酮含量CK显著高于其他处理；茄那士酮和西柏三烯二醇T3处理最高，但与CK相比无明显差异。总体上，烘烤过程中以不同的比例添加墨红玫瑰干花、鲜花、精油均不利于西柏烷类降解产物的形成和积累。

表7-21　不同处理烤后K326烟叶西柏烷类降解产物的含量比较（μg/g）

指标	T1	T2	T3	T4	T5	T6	T7	T8	T9	CK
丁内酯	0.09abcd	0.07a	0.10abcd	0.08ab	0.11bcd	0.09abc	0.12d	0.11bcd	0.12cd	0.09abcd
芳樟醇	0.16c	0.13a	0.14ab	0.15bc	0.19e	0.18de	0.12a	0.15bc	0.20e	0.17cd
茄酮	5.53a	7.32ab	11.04c	6.05a	7.16ab	8.64b	8.61b	8.17b	7.37ab	15.77d
降茄二酮	0.18a	0.19a	0.23ab	0.22ab	0.28abc	0.35cd	0.37cd	0.29bcd	0.34cd	0.40d
茄那士酮	0.73de	0.45abcd	0.88e	0.36ab	0.69cde	0.50abcd	0.23a	0.40abc	0.74de	0.57bcde
植醇	2.33cd	1.84a	2.10abc	2.23bcd	1.88a	1.98ab	2.47d	2.34cd	3.15e	2.35cd
西柏三烯二醇	6.24a	14.94bcd	22.60e	6.13a	9.38ab	16.21cd	11.41abc	16.00cd	9.21ab	19.05de
合计	15.26a	24.94bc	37.09d	15.22a	19.69a	27.95c	23.33bc	27.46c	21.13abc	38.40d

（5）不同墨红玫瑰材料添加量对K326类酯类降解产物含量的影响。由表7-22可知，类酯类降解产物总含量T1、T4和T5处理显著低于CK；T3、T6、T7和T8处理与CK无明显差异。壬醛和1-(3-吡啶基)-乙酮含量T9处理最高，但与CK相比无显著差异；2,6-壬二烯醛含量CK最高，十四醛和棕榈酸乙酯T6处理最高，棕榈酸甲酯含量T7和T8处理相对较高，寸拜醇含量T8处理最高，亚麻酸甲酯含量T3处理最高；T6、T7、T8和T9处理棕榈酸含量显著高于CK。综合来看，烘烤过程中以不同比例添加墨红玫瑰干花、鲜花、精油对类酯类降解产物的形成和积累无明显促进作用，添加过少的墨红玫瑰干花和鲜花、过多的墨红玫瑰精油反而抑制类酯类降解产物的形成和积累。

表7-22 不同处理烤后K326烟叶类酯类降解产物的含量比较（μg/g）

指标	T1	T2	T3	T4	T5	T6	T7	T8	T9	CK
壬醛	0.14a	0.17abc	0.14ab	0.20cd	0.19abc	0.21cd	0.20cd	0.20bcd	0.25d	0.22cd
1-(3-吡啶基)-乙酮	0.06bc	0.04a	0.04a	0.05ab	0.7c	0.05ab	0.6bc	0.06bc	0.7c	0.7c
2,6-壬二烯醛	0.19ab	0.22b	0.20ab	0.24b	0.12a	0.21ab	0.22b	0.19ab	0.22b	0.28b
十四醛	1.00ab	1.54bc	1.36ab	1.15ab	1.62bc	2.14c	0.74a	0.74a	1.56bc	1.40ab
棕榈酸甲酯	1.01ab	1.31d	1.06abc	1.15bcd	0.93a	0.94a	1.61e	1.62e	1.21cd	1.24d
棕榈酸	1.72ab	1.43ab	1.05a	1.73ab	1.62ab	2.64cd	3.25d	2.63cd	2.31bc	1.16a
棕榈酸乙酯	2.03bc	2.02bc	1.94abc	1.48a	1.65ab	2.26c	2.13bc	1.98bc	2.24c	1.95abc
寸拜醇	4.18ab	5.26bc	6.96d	3.84a	4.19ab	5.50bc	6.22cd	7.06d	4.70ab	6.63cd
亚麻酸甲酯	3.88a	5.61bc	7.53e	3.80a	3.96a	5.94cd	6.81cde	7.44e	4.57ab	7.29de
合计	14.21ab	17.60cd	20.28de	13.64a	14.98ab	19.89cde	21.78e	21.92e	17.76bc	20.87de

（6）不同墨红玫瑰材料添加量对K326烟叶其他致香成分含量和总量的影响。由表7-23可知，T3、T6和T7处理烤后烟叶新植二烯含量略高于CK，但差异不显著，而T1、T2、T4、T5、T8、T9处理显著高于CK。致香物质总量表现为T1、T5＞T4、T8、T2、T9＞T3＞T6、T7、CK，其中T1、T5处理显著高于T6、T7、CK。除新植二烯外，其他致香物质总量CK处理最高，其中T3、T8与CK处理无显著差异，其他处理显著低于CK。其他致香物质中2-戊基呋喃、肉豆蔻酸甲酯含量CK最高，2-甲氧基-苯酚、3-(1-甲基乙基)（1H）吡唑［3,4-b］吡嗪含量T9处理最高，肉豆蔻酸含量T7显著高于其他处理。综合来看，烘烤过程中添加适量的墨红玫瑰干花、鲜花、精油均有利于新植二烯的形成与积累，而对其他致香成分的形成和积累有一定抑制作用，致使除新植二烯外的其他致香物质总量低于CK。

表7-23 不同处理烤后K326烟叶其他致香成分含量和总量比较（μg/g）

指标	T1	T2	T3	T4	T5	T6	T7	T8	T9	CK
2-戊基呋喃	0.25ab	0.26abc	0.24a	0.27abc	0.30cd	0.27abc	0.29bcd	0.27abc	0.29cd	0.32d
2-甲氧基-苯酚	0.05b	0.04a	0.04a	0.05b	0.07b	0.07b	0.06b	0.08c	0.11c	0.06b
3-(1-甲基乙基)（1H）吡唑［3,4-b］吡嗪	1.44ab	1.36a	1.44ab	1.33a	1.61bc	1.40ab	1.48ab	1.38a	1.72c	1.34a

（续）

指标	T1	T2	T3	T4	T5	T6	T7	T8	T9	CK
肉豆蔻酸甲酯	0.03a	0.05ab	0.07abc	0.05ab	0.06abc	0.09c	0.13d	0.08bc	0.10cd	0.13d
肉豆蔻酸	0.07ab	0.06a	0.07ab	0.06ab	0.08ab	0.10abc	0.15d	0.09abc	0.11bc	0.12cd
新植二稀	711.5d	601.1bcd	519.4ab	633.4cd	652.1cd	476.1a	455.3a	606.6bcd	593.3bc	437.0a
其他致香物质总量（除新植二烯）	75.5ab	79.3abc	91.7de	68.8a	78.4abc	84.1bcd	82.9bcd	89.7de	88.2cd	100.0e
致香物质总量	788.8c	682.2bc	613.0ab	704.0bc	732.6c	562.1a	540.3a	698.2bc	683.8bc	539.0a

（7）不同墨红玫瑰材料添加量对K326烟叶感官评吸质量的影响。从感官评吸结果看（表7-24），烘烤过程中以不同的比例添加墨红玫瑰干花、鲜花、精油均有利于提升烤后烟叶感官质量。随着墨红玫瑰干花添加量的增加，烤后烟叶感官评吸质量有较明显的提高；而随着墨红玫瑰鲜花和精油添加量的成倍增加，烤后烟叶感官评吸质量无明显提升。烤后烟叶感官评吸评吸得分T3＞T9＞T8＞T7＞T6＞T2＞T5＞T4＞T1＝CK，按每千克鲜烟叶添加0.004kg干花的处理（T3）烤后烟叶清香、甜香、干草香较好，香气愉悦性较好，香气量尚足，杂气较轻，甜度较好；添加墨红玫瑰精油的3个处理清香较好，香气愉悦性尚好，香气透发性、绵延性较好，甜度、浓度较好；添加墨红玫瑰鲜花的3个处理焦香稍显，甜香和烘烤香稍欠，香气愉悦性不佳，稍辣。

表7-24　不同处理烤后K326烟叶感官评吸质量得分

试验处理	感官质量得分				
	香韵	香气特征	烟气特征	口感特征	合计
T1	12.0	33.0	20.0	10.5	75.5
T2	12.5	34.5	20.5	11.5	79.0
T3	14.0	38.0	22.0	12.5	86.5
T4	12.0	34.0	20.5	10.5	77.0
T5	12.0	34.0	20.0	11.5	77.5
T6	13.0	34.5	20.5	11.5	79.5
T7	13.0	36.5	21.5	12.0	83.0
T8	13.5	36.5	22.0	12.0	84.0
T9	13.0	37.5	22.5	12.5	85.5
CK	12.0	32.5	21.0	10.0	75.5

4. 讨论与结论

本试验结果表明，在烘烤过程中不同添加墨红玫瑰材料和添加量均有利于烤后烟叶新植二烯及致香物质总量的积累，烤后烟叶感官评吸质量有所改善，但不同的添加材料和添加量对烤后烟叶致香成分和感官评吸质量的影响不同。按每千克鲜烟叶添加0.001kg干花（T1）、0.002kg干花（T2）、0.001kg鲜花（T4）、0.002kg鲜花（T5）、0.03mL精油（T8）、0.06mL精油（T9）的处理新植二烯和致香物质总量显著提高，其中新植二烯含量T1＞T5＞T4＞T8＞T2＞T9；按每千克鲜烟叶添加0.004kg干花（T3）的处理感官评吸质量最好，其次为按每千克鲜烟叶添加0.06mL墨红玫瑰精油的处理（T9）；添加墨红玫瑰精油的3个处理感官评吸质量相对较好，而添加墨红玫瑰鲜花的3个处理感官评吸质量相对较差。此外，在烘烤过程中以不同比例添加墨红玫瑰干花、鲜花对苯丙氨酸类致香物质、美拉德反应产物、西柏烷类降解产物、类酯类降解产物和其他类致香成分的形成和积累无明显促进作用，有的反而起抑制作用；添加适量的墨红玫瑰干花、鲜花、精油有利于类胡萝卜素类降解产物的形成和积累。试验结果还表明，烤后烟叶新植二烯和致香物质的含量与墨红玫瑰干花、鲜花、精油的添加量不是线性关系。

烟草中的致香物质大多是由前体物质在烟叶调制及醇化过程中积累转化而成的，这些前体物质对烟草的香气形成有着重要作用。其中新植二烯为叶绿素降解产物，是烟叶中含量最高的香气成分，本身具有清香香气(周昆等，2008；周冀衡等，2005)，在烟叶燃烧时可直接进入烟气，有减轻刺激、醇和烟气的作用，还能进一步分解转化为具有清香气息的植物呋喃。类胡萝卜素的降解和裂解产物是形成烤烟高雅、细腻、清新香气的主要成分（周昆等，2008）；香气域值较低，对烤烟的香气贡献大（邵岩等，2007）。在烘烤过程中墨红玫瑰挥发性成分散布于整个烤房，改变了烤房内部气体环境，笔者推测这些挥发性成分在烟叶进行复杂的生理生化反应时，对烟叶内部某些化学物质的降解与转化起到了促进或抑制作用，同时墨红玫瑰本身的致香成分或进入烟叶内部或附着于表面，对烟叶产生一定的调香效果，致使烤后烟叶致香成分发生变化。但由于墨红玫瑰不同形态、不同添加量在烘烤过程中挥发性成分的散发规律、散发量不同，造成了烤后烟叶香气量和感官评吸质量的不同；另外堆积在竹筐的墨红玫瑰鲜花在烘烤前期低温高湿环境中更容易腐烂霉变，可能也会造成烤后烟叶感官评吸得分偏低。

（三）薰衣草精油添加时期对 K326 烟叶质量的影响研究

1. 研究背景

中国是烟草大国，但与其他先进产烟国相比，烟叶质量整体较差，香吃味不佳，难以满足工业企业高档卷烟的生产需求。且随着“降焦减害”行动的不断深入，焦油量的降低使烟味变淡、香气减弱，已制约着烟叶品质和商品价值的提高。虽然在卷烟生产过程中添加天然或合成的香精香料能够修饰和突出烟叶本身的烟香风味，有助于提高卷烟的香气及其特有的风格特征，但从现有的卷烟加香技术来看，还不能完全满足中式卷烟发展的需要。因此，如何提高烤后烟叶本身的香气质和香气量并改善吃味一直是众多科学工作者研究的重点。相关研究表明（黄建等，2015；彭玉富等，2011；董艳辉等，2013；詹军等，2011；王柱石等，2014），在烟叶生产中配施有机营养肥，合理延迟烟叶采收时间以提高成熟度，在烘烤过程中改善烤房内部的环境状况（温度、湿度及风速）等，均能一定程度上提高烤后烟叶致香物质含量、改善烟叶品质。有研究表明，密集烘烤过程中添加外源香料植物，能改善中上部烟叶香气质量（詹军等，2013），但其研究未就香料植物添加时间对烤后烟叶质量的影响做进一步讨论。

鉴于薰衣草精油为常用的烟用精油，具有清香带甜的花香，略带凉香，香气透发、持久，其主要成分有桉树脑、柠檬烯、芳樟醇等，可增加卷烟清新气息及烟气细腻度，柔和烟香，具有定香作用，使卷烟香气更丰富（陆宗鲁等，2009；陈丽君等，2011）。李永福等（2014）研究表明，在再造烟叶梗组配方中添加 1.0%薰衣草精油时可修饰卷烟香气，提高烟气甜润、细腻程度，降低刺激性和协调烟香。笔者就烘烤过程不同阶段加入薰衣草精油，探讨外源香料不同添加阶段对烤后烟叶致香物质和感官评吸质量的影响，旨在为生产高香气优质烟叶提供技术参考。

2. 材料与方法

（1）试验材料。供试香料植物为采自昆明市石林印象烟庄当季生长正常的薰衣草，香料植物的调香部分（花序）均于晴朗天气早晨带露水采摘，采用水蒸气蒸馏法提取薰衣草精油。供试烟叶为烤烟K326中部叶（第11～12叶位），田间管理依昆明市优质烤烟栽培生产技术规范进行，烟叶成熟采收。供试烤房为2路5棚的气流自然上升式普通烤房，装烟室规格为5m×2.7m×2.7m。气质联用分析仪为Agilent GC6890N/MS5975I（美国安捷伦公司）。

（2）试验设计。试验于2016年在昆明市安宁市八街镇摩所营村进行，烟叶按成熟标准依叶位采收后，挑选成熟度、大小基本一致的叶片，按每竿120～130片绑竿。各处理烟叶采自同一连片地块，并在同一天内完成采收、编烟、装炕与开烤。选取薰衣草油进行试验，各处理鲜烟叶薰衣草油添加量为0.06mL/kg，添加时间详见表7-25：

表7-25 薰衣草油不同添加时间

试验处理	香原料植物品种	添加方式	添加用量/比例	添加时间
T1	薰衣草	精油	0.06mL/kg	点火时
T2				变黄初期
T3				变黄中期
T4				定色初期
T5				定色中期
T6				干筋初期
CK	正常烘烤			

将各处理所需的薰衣草精油稀释5倍后平分装入4个开口玻璃瓶，按试验设计所要求的烘烤阶段将玻璃瓶悬挂于烤房底棚四周，悬挂高度距烤房地面0.6m。各处理烘烤工艺按三段式烘烤工艺进行。烘烤结束、回潮后，每个烤房下、中、上位置的烟竿单独标记、分级，各取C3F烟叶样品1.0kg，制成混合样，各处理3次重复。样品混匀后，将每片烟叶去除叶尖和叶基各1/3部分后沿主脉一分为二，一半烟叶除去主叶脉后测其化学物质；另一半烟叶切丝混匀卷烟作为评吸样品（董淑君等，2015）。

（3）测定项目与方法。

①致香成分的提取及分析。样品处理及致香成分提取与GC/MS分析

条件参考文献（詹军等，2011）中的方法进行。

②烟叶评吸鉴定。将各处理烟叶切丝后卷制成标准烟支，经过平衡水分后，由红云红河烟草（集团）有限责任公司9位评吸专家按《卷烟感官技术要求》（GB/T 5606.4—2005）进行感官质量评吸，并依云南中烟工业有限责任公司技术中心单体烟叶感官质量评价表，对香韵（满分35分，即清香5分、焦香5分、甜香5分、干草香5分、烘烤香5分、果香5分、其他5分）、香气特征（满分55分，即愉悦性10分、香气量10分、透发性5分、细腻5分、绵延5分、甜度10分、杂气10分）、烟气特征（满分35分，即浓度10分、劲头5分、柔润5分、成团5分、刺激性10分）、口感特征（满分20分，即干净度10分、津润感5分、回味5分）进行评分。

(4) 数据处理与分析。采用MICROSOFT EXCEL 2010、SPSS 17.0进行数据整理和分析；选用Duncan法进行多重比较。

3. 结果与分析

(1) 薰衣草精油添加时间对K326烟叶苯丙氨酸类致香成分含量的影响。由表7-26可知，T1、T2和T6处理苯丙氨酸类致香物质总含量均高于CK，其中T6处理显著高于CK，其他5个处理与CK相比无明显差异。对各物质含量进行分析可知，苯甲醛含量7个处理间无明显差异；吲哚和邻苯二甲酸二丁酯含量各处理与CK相比无明显差异；苯甲醇和苯乙醇含量T6处理最高且显著高于CK，苯乙醛含量T5处理最高。综合来看，烘烤过程中在干筋初期（T6）添加香原料植物（精油）有利于苯丙氨酸类致香物质的形成和积累；在点火时（T1）、变黄初期（T2）添加香原料植物（精油）烤后烟叶苯丙氨酸类致香物质略高于CK，但差异不显著；在变黄中期（T3）、定色初期（T4）及定色中期（T5）添加香原料植物（精油）对苯丙氨酸类致香物质的形成和积累影响不大。

表7-26　不同处理烤后K326烟叶苯丙氨酸类致香物质的含量比较（μg/g）

指标	T1	T2	T3	T4	T5	T6	CK
苯甲醛	0.11a	0.13a	0.09a	0.11a	0.10a	0.12a	0.16a
苯甲醇	5.99abc	6.75bc	4.75a	4.58a	5.22ab	7.60c	5.08ab

（续）

指标	T1	T2	T3	T4	T5	T6	CK
苯乙醛	0.50ab	0.46a	0.63abc	0.51ab	0.93c	0.42a	0.87bc
苯乙醇	2.07bc	2.33c	1.49a	1.59a	1.70ab	2.94d	1.74ab
吲哚	0.30a	0.42b	0.33ab	0.37ab	0.33ab	0.34ab	0.34ab
2-甲氧基-4-乙烯基苯酚	1.32a	1.24a	1.46ab	2.02c	1.31a	1.74bc	1.47ab
丁基化羟基甲苯	0.17ab	0.22b	0.22b	0.21b	0.18ab	0.11a	0.11a
邻苯二甲酸二丁酯	1.15a	1.30a	1.38a	1.74b	1.30a	1.21a	1.46ab
合计	11.61ab	12.84bc	10.34a	11.13a	11.07ab	14.48c	11.22ab

（2）薰衣草精油添加时间对K326烟叶美拉德反应产物含量的影响。由表7-27可知，美拉德反应产物总含量7个处理间无明显差异，其中T4处理最高，T6处理最低。1-戊烯-3-酮、吡啶、糠醛、1-(2-呋喃基)-乙酮、5-甲基糠醛含量各处理间无明显差异；3-甲基-1-丁醇、2-吡啶甲醛、1H-吡咯-2-甲醛、1-(1H-吡咯-2-基)-乙酮、2，3-二氢苯并呋喃含量T4处理最高。综合来看，在烘烤过程中不同阶段添加香原料（精油）对烤烟美拉德反应产物的积累和形成无明显影响。

表7-27 不同处理烤后K326烟叶美拉德反应产物的含量比较（μg/g）

指标	T1	T2	T3	T4	T5	T6	CK
1-戊烯-3-酮	0.11a	0.10a	0.11a	0.10a	0.08a	0.09a	0.08a
3-羟基-2-丁酮	0.21a	0.27abc	0.32c	0.23ab	0.28abc	0.3bc	0.25abc
3-甲基-1-丁醇	0.46a	0.70ab	0.61ab	0.82b	0.67ab	0.46a	0.42a
吡啶	0.45a	0.47a	0.46a	0.48a	0.45a	0.46a	0.45a
3-甲基-2-丁烯醛	0.12a	0.13a	0.18b	0.13a	0.19b	0.12a	0.20b
己醛	0.09a	0.10ab	0.10ab	0.09a	0.11ab	0.09a	0.12b
2-甲基四氢呋	0.24b	0.10a	0.13a	0.35c	0.16ab	0.16ab	0.14a
糠醛	1.53a	1.35a	1.20a	1.26a	1.21a	1.22a	1.92a
糠醇	0.45ab	0.46ab	0.44ab	0.55ab	0.27a	0.42ab	0.72b
1-(2-呋喃基)-乙酮	0.10a	0.05a	0.06a	0.12a	0.09a	0.08a	0.11a
2-吡啶甲醛	0.09a	0.08a	0.09a	0.11b	0.09a	0.08a	0.08a
糠酸	0.24bc	0.19ab	0.21abc	0.26bc	0.23abc	0.16a	0.27c
5-甲基糠醛	0.09a	0.07a	0.06a	0.09a	0.07a	0.07a	0.18a

（续）

指标	T1	T2	T3	T4	T5	T6	CK
4-吡啶甲醛	0.06ab	0.06ab	0.05a	0.06bc	0.06ab	0.07c	0.05ab
1H-吡咯-2-甲醛	0.04a	0.04a	0.05ab	0.5b	0.4a	0.04a	0.04a
1-(1H-吡咯-2-基)-乙酮	0.80a	0.58a	0.68a	1.37b	0.70a	0.70a	0.59a
苯并 [b] 噻吩	0.08a	0.08ab	0.10c	0.10bc	0.09ab	0.08a	0.08ab
胡薄荷酮	0.13a	0.20b	0.17ab	0.14a	0.15a	0.15a	0.13a
2,3-二氢苯并呋喃	0.29c	0.28bc	0.25abc	0.30c	0.19a	0.23abc	0.20ab
2,3′-联吡啶	0.17a	0.24ab	0.24ab	0.25b	0.25b	0.32c	0.18ab
合计	5.74a	5.54a	5.50a	6.87a	5.40a	5.29a	6.23a

（3）薰衣草精油添加时间对K326烟叶类胡萝卜素类降解产物含量的影响。由表7-28可知，试验各处理类胡萝卜素类降解产物总含量均高于CK，其中T2、T4、T5、T6处理显著高于CK。从各物质含量看，2-环戊烯-1,4-二酮和二氢猕猴桃内酯含量各处理间无明显差异；2,4-庚二烯醛A和2,4-庚二烯醛B含量T3处理最高，氧化异佛尔酮+未知物、金合欢基丙酮B含量T4含量最高，6-甲基-5-庚烯-2-酮、藏花醛、3-氧代-α-紫罗兰醇含量T2处理最高，β-大马酮含量T1处理最高。综合来看，在烘烤过程中不同阶段添加香原料（精油）对烤烟类胡萝卜素类降解产物的积累和形成均有利，其中在变黄初期（T2）、定色初期（T4）、定色中期（T5）和干筋初期（T6）添加效果较显著。

表7-28　不同处理烤后K326烟叶类胡萝卜素类降解产物的含量比较（μg/g）

指标	T1	T2	T3	T4	T5	T6	CK
2-环戊烯-1,4-二酮	0.20a	0.15a	0.17a	0.21a	0.20a	0.15a	0.23a
6-甲基-5-庚烯-2-酮	0.18a	0.29c	0.23b	0.25bc	0.27bc	0.25bc	0.25bc
2,4-庚二烯醛A	0.14b	0.07a	0.24c	0.10ab	0.07a	0.05a	0.14b
2,4-庚二烯醛B	0.15b	0.12ab	0.23c	0.14b	0.12ab	0.09a	0.15b
氧化异佛尔酮	0.34abc	0.39c	0.28ab	0.48d	0.31abc	0.36bc	0.27a
藏花醛	0.14ab	0.21c	0.15b	0.11a	0.15b	0.16b	0.14ab
β-大马酮	3.87c	3.53bc	3.19ab	3.28ab	3.42b	3.44b	2.92a
β-二氢大马酮	1.26c	1.31c	0.98ab	1.01ab	1.04b	1.35c	0.83a

（续）

指标	T1	T2	T3	T4	T5	T6	CK
香叶基丙酮	0.67a	0.71ab	0.66a	0.73abc	0.92bc	0.94c	0.63a
β-紫罗兰酮	1.31a	1.77bc	1.61ab	1.78bc	2.02cd	2.21d	1.82bc
二氢猕猴桃内酯	0.55a	0.54a	0.55a	0.64a	0.63a	0.53a	0.52a
巨豆三烯酮 A	0.75ab	0.84ab	0.72a	0.87ab	1.17bc	1.45c	0.62a
巨豆三烯酮 B	2.69ab	3.45bc	2.60ab	3.32bc	3.61c	4.70d	2.19a
巨豆三烯酮 C	0.84a	1.10bc	0.93ab	1.08bc	1.08bc	1.26c	0.78a
巨豆三烯酮 D	2.91ab	3.85c	2.88ab	3.89c	3.54bc	4.77d	2.74a
3-氧代-α-紫罗兰醇	0.34c	0.37c	0.16ab	0.11a	0.11ab	0.22b	0.14a
金合欢基丙酮 A	4.98ab	5.40bc	4.94ab	4.44a	6.00c	6.76d	4.64ab
金合欢基丙酮 B	0.26a	0.32a	0.42ab	0.49b	0.33a	0.30a	0.37ab
合计	21.57abc	24.42c	20.92ab	22.93bc	24.99c	28.99d	19.35a

（4）薰衣草精油不同添加时间对烤烟西柏烷类降解产物含量的影响。由表7-29可知，西柏烷类降解产物总含量CK最高，T1处理最低，其中T1、T2处理含量显著低于CK，其他处理与CK相比无显著差异。丁内酯含量7个处理间无明显差异；芳樟醇含量T6处理最高且T3、T4、T5、T6处理显著高于CK；茄酮含量T1和T2处理显著低于CK，其他处理与CK无明显差异；茄那士酮含量T5处理最高且T5、T6处理显著高于CK；植醇含量各处理与CK相比无明显差异；西柏三烯二醇含量CK最高，T1处理最低，其中T1、T2、T5处理含量显著低于CK，其他处理与CK无明显差异。综合来看，在烘烤点火时、变黄初期添加香原料植物（精油）不利于西柏烷类降解产物的形成和积累，而在烘烤其他阶段添加香原料植物（精油）对西柏烷类降解产物的形成和积累无明显影响。

表7-29　不同处理烤后K326烟叶西柏烷类降解产物的含量比较（μg/g）

指标	T1	T2	T3	T4	T5	T6	CK
丁内酯	0.11a	0.11a	0.10a	0.10a	0.09a	0.09a	0.10a
芳樟醇	0.26ab	0.25ab	0.41c	0.30b	0.41c	0.95d	0.18a

（续）

指标	T1	T2	T3	T4	T5	T6	CK
茄酮	6.94a	7.22a	8.56ab	9.43b	10.41b	10.09b	9.92b
降茄二酮	0.29a	0.37ab	0.45bc	0.49c	0.34a	0.34a	0.32a
茄那士酮	1.29ab	0.59a	0.68a	0.45a	2.56c	2.04bc	0.98a
植醇	2.52a	2.66ab	2.88ab	3.45b	2.93ab	2.62a	2.73ab
西柏三烯二醇	9.75a	13.95ab	19.82bc	18.55bc	14.19ab	18.79bc	25.54c
合计	21.16a	25.16ab	32.90bc	32.76bc	30.94bc	34.92c	38.76c

（5）薰衣草精油添加时间对K326烟叶类酯类降解产物含量的影响。由表7－30可知，类酯类降解产物总含量除T6处理显著低于CK外，其他处理与CK相比无明显差异，其中T4处理总含量略高于CK。棕榈酸含量7个处理间无显著差异；1－壬醛含量T3处理最高，T6处理最低；2,6－壬二烯醛、十四醛、棕榈酸乙酯含量T2处理最高；寸拜醇、亚麻酸甲酯含量T4处理最高。综合来看，在烘烤干筋初期添加香原料植物（精油）不利于类酯类降解产物的形成和积累，而在烘烤其他阶段添加香原料植物（精油）对类酯类降解产物的形成和积累无明显影响。

表7－30　不同处理烤后K326烟叶类酯类降解产物的含量比较（μg/g）

指标	T1	T2	T3	T4	T5	T6	CK
1－壬醛	0.19ab	0.22bc	0.26d	0.18ab	0.24cd	0.18a	0.21bc
1－(3－吡啶基)－乙酮	0.06ab	0.08bc	0.06a	0.06a	0.07bc	0.08c	0.06ab
2,6－壬二烯醛	0.18ab	0.26d	0.18ab	0.24cd	0.20bc	0.22bcd	0.14a
十四醛	2.32c	2.46c	1.20b	0.50a	1.22b	2.37c	1.46b
棕榈酸甲酯	1.92d	1.78cd	1.72cd	1.54bc	1.27ab	1.09a	1.29ab
棕榈酸	1.67a	2.04a	2.57a	2.21a	2.26a	1.39a	2.63a
棕榈酸乙酯	2.17b	2.20b	1.87ab	2.00ab	1.61ab	1.37a	1.83ab
寸拜醇	6.66bc	5.48ab	7.65cd	9.21e	6.74bc	4.88a	8.42de
亚麻酸甲酯	6.78a	6.02a	9.29b	12.16c	7.38a	6.32a	9.41b
合计	21.96ab	20.53ab	24.78bc	28.09c	20.99ab	17.90a	25.45bc

（6）薰衣草精油添加时间对K326烟叶其他致香成分含量和总量的影响。由表7－31可知，各处理烤后烟叶新植二烯和致香物质总含量与CK

相比无显著差异，其中T3处理新植二烯和致香物质总含量高于其他处理，其次为T2处理。其他致香物质中2-戊基呋喃、2-甲氧基-苯酚含量T2处理显著高于其他处理，肉豆蔻酸甲酯、肉豆蔻酸T3处理显著高于CK。综合来看，在干筋期之前添加薰衣草精油有利于新植二烯的形成与积累，烤后烟叶致香物质总含量高于CK。

表7-31 不同处理烤后K326烟叶其他致香成分含量和总量比较（μg/g）

指标	T1	T2	T3	T4	T5	T6	CK
2-戊基呋喃	0.32c	0.38e	0.27ab	0.26a	0.29b	0.36d	0.27ab
2-甲氧基-苯酚	0.09ab	0.14c	0.09b	0.06a	0.07ab	0.09b	0.07ab
3-(1-甲基乙基)(1H)吡唑[3,4-b]吡嗪	1.43a	1.36a	1.60a	1.53a	1.49a	1.48a	1.53a
肉豆蔻酸甲酯	0.12a	0.15ab	0.19b	0.14ab	0.20b	0.16ab	0.11a
肉豆蔻酸	0.11a	0.15ab	0.16b	0.15ab	0.13ab	0.11a	0.12a
新植二烯	574.2a	595.0a	597.8a	571.8a	569.8a	524.1a	532.9a
其他致香物质总量（除新植二烯）	84.1a	90.7ab	96.8ab	103.9b	95.6ab	103.8b	103.1b
其他致香物质总量	658.3a	685.7a	694.5a	675.8a	665.3a	627.9a	636.0a

（7）薰衣草精油添加时间对K326烟叶感官评吸质量的影响。从感官评吸结果看（表7-32），烘烤过程中不同时期添加香原料植物（精油）有利于提升烤后烟叶感官评吸质量。在变黄中期（T3）添加香原料植物（精油）烤后烟叶清香较好、香气细腻、杂气少、刺激性低、口腔残留较少、津润感和余味较好，感官评吸质量得分最高；在变黄初期（T2）添加香原料植物（精油）烤后烟叶感官评吸质量得分低于T3处理；在定色初期（T4）和定色中期（T5）添加香原料植物（精油）烤后烟叶感官评吸质量得分均低于T2和T3处理。综合来看，在变黄中期添加香原料植物（精油）效果最好，其次为变黄初期，而在变黄期过后添加香原料植物（精油）其效果就会越来越差。

表7-32 不同处理烤后K326烟叶感官评吸质量得分比较

试验处理	感官质量得分				
	香韵	香气特征	烟气特征	口感特征	合计
T1	12.0	37.0	20.0	12.0	81.0
T2	12.5	37.5	21.0	12.5	83.5

（续）

试验处理	感官质量得分				
	香韵	香气特征	烟气特征	口感特征	合计
T3	13.0	37.0	21.0	13.0	84.0
T4	12.0	35.5	21.0	11.5	80.0
T5	12.5	36.0	20.5	11.5	80.5
T6	12.0	34.5	20.0	11.0	77.5
CK	12.0	34.0	19.5	11.5	77.0

4. 讨论与结论

从试验结果看，在烟叶烘烤干筋期之前添加薰衣草精油有利于新植二烯的形成与积累，烤后烟叶致香物质总量稍高于对照，但无显著差异；其中在变黄中期添加薰衣草精油烤后烟叶新植二烯含量和致香物质总量相对最高，其次为变黄初期。另外，在烘烤过程不同时期添加薰衣草精油有利于类胡萝卜素降解产物的形成与积累，但对苯丙氨酸类致香物质、美拉德反应产物、西柏烷类降解产物和类酯类降解产物的形成与积累无明显促进作用。感官评吸质量方面，烘烤过程中添加薰衣草精油的各处理，烤后烟叶感官评吸质量得分均有不同程度的提升，在变黄中期添加薰衣草精油烤后烟叶感官评吸质量最好，其次为变黄初期，而在变黄期过后添加薰衣草精油对烤后烟叶感官质量的影响越来越弱。

烟叶和烟气的香味是多种具有不同特色香味特征的香气成分共同作用的结果，烟叶烘烤是促使烟叶内香气前体物分解转化，从而形成更多香气物质的烤香过程（李富强等，2007）。烟叶许多化学成分与香气的形成有关，有些成分虽然含量较低，但对烟叶香气的形成有着重要影响，同时烘烤进程的推移和烘烤条件的不同，也直接影响着烟叶香气成分的消长变化。一般认为，烟叶在烘烤过程中香气成分变化的基本规律为：在变黄阶段通过生理生化变化，使烟叶中的大分子物质如淀粉、蛋白质、叶绿素等分解转化，形成香气原始物质；在定色阶段香气原始物质发生缩合反应形成香气物质；在干筋阶段的高温条件下部分香气成分则发生分解（宫长荣等，2003）。笔者推测，烘烤过程中添加薰衣草精油改变了烤房内部的气体环境，在烟叶进行生理生化反应时，薰衣草精油的挥发性成分改变了烟叶内部化学成分的平衡，促进或抑制了某些化学物质的降解与转化，而这种影响在变黄期和定色前期由于烟叶内部生化反应强烈而相对较明显；同时薰衣草精油本身的致香成分或进入烟叶内部或吸附于表面，对烟叶起到一定的调香作用，致使烤后烟叶致香成分发生变化，感官评吸质量提高。

第八章 K326品种储藏、复烤、醇化及调香技术试验研究

一、K326品种片烟复烤工艺优化技术试验研究

（一）研究背景

烟叶复烤是烟叶质量进一步形成的关键环节，对卷烟使用原料质量的稳定和提升具有重要作用，复烤段可分为三个阶段：干燥段、回潮段、冷却段。干燥段的主要工艺任务是升温干燥，把进入复烤段的烟叶含水率从16%左右降到10%左右。国内的打叶复烤生产线主要采用热风干燥，通过热风与叶片接触，带走叶片中的水分，调节烟叶的含水率。烟叶在复烤段经过升温增湿等处理，其内部化学成分不断散发到复烤环境中，形成烟草逸出物并发生一系列的变化（张燕等，2003；胡有持等，2004）。因此，片烟干燥是复烤工艺中的重要工序，其工艺参数的变化对成品片烟的结构、香味成分以及感官评吸质量等均有重要影响（陈良元，2002）。如何在尽可能去除烟草杂气的同时保留更多的香味，无疑是烟叶复烤加工研究的重点。目前关于打叶复烤工艺参数研究的内容不多，复烤工艺参数的设置主要凭经验，系统的理论研究与支撑较少，较多的是对物理指标的控制，包括大中片率、叶中含梗、片烟成品水分等，总体处于“控制物理结构、关注水分密度、研究化学指标、思考感官质量”的阶段。国内外的打叶复烤研究认为：①随复烤温度的升高，复烤后中下部烟的大中片率呈降低的趋势，叶片失水收缩状况明显，烤后片烟的含水率波动减小，均匀性提高；②当复烤温度较低时，烟叶中主要致香成分的含量较高，较低的复烤温度有利于烟叶香气量的保持；③随复烤温度的升高，中下部烟叶的刺

激性有所增加，而上部叶变化不明显。在生产现场发现，较高的复烤温度下整个生产环境中弥漫的烟草香味（烟草逸出物成分）会比较浓郁；而较低的复烤温度下环境中的香味会显得比较淡薄（简辉等，2006；廖惠云等，2006）。由此也可以看出，复烤温度对烟叶质量的变化有着很大的影响。

为此，笔者围绕某卷烟品牌对烟叶原料的质量和数量需求，在实验室及小规模复烤在线生产条件下，开展了关于复烤关键工艺技术对K326烟叶影响的研究，为K326品种烟叶复烤在线工艺指标优化提供支持，旨在建立适应自身品牌发展的加工工艺和加料技术，最大限度满足品牌配方原料的质量和数量需求。

（二）材料与方法

1. K326复烤关键工序工艺参数实验室模拟研究方法

（1）设备：电饭锅、烘箱、水银温度计、快速水分仪。

（2）样品处理：将玉溪地区K326和红花大金元两品种C3F等级原烟样品放入恒温恒湿箱平衡水分72h以上，将烟叶水分平衡在14%～15%范围内。

（3）研究方法与试验设计。

①润叶（预处理）模拟试验。电饭锅装适量水，加热到设定温度，放入烟叶，保温，烟叶达到设定水分及所需时间。润叶（预处理）环节试验设计见表8-1。

表8-1　润叶（预处理）试验设计

润叶温度范围（℃）	润叶含水率范围（%）	润叶时间（min）
50～55	18～19	5
45～50	17～18	5

②烤叶模拟试验。将经过回潮处理的烟叶（各两个处理）平分为两份，分别放入四个设定好温度的烘箱，设定时间，检测烟叶水分。烤叶环节试验设计见表8-2。

2. K326小规模复烤关键工艺技术试验研究方法

以红花大金元品种C3F为对照，选择2009年K326品种C3F为研究对象，在现有工艺研究基础上，进行了真空回潮、二润、叶片复烤等工序的工艺参数优化试验研究，并以打叶复烤烟叶的感官评吸质量作为判定依据。

表8-2　烤叶试验设计

烘箱温度设定（℃）	水分范围（%）	烤叶时间（min）
65～75	12～13	7
75～80	12～13	7

（三）结果与分析

1. K326复烤关键工序工艺参数实验室模拟试验结果与分析

（1）润叶（预处理）模拟试验结果。由表8-3可见，不同品种在相同水分条件下，通过不同温度处理5min后，烟叶的含水率不同，K326品种烟叶在（48±1）℃和（52±1）℃处理5min后，烟叶含水率分别为16.9%和17.6%；红花大金元品种烟叶在（48±1）℃和（52±1）℃处理5min后，烟叶含水率分别为17.5%和18.3%。不同品种烟叶在相同的润叶（预处理）条件下，表现出不同的润叶效果。

表8-3　润叶（预处理）试验结果

品种	等级	样品水分（%）	处理温度（℃）	处理时间（min）	烟叶含水率（%）
红花大金元	C3F	14.11	52±1	5	18.3
			48±1	5	17.5
K326	C3F	14.11	52±1	5	17.6
			48±1	5	16.9

（2）烤叶模拟试验结果。由表8-4可见，相同品种在相同含水率条件下，通过不同温度处理7min，处理后烟叶的含水率不同；相同品种在不同含水率条件下，通过相同温度处理7min，处理后烟叶的含水率不同。其中：含水率为16.9%的K326品种在（67±2）℃处理7min后，烟叶含水率为12.2%，在（75±2）℃处理7min后，烟叶含水率为11.7%；含水率为17.6%的K326品种在（67±2）℃处理7min后，烟叶含水率为12.4%，在（75±2）℃处理7min后，烟叶含水率为11.8%。红花大金元品种也表现出与K326品种相同的规律。

表 8－4　烤叶试验结果

品种	等级	处理前烟叶水分（%）	烤叶温度（℃）	处理时间（min）	处理后烟叶水分（%）	处理编号
红花大金元	C3F	18.3	67±2	7	12.9	1#
			75±2	7	12.4	2#
		17.5	67±2	7	12.8	3#
			75±2	7	12.2	4#
K326	C3F	17.6	67±2	7	12.4	5#
			75±2	7	11.8	6#
		16.9	67±2	7	12.2	7#
			75±2	7	11.7	8#

（3）不同处理对烟叶综合品质的影响。由表 8－5、表 8－6 可见，红花大金元品种 4 个处理都具有典型的清香风格特征，其中（75±2)℃处理的样品（2#、4#）综合品质较好；K326 品种 4 个处理样品的清香风格特征非常突出，其中（67±2)℃处理的样品（6#、8#）综合品质较好。

表 8－5　烟叶样品感官质量评价表（风格特征）

样品编号	风格特征														
	香韵（5）												香型（5）		
	清甜香	蜜甜香	焦甜香	干草香	青滋香	木香	焦香	酸香	辛香	坚果香	果香	花香	清香型	中间香型	浓香型
	5	5	5	5	5	5	5	5	5	5	5	5	5	5	5
1#	4.5			2.5		0.5	0.5	1.0		1.5	0.5	0.5	5.0		
2#	4.5			2.0		0.5	0.5	1.0		1.0	0.5	1.0	5.0		
3#	4.5			3.0		0.5	0.5	1.0		1.0		0.5	5.0		
4#	4.5			2.5		0.5	1.0	1.5		1.5	1.0	1.0	5.0		
5#	4.5			2.0		0.5	0.5	1.0	0.5	2.0	0.5	0.5	5.0		
6#	4.5			2.5		0.5	0.5	1.0		1.5		0.5	5.0		
7#	4.5			2.5		0.5	1.0	1.0		1.5	0.5	0.5	5.0		
8#	4.5			2.0		0.5	0.5	1.0	1.0	1.0		0.5	5.0		

表 8-6 烟叶样品感官质量评价表（品质特性）

样品编号	品质特性										总分
	香气特性（40）			烟气特性（40）				口感特性（20）			
	烟草本香	香气量	香气质（细腻度 圆润性 绵延感）	浓度	刺激性（鼻腔 口腔 喉部）	劲头	杂气（枯焦 粉杂 生青 其他）	干净度	津润感	回味	
	10	15	15	10	15	5	10	10	5	5	100
1#	8.5	13.0	13.5	8.0	13.0	5.0	8.0	8.0	4.0	4.0	85.0
2#	8.5	13.5	13.0	8.0	13.0	5.0	8.5	8.0	4.0	4.0	85.5
3#	8.5	13.5	13.0	8.0	13.0	5.0	8.0	8.0	4.0	4.0	85.0
4#	8.5	13.0	13.5	8.0	13	5.0	8.5	8.0	4.0	4.0	85.5
5#	8.0	13.5	12.5	8.0	13.0	5.0	8.5	8.0	4.0	4.0	84.5
6#	8.0	13.0	13.0	8.0	13.0	5.0	8.0	8.0	4.0	4.0	84.0
7#	8.0	13.0	13.0	8.0	13.0	5.0	8.5	8.0	4.0	4.0	84.5
8#	8.0	13.0	13.0	8.0	13.0	5.0	8.0	8.0	4.0	4.0	84.0

2. K326小规模复烤关键工艺技术试验结果与分析

（1）真空回潮工艺参数对K326片烟原料质量的影响。真空回潮工序共设置ZC11、ZC12和ZC13三个处理强度（表8-7）。由表8-8可知，与未经过真空回潮相比，真空回潮处理后，K326和红花大金元品种C3F不同处理的烟叶感官评吸质量在不同方面均有所提升，其中红花大金元品种C3F烟叶随着回潮温度增加，品质提升，当温度达到55℃时感官评吸质量最好；K326品种C3F烟叶在回潮后温度在50～55℃时感官评吸质量较好（主要表现在香气量、烟气浓度、刺激性、杂气等方面）；这说明真空回潮有利于烟叶品质的提升，且K326品种耐加工性比红花大金元稍弱，适合较低强度的回潮温度。

表 8-7 真空回潮工艺参数数设置及记录结果

项目		试验结果		
		ZC11	ZC12	ZC13
真空回潮	抽空后真空度（MPa）	不处理	0.08	0.08
	增湿后温度（℃）	不处理	50	55
	增湿蒸汽压力（MPa）	不处理	1.0	1.0
	冷却水压力（MPa）	不处理	0	0

（续）

项目			试验结果		
			ZC11	ZC12	ZC13
一次润叶	热风进风温度（℃）		112	110	110
	热风回风温度（℃）		32	38	42
	回风风门开度（%）		10		
	滚筒转速（r/min）		8.33		
	增湿蒸汽压（MPa）	入口	0.3	0.3	0.3
		出口	0.207	0.207	0.207
二次润叶工艺流量（kg/h）			12 133	11 480	11 923
二次润叶	热风进风温度（℃）		130	130	130
	热风回风温度（℃）		33.8	32.4	33.4
	回风风门开度（%）		10		
	滚筒转速（r/min）		7.4		
	出口饱和蒸汽压力（MPa）		0	0	0
	水汽混合气压（MPa）	入口	0.26	0.2	0.2
		出口	0.28	0.2	0.2

表8-8　真空回潮工艺参数对K326烟叶感官评吸质量的影响

模块等级及编号		香韵	香气量	香气质	浓度	刺激性	劲头	杂气	干净度	湿润	回味
红花大金元C3F	ZC11	8.5	12.5	13.0	8.5	13.0	4.5	8.0	8.0	4.0	4.0
	ZC12	=	=	=	=	↑	=	↑	↑	=	=
	ZC13	=	↑	=	=	↑	=	↑	↑	=	=
K326 C3F	ZC11	9.0	13.0	13.5	8.0	13.0	4.5	8.0	8.5	4.0	4.5
	ZC12	=	↑	=	↑	↑	=	↑	=	=	=
	ZC13	=	↑	=	↑	↑	=	↑	=	=	=

注：表中“=、↑、↓”表示影响趋势。其中，=表示数值相等，↑表示数值呈增加的趋势，↓表示数值呈下降的趋势，下同。

（2）二次润叶热风温度对K326片烟原料质量的影响。二次润叶工序共设置RC21、RC22和RC23三个处理强度（表8-9）。由表8-10可知，随着热风温度的增加，K326和红花大金元品种C3F烟叶不同处理的感官评吸质量有所变化，热风温度在130℃时K326和红花大金元品种C3F烟叶的感官评吸质量呈上升趋势（主要表现在香气质、刺激性和杂气3个方面），热风温度在150℃时K326和红花大金元品种C3F烟叶的感官评吸质量呈下降趋势，因而二次润叶热风温度设置为130～150℃，两个等级的感官评吸质量较好，热风温度不宜过高，过高后感官评吸质量反而下降，鼻腔刺激增大，枯焦气明显增强。

表8-9　二次润叶热风温度试验技术参数设置及记录结果

项目			试验结果		
			RC21	RC22	RC23
一次润叶	滚筒转速（r/min）		8.33		
	增湿蒸汽压（MPa）	入口	0.4	0.4	0.4
		出口	0.32	0.32	0.32
二次润叶工艺流量（kg/h）			11 950	12 474	10 133
二次润叶	热风进风温度（℃）		113	130	150
	热风回风温度（℃）		37.2	41.1	42.1
	回风风门开度（%）		10		
	滚筒转速（r/min）		7.4		
	出口饱和蒸汽压力（MPa）		0	0.15	0
	水汽混合蒸汽压（MPa）	入口	0.22	0.28	0.32
		出口	0.22	0.28	0.32

表8-10　二次润叶热风温度对K326烟叶原料感官评吸质量的影响

模块等级及编号		香韵	香气量	香气质	浓度	刺激性	劲头	杂气	干净度	湿润	回味
红花大金元C3F	RC11	8.5	12.5	13.0	8.5	13.0	4.5	8.0	8.0	4.0	4.0
	RC12	=	=	↑	=	↑	=	↑	=	=	=
	RC13	=	=	↓	=	↓	=	↓	=	=	=
K326 C3F	RC11	9.0	13.0	13.5	8.0	13.0	4.5	8.0	8.5	4.0	4.5
	RC12	=	=	↑	=	↑	=	↑	=	=	=
	RC13	=	=	↓	=	↓	=	↓	=	=	=

（3）烤机网带速度对K326片烟原料质量的影响。烤机网带共设置KC11、KC12和KC13 3个处理（表8-11）。由表8-12可知，不同处理下的

K326 和红花大金元品种 C3F 烟叶的感官评吸质量有所变化，烤机网带速度对烟叶的香气质、刺激性、杂气和回味影响较大，其中红花大金元品种 C3F 合适的网带速度为 8～9m/min，大于 10m/min 时感官评吸质量呈下降趋势；K326 品种 C3F 烟叶合适的网带速度为 9～10m/min，小于 9m/min 时感官评吸质量呈下降趋势。

表 8－11　烤机网带速度试验技术参数设置和记录结果

项目			试验结果		
			KC11	KC12	KC13
干燥段	Ⅰ区	热风温度（℃）	66.6	66.6	66.6
		排潮阀门开度（%）	25		
	Ⅱ区	热风温度（℃）	70	70	70.8
		排潮阀门开度（%）	100		
	Ⅲ区	热风温度（℃）	67.7	68.5	67.6
		排潮阀门开度（%）	75		
	Ⅳ区	热风温度（℃）	61.9	62.5	61.3
		排潮阀门开度（%）	75		
冷却段		冷房温度（℃）	26.1	26.9	27
		进风阀门开度（%）	50		
回潮段	Ⅰ区	干球温度（℃）	53.8	63.3	63.9
	Ⅱ区	干球温度（℃）	54.6	60.1	59
底带电机频率（Hz）			30	33	27
网带速度（m/min）			9	8	10
物料流量（kg/h）			8 490	8 531	8 589

表 8－12　烤机网带速度试验感官评吸结果

模块等级及编号		香韵	香气量	香气质	浓度	刺激性	劲头	杂气	干净度	湿润	回味
红花大金元 C3F	KC11	8.5	12.5	13.0	8.5	13.0	4.5	8.0	8.0	4.0	4.0
	KC12	=	=	↑	=	↑	=	↑	=	=	↑
	KC13	=	=	↓	=	↓	=	↓	=	=	↓
K326 C3F	KC11	9.0	13.0	13.5	8.0	13.0	4.5	8.0	8.5	4.0	4.5
	KC12	=	=	↓	=	↓	=	↓	=	=	↓
	KC13	=	=	↑	=	↑	=	↑	=	=	↑

（四）讨论与结论

不同品种烟叶的品质特性差异较大，不同品种烟叶在相同的润叶（预处理）条件下，表现出不同的烟叶含水率；相同品种在相同含水率条件下，通过不同烤叶温度处理后，烟叶含水率表现也不同。为满足卷烟品牌对烟叶质量的需求，K326 烟叶复烤加工强度应根据烟叶含水率和烟叶品种特性设定在一个合理的范围内，否则会带来烟叶清甜香韵的损失和综合品质的下降。就 K326 而言，润叶（预处理）工序更应采取“柔性化”的中低工艺强度处理，烤叶工序更应采取“低温快烤”的工艺强度处理。K326 品种烤叶处理综合品质较好的温度范围为（67±2)℃，相对于红花大金元品种综合品质较好的处理温度范围为（75±2)℃。

通过对真空回潮强度、热风温度、二次润叶热风温度和烤机网带速度的设置试验研究结果表明，采用真空回潮工艺处理后，K326 和红花大金元品种 C3F 烟叶不同处理的感官评吸质量在不同方面均有所提升，其中 K326 品种 C3F 烟叶在回潮后温度在 50～55℃时感官评吸质量较好（主要表现在香气量、烟气浓度、刺激性、杂气等方面）。二次润叶热风温度对 K326 和红花大金元品种 C3F 烟叶的感官评吸质量影响较大，热风温度在 130℃时 K326 和红花大金元品种 C3F 烟叶的感官评吸质量呈上升趋势（主要表现在香气质、刺激性和杂气 3 个方面），热风温度在 150℃时 K326 和红花大金元品种 C3F 烟叶的感官评吸质量呈下降趋势，因而二次润叶热风温度设置在 130～150℃之间时，两个等级的感官评吸质量较好，热风温度不宜过高，过高后感官评吸质量下降，鼻腔刺激增大，枯焦气明显增强；烤机网带速度对烟叶的香气质、刺激性、杂气和回味影响较大，其中 K326 品种 C3F 烟叶合适的网带速度为 9～10m/min，小于 9m/min 时感官评吸质量呈下降趋势。相比红花大金元品种，K326 品种加工过程中表现出较弱的耐加工性，需要较低的真空回潮强度和润叶温度及较快的烤叶速度。

二、K326 品种打叶复烤过程中调香技术试验研究

（一）研究背景

打叶复烤是烟叶从农产品转变为工业生产原料的一个重要工序，其目

的是去除叶梗并将初烤烟叶的含水率调整至合理范围内，防止烟叶在仓储醇化过程中发生霉变；同时有利于排除杂质，杀虫灭菌，提高烟叶加工质量和效率（尹耕云等，2010）。打叶复烤往往伴随着高温高湿，初烤烟叶化学成分在此过程会发生降解、转化、合成及挥发等一系列复杂的生物化学变化（陈彩霞等，2009）；高温作用还可以去除烟叶中的部分青杂气和辛辣气味，使烟叶品质得到提高（白晓莉等，2009；杨波等，2014；姚光明等，2011）。有研究表明，在烟叶烘烤过程中添加外源香料植物（即烘烤调香）能提高初烤烟叶致香物质含量，改善烟叶吸食品质（朱海滨等，2017；詹军等，2013）。但是，打叶复烤的高温高湿环境工艺流程对烘烤调香烟叶香味成分、感官评吸质量的影响尚未见报道。本试验通过研究烘烤调香烟叶在打叶复烤主要工序中致香物质、潜香物质（多酚、有机酸、质体色素、石油醚提取物）及感官质量的变化情况，验证烘烤调香烟叶的工业可用性，为烘烤调香方法的推广应用提供技术参考。

（二）材料与方法

1. 研究材料

试验材料为2016年在昆明安宁八街进行烘烤调香生产示范时的K326中部烟叶。烘烤调香即在烟叶初烤过程中添加外源香料植物与烟叶一起烘烤，2016年生产示范采用的香料植物为墨红玫瑰，烤房为气流下降式密集烤房（装烟室规格均为8m×2.7m×3.2m），每炉添加新鲜墨红玫瑰花瓣8kg。

调香烟叶实行单收单调并在原烟仓库进行低温贮存（温度为12～16℃、湿度为50%～60%）。原烟贮存5个月后，以模块配方打叶将4个等级（C1F、C2F、C3F、C4F）的中部烟叶组成一个烟叶模块进行打叶复烤（润叶阶段温度为50～60℃，烟叶水分为17%～20%；冷房阶段温度为35～45℃，烟叶水分为9%～12%）。

2. 研究方法

根据打叶复烤生产车间对初烤烟叶的加工流程，待生产设备运行稳定0.5h后，分别在打叶复烤关键工序的打叶复烤前、二润后、冷房后和复烤后设定取样点，每个取样点间隔5min取样1次，每次取样约100g，各取10次。人工剔除所取烟叶样品的烟梗，并将各取样点所取得的烟叶样品混匀后一分为二，1份用于烟叶潜香和致香物质分析，另1份用于烟叶感官评吸。试验设2次重复，结果取平均值。

3. 测定项目与方法

（1）致香物质提取及定性定量分析。样品处理及致香物质提取与GC/MS分析条件参考文献（詹军等，2011）中的方法进行。

（2）潜香物质提取及定性定量分析。

①多酚含量。采用烟草行业标准方法《烟草及烟草制品 多酚类化合物 绿原酸、莨菪亭和芸香苷的测定》（YC/T 202—2006）测定烟叶样品中的多酚类物质绿原酸、芸香苷等。

②色素含量。参照杨式华等（2007）介绍的高效液相色谱方法进行测定。

③有机酸含量。烟叶样品的前处理与定性定量分析参照文献（杨式华等，2008）中的方法进行。

④石油醚提取物含量。参照烟草行业标准方法《烟草及烟草制品 石油醚提取物的测定》（YC/T 176—2003）来进行石油醚提取物含量的测定。

（3）烟叶评吸鉴定。将各处理烟叶切丝后卷制成标准烟支，经过平衡水分后，由9位评吸专家按《卷烟感官技术要求》（GB/T 5606.4—2005）进行香韵、香气特征、烟气特征、口感特征等感官质量评吸，评吸方法参考文献（朱海滨等，2017）。

（三）结果与分析

1. 打叶复烤过程中调香技术对K326烟叶致香物质含量的影响

烟草和烟气中的致香物质对烟叶的香型、香气质和香气量有不同程度的影响，经GC/MS定性定量分析，共检测出70种化合物。为了便于分析，把致香物质按烟叶的香气前体物分类，其中苯丙氨酸类9种、美拉德反应产物17种、类胡萝卜素类降解产物16种、类西柏烷类4种、新植二烯1种，其他类别23种。

由表8-13可以看出，烘烤调香烟叶致香物质总量在打叶复烤过程中呈现先增后减再增的趋势。相比复烤前，新植二烯含量和致香物质总量在二润后和复烤后增加，在冷房后减少，致香物质总量从高到低依次为二润>复烤后>打叶复烤前>冷房。苯丙氨酸类致香物质和类胡萝卜素类降解产物含量在二润后最高，其次为复烤后，冷房后最低；美拉德反应产物含量在二润后最高，其次为复烤后，打叶复烤前最低；类西柏烷类降解产物含量经打叶复烤后略减少。相比打叶复烤前，一些香气阈值较低、对烟叶香气质量影响较大的香味物质无明显减少，苯甲醇、糠醛、糠醇、2,3-二氢苯并呋喃、β-大马酮、巨豆三烯酮、二氢猕猴桃内酯、茄那士酮等反而略有增加。

表8-13　打叶复烤过程中调香K326烟叶致香物质含量的变化

致香物质		取样阶段			
		打叶复烤前	二润	冷房	复烤后
苯丙氨酸类	苯甲醛	0.13	0.14	0.11	0.14
	苯甲醇	5.13	6.07	4.97	5.50
	苯乙醛	0.75	1.09	0.71	0.69
	苯乙醇	2.67	3.73	2.29	2.59
	吲哚	0.24	0.37	0.25	0.27
	2-甲氧基-4-乙烯基苯酚	1.10	1.26	1.33	1.37
	藏花醛	0.20	0.19	0.18	0.08
	丁基化羟基甲苯	0.19	0.13	0.14	0.23
	邻苯二甲酸二丁酯	0.58	0.56	0.58	0.57
	总量	10.99	13.54	10.56	11.44
美拉德反应产物	吡啶	0.10	0.11	0.11	0.11
	己醛	0.10	0.10	0.11	0.10
	2-甲基四氢呋喃-3-酮	0.17	0.19	0.21	0.19
	糠醛	1.13	1.48	1.17	1.38
	糠醇	0.43	0.57	0.54	0.57
	1-(2-呋喃基)-乙酮	0.06	0.05	0.09	0.07
	2-吡啶甲醛	0.06	0.07	0.07	0.08
	糠酸	0.19	0.21	0.20	0.21
	5-甲基糠醛	0.05	0.07	0.06	0.07
	4-吡啶甲醛	0.10	0.15	0.14	0.15
	1H-吡咯-2-甲醛	0.03	0.03	0.04	0.03
	1-(1H-吡咯-2-基)-乙酮	0.84	0.91	0.62	0.79

（续）

致香物质		取样阶段			
		打叶复烤前	二润	冷房	复烤后
美拉德反应产物	1-(3-吡啶基)-乙酮	0.05	0.07	0.05	0.05
	苯并［b］噻吩	0.17	0.19	0.17	0.18
	胡薄荷酮	0.14	0.16	0.13	0.14
	2,3-二氢苯并呋喃	0.17	0.32	0.23	0.26
	2,3′-联吡啶	0.19	0.10	0.16	0.15
	总量	3.98	4.78	4.10	4.53
类胡萝卜素类降解产物	2-环戊烯-1,4-二酮	0.21	0.21	0.18	0.21
	6-甲基-5-庚烯-2-酮	0.26	0.37	0.28	0.34
	芳樟醇	0.21	0.29	0.16	0.21
	氧化异佛尔酮	0.35	0.43	0.35	0.37
	β-大马酮	3.58	3.99	3.22	3.64
	β-二氢大马酮	1.18	1.60	1.06	1.29
	香叶基丙酮	1.06	0.99	0.76	0.91
	β-紫罗兰酮	2.14	2.41	1.93	2.14
	二氢猕猴桃内酯	0.71	0.76	0.75	0.76
	巨豆三烯酮A	0.78	1.84	1.26	1.56
	巨豆三烯酮B	3.47	6.15	3.69	4.59
	巨豆三烯酮C	0.88	1.36	0.91	1.08
	巨豆三烯酮D	3.91	6.23	3.82	4.31
	3-氧代-α-紫罗兰醇	0.15	0.18	0.21	0.27
	金合欢基丙酮A	4.58	5.23	3.98	4.66
	金合欢基丙酮B	0.47	0.39	0.40	0.25
	总量	23.94	32.43	22.96	26.59
	茄酮	12.10	10.41	10.12	10.58
	降茄二酮	0.42	0.38	0.42	0.39
	茄那士酮	0.67	0.81	1.18	1.09
	西柏三烯二醇	9.27	7.70	9.58	9.18
	总量	22.46	19.30	21.31	21.24
其他致香物质总量		38.63	39.99	37.16	41.39
新植二烯		499.83	538.59	462.33	505.77
致香物质总量		599.84	648.70	558.50	611.00

注：致香物质总量＝苯丙氨酸类总量＋美拉德反应产物总量＋类胡萝卜素类降解产物总量＋类西柏烷类物质总量＋其他致香物质总量＋新植二烯。

2. 打叶复烤过程中调香技术对K326烟叶潜香物质含量的影响

烘烤调香烟叶在打叶复烤各阶段的潜香物质分析结果（表8-14）表明，调香烟叶挥发性有机酸含量在打叶复烤过程中有小幅波动，但变化不大，在二润阶段含量较高，在冷房阶段含量较低；其中异戊酸、2-甲基丁酸含量在打叶复烤过程中略有减少，苯乙酸含量略微增加。非挥发性有机酸含量在打叶复烤过程中逐渐增加；其中，草酸、苹果酸、柠檬酸含量在打叶复烤过程中呈现略微增加的趋势，棕榈酸、亚油酸、油酸、亚麻酸含量呈略微减少的趋势。质体色素含量在打叶复烤前和复烤后无明显变化，其中叶黄素含量在打叶复烤后明显增加，β-胡萝卜素含量则是明显减少。多酚类化合物、石油醚提取物含量在打叶复烤过程中略有减少。

3. 打叶复烤过程中调香技术对K326烟叶感官评吸质量的影响

从感官质量评吸结果（表8-15）看，烘烤调香烟叶在打叶复烤过程中感官质量得分先升高后降低。在二润后香韵较丰富，愉悦性好，刺激小，甜度较好，感官质量得分最高；在复烤后，香韵丰富性降低，甜度减弱，微有刺激，略干，感官质量得分低于二润阶段，但略高于打叶复烤前。可能是由于在二润阶段时加温加湿促使调香烟叶香味物质加速透发，烟叶感官评吸质量得到改善；二润结束后，复烤烟叶水分、温度逐渐下降，调香烟叶香味物质透发速度减慢或停止，致使复烤后的烟叶感官质量得分降低。

表8-14 打叶复烤过程中调香K326烟叶潜香物质含量的变化

潜香物质		取样阶段			
		打叶复烤前	二润	冷房	复烤后
挥发性有机酸（μg/g）	异戊酸	44.16	39.07	36.46	40.26
	2-甲基丁酸	39.83	34.23	32.35	36.72
	戊酸	1.10	0.96	0.86	0.98
	3-甲基戊酸	1.25	1.12	1.12	1.36
	己酸	1.42	1.34	1.12	1.32
	苯甲酸	5.68	7.21	5.92	6.61
	辛酸	1.24	1.38	0.94	1.34
	苯乙酸	14.72	25.66	16.39	18.72
	合计	109.40	110.97	95.16	107.31

（续）

潜香物质		取样阶段			
		打叶复烤前	二润	冷房	复烤后
非挥发性有机酸（mg/g）	草酸	10.43	11.03	10.17	11.28
	丙二酸	1.68	1.99	1.46	1.63
	丁二酸	0.15	0.17	0.15	0.15
	苹果酸	31.43	46.06	37.42	39.81
	柠檬酸	4.78	6.62	5.74	5.96
	棕榈酸	1.64	1.63	1.55	1.58
	亚油酸	1.12	1.06	0.98	0.98
	油酸	1.15	1.06	1.01	1.02
	亚麻酸	3.25	2.91	2.91	2.90
	硬脂酸	0.35	0.35	0.33	0.34
	合计	55.98	72.88	61.72	65.65
质体色素（μg/g）	叶黄素	35.28	84.70	79.31	90.89
	β-胡萝卜素	114.55	82.19	62.93	69.95
	合计	149.83	166.89	142.24	160.84
多酚（mg/g）	绿原酸	11.15	10.23	10.75	10.70
	莨菪亭	0.15	0.21	0.16	0.18
	芸香苷	12.70	12.42	12.33	12.09
	合计	24.00	22.86	23.24	22.97
石油醚提取物（mg/g）		43.0	37.0	33.0	34.0

表 8-15 打叶复烤过程中K326烟叶感官质量得分的变化

取样节点	感官质量得分				
	香韵	香气特征	烟气特征	口感特征	合计
打叶复烤前	14.5	37.5	22.5	13.5	88.0
二润	17.0	38.5	24.0	14.0	93.5
冷房	15.0	37.0	23.5	13.5	89.0
复烤后	15.0	37.5	23.5	13.5	89.5

（四）讨论与结论

烟叶中的有机酸、色素、多酚等潜香物质与卷烟品质及香气类型有关（王瑞新，2003），致香物质是影响烟叶品质的重要化学成分，常用其含量的多少来评价烟叶香气的强弱（刘彩云等，2010）。在打叶复烤高温高湿过程中，烟叶内的潜香物质会发生降解和转化，部分小分子致香物质如醛酮类在被合成的同时也会挥发。本试验结果表明，新植二烯含量和致香物质总量在二润后和复烤后增加，在冷房后减少；相比打叶复烤前，复烤结束后一些香气阈值较低、对烟叶香气质量影响较大的香味物质无明显减少，部分香味物质反而增加。调香烟叶挥发性有机酸含量在二润阶段含量较高，在冷房阶段含量较低；非挥发性有机酸含量在打叶复烤过程中逐渐增加；质体色素总量在打叶复烤前和复烤后无明显变化；多酚类化合物、石油醚提取物含量在打叶复烤过程中略有减少。在感官评吸质量方面，调香烟叶在二润后香韵较丰富，愉悦性好，刺激性小，甜度较好，感官评吸质量得分最高；在复烤后，调香烟叶的香韵丰富性降低，甜度减弱，微有刺激，略干，感官评吸质量得分低于二润阶段得分，但略高于打叶复烤前的得分。这与部分学者采用常规烟叶（非加香烟叶），研究打叶复烤过程烟叶致香成分的变化结果不完全一致。如华一崑等（2012）研究表明，常规烟叶香味物质总量在一润过程中有所增加，在二润和复烤过程中逐渐降低；杂气在整个打叶复烤过程中都呈下降趋势；刺激性在一润后改善比较明显。杨波等（2014）研究表明，常规烟叶复烤后杂气和刺激性减小，细腻度和甜度增加，但复烤后香气质和香气量有所减弱，复烤后香味物质总量下降。可见，常规烘烤烟叶在打叶复烤后香味物质有所损失，杂气减少，余味更舒适。造成调香烟叶和常规烟叶在打叶复烤过程中，香味物质变化规律不同的原因，可能是在烘烤调香过程中受到了进入或吸附于烟叶表面的香原料植物香味物质的影响。

本试验结果表明，打叶复烤过程不会造成调香烟叶香味物质大量损失，部分香气阈值较低、对烟叶香气质量影响较大的香味物质反而会增加，烟叶感官评吸质量在打叶复烤后略有改善。下一步将继续追踪研究烟叶醇化过程对调香烟叶香味物质及感官评吸质量的影响，以便为烘烤调香烟叶工业应用提供指导。

三、K326 品种烟叶异地醇化技术试验研究

（一）研究背景

由于自然醇化烟叶贮存周期长，资金积压大，生产成本较高，国内外烟草行业企业都在积极探索缩短烟叶自然醇化时间的有效方法和途径。烟叶自然醇化受环境温湿度、烟叶水分含量等因素的影响较大，气候条件不同的地区，在相同的储存时间内，烟叶自然醇化程度有较大的差异。因此，项目组根据仓储温湿度以及烟叶水分含量对烟叶醇化时间的影响，在玉溪和元江两地开展差异化烟叶不同水分含量的“异地自然醇化”技术研究。

烟叶自然醇化技术在我国卷烟工业已实施多年，由于主要考虑到烟叶霉变发生的可能性，国内卷烟工业和复烤企业的复烤片烟水分一般统一为11.5%～12.5%，但是没有充分考虑到烟叶水分含量和环境温湿度对醇化品质的影响。云南与国内外其他地区的生态条件明显不同，云南不同地区的气候也有较大差异，例如玉溪和元江地理位置相距不过 110 公里，但两地气候条件有很大差异，玉溪的年均气温低于 20℃，年均相对湿度低于60%，元江的年均气温高于 25℃，年均相对湿度也低于 60%。因此项目组深入研究了在这两种特定的自然生态条件下，不同部位、不同水分含量复烤片烟适宜的自然醇化水分及适宜的自然醇化时间，这对提高卷烟企业差异化烟叶的醇化质量和可用性，从而提高卷烟的质量有积极作用。这种“异地自然醇化”技术的研究及推广应用，将对云南中烟工业公司合理选择差异化烟叶的自然醇化地点，缩短烟叶自然醇化时间，降低仓储费用，减少烟叶资金积压，近而降低卷烟生产成本，有重大的指导意义。

（二）材料与方法

1. 研究材料

以 K326 品种复烤片烟为研究材料，在玉溪和元江两存储地进行“异地自然醇化”条件对比试验，项目组重点对这两个仓储地点仓库内的温度、湿度和不同的烟叶水分含量进行了试验。

2. 复烤片烟水分的设定

在玉溪，烟叶水分处理设计为：12.2%～12.7%，12.7%～13.2%，13.2%～13.7%；由于元江的年均温度较高（25℃以上），复烤烟叶的存储水分应低于玉溪，所以元江存储地的烟叶水分处理设计为：11.5%～12.2%，12.2%～12.7%，12.7%～13.2%。中部、下部和上部烟叶分别设三个水分处理。

3. 取样方法和时间

对照样：在供试烟叶中，各处理在打叶复烤过程中每箱各取样1kg烟样，然后把各箱所取烟样混合均匀后，采用四分法留样5kg作为对照样（充氮气低温保存）。

处理样：在供试烟叶中，采用梅花型打孔取样方法，各处理每次随机取样三箱，混合均匀后作为本次的分析样（样品量不少于2kg），为防止打孔后对烟箱透气性的影响，已经取样的烟箱下次不再取样。

取样时间：按试验研究需要，每隔三个月，各处理样和对照样各取样一次，进行感官评吸质量和化学成分化验。

4. 感官评吸方法

对各处理烟叶存储醇化过程中所取烟样进行感官评吸鉴定，评吸标准采用2006年8月通过的云南省地方标准，各单项指标均以0.5分计（表8-16），最终按综合得分衡量其感官质量水平；采用MATLAB 6.5统计方法统计各处理各阶段取样样品的感官评吸结果，并且以平均得分来评价各评吸指标和综合得分。

表8-16　单体烟叶感官质量评价方法及指标

香韵（10）	香气量（15）	香气质（15）			浓度（10）	刺激性（15）			劲头（5）	杂气（10）				口感（20）		
		细腻度	圆润性	绵延感		鼻腔	口腔	喉部		枯焦	粉杂气	生青气	其他杂气	干净度（10）	湿润	回味
															5	5

5. 化学成分分析方法

常规化学成分引用以下标准：《烟草及烟草制品　试样的制备和水分测定　烘箱法》（YC/T 31—1996）；《烟草及烟草制品　水溶性糖的测定　连续流动法》（YC/T 159—2019）；《烟草及烟草制品　总植物碱的测定　连续流动法》（YC/T 160—2002）；《烟草及烟草制品　总氮的测定　连续流

动法》（YC/T 161—2002）。

（三）结果与分析

1. 两个醇化地点仓库内环境温湿度及烟包温度比较

项目组连续跟踪了2007年至2009年，烤烟复烤片烟存储过程中玉溪和元江两个地方仓库环境温度、湿度及烟包温度的变化过程，这些温湿度变化的月平均值和变化趋势见表8-17。

从表8-17可看出，醇化过程中两个醇化地点的烟包温度随着环境温度的变化而变化，并且在醇化过程中烟包平均温度较环境平均温度高1～2℃。在玉溪生态条件下，库内年平均温度为18.52℃，年平均相对湿度为58.27%，其中烟包年平均温度为19.79℃；6—10月库内环境平均温度为20.49℃，平均相对湿度为62.54%，烟包温度平均为22.17℃。在元江生态条件下，库内年平均温度为26.27℃，相对湿度为55.67%，年平均烟包温度为27.26℃。6—10月库内环境平均温度为30.72℃，相对湿度为58.00%，烟包平均温度为31.72℃。

表8-17 玉溪和元江两个仓库环境温度、湿度以及烟包温度的月变化

月份	玉溪			元江		
	环境温度（℃）	烟包温度（℃）	环境湿度（%）	环境温度（℃）	烟包温度（℃）	仓库湿度（%）
1月	14.35	16.08	53.95	18.00	19.82	51.25
2月	15.20	16.73	51.75	20.50	20.19	52.85
3月	17.05	17.56	55.75	23.58	23.46	54.35
4月	19.45	19.89	55.70	26.79	27.48	55.30
5月	21.70	21.41	57.50	31.97	31.81	52.17
6月	22.35	21.92	59.85	32.50	32.75	56.37
7月	23.15	23.64	64.20	32.40	32.14	57.52
8月	21.00	23.37	64.30	32.83	33.22	58.40
9月	18.80	21.49	63.55	30.60	31.72	58.60
10月	17.15	20.45	60.80	25.29	28.77	59.11
11月	16.70	18.06	57.63	22.39	25.33	58.50
12月	15.30	16.89	54.31	18.45	20.39	53.65
平均	18.52	19.79	58.27	26.27	27.26	55.67

2. 玉溪和元江自然醇化过程中烟叶感官评吸质量的变化

每3个月取样评吸，连续跟踪评吸了24个月。玉溪和元江自然醇化烟叶评吸结果分别见表8-18和表8-19，从结果可见，在自然醇化过程中，复烤烟叶达到最佳感官评吸质量的时间因烟叶部位、处理水分、存储地点的不同而有较大差异。当烟叶部位和存储地点相同时，在设定的水分处理范围内，随着处理的烟叶水分含量增加，复烤烟叶达到最高感官评吸质量得分的时间缩短。当烟叶部位和处理水分相同时，环境温度高的地方（元江）比环境温度低的地方（玉溪）复烤烟叶达到最高感官评吸质量得分的时间更短。但在达到最佳评吸质量后，温度越高、水分越大，评吸质量得分下降得越快。

表8-18 玉溪存储过程中评吸结果变化分析数据

时间	下部（KX1）			中部（KC1）			上部（KB1）		
	12.2%～12.7%	12.7%～13.2%	13.2%～13.7%	12.2%～12.7%	12.7%～13.2%	13.2%～13.7%	12.2%～12.7%	12.7%～13.2%	13.2%～13.7%
对照样		77.43			78.21			76.65	
3个月	78.11	78.54	79.21	80.53	81.42	82.07	77.3	79.6	80.59
6个月	79.05	79.64	80.15	81.45	82.62	83.13	78.8	80.6	81.9
9个月	81.15	81.86	81.67	82.71	84.3	84.67	80.92	83.28	83.69
12个月	82.85	83.51	82.11	84.15	85.47	85.58	83.17	83.76	84.9
15个月	84.05	82.48	81.37	85.57	86.02	85.47	84.03	84.89	85.57
18个月	83.67	81.99	80.3	85.42	86.86	84.61	85.21	85.28	85.74
21个月	82	80.31	78.16	84.5	84.79	83.77	85.59	85.87	85.95
24个月	81.18	79.02	77.36	83.57	82.47	81.04	85.67	85.76	84.9

表8-19 元江存储过程中评吸结果变化分析数据

时间	下部（KX1）			中部（KC1）			上部（KB1）		
	11.5%～12.2%	12.2%～12.7%	12.7%～13.2%	11.5%～12.2%	12.2%～12.7%	12.7%～13.2%	11.5%～12.2%	12.2%～12.7%	12.7%～13.2%
初始样		77.43			78.21			76.65	
3个月	79.48	79.86	80.44	80.33	81.25	82.18	78.8	81.91	82.5
6个月	82.64	80.67	82.13	81.6	83.24	84.09	79.7	82.3	83.1

（续）

时间	下部（KX1）			中部（KC1）			上部（KB1）		
	11.5%～12.2%	12.2%～12.7%	12.7%～13.2%	11.5%～12.2%	12.2%～12.7%	12.7%～13.2%	11.5%～12.2%	12.2%～12.7%	12.7%～13.2%
9个月	83.56	81.83	80.34	82.71	84.5	84.52	82.19	83.92	84.18
12个月	82.15	79.39	76.53	83.66	85.38	84.9	83.49	84.21	85.17
15个月	80.86	78.86	—	84.18	84.97	83.22	84.11	85.18	85.53
18个月	78.64	77.81	—	82.79	84.05	81.77	83.16	83.3	83.49
21个月	78.16	76.55	—	81.67	81.35	79.39	82.15	82.5	82.7
24个月	77.67	75.73	—	80.85	79.43	78.23	80.71	80.45	80.56

3. 复烤烟叶自然醇化过程中 K326 烟叶化学成分的变化

（1）烟叶总糖、还原糖含量的变化。从表 8－20、表 8－21 可以看出，在玉溪和元江两个存储地，复烤烟叶自然醇化过程中随存储时间增加，总糖和还原糖均呈下降趋势，两糖差逐渐减小；当烟叶部位、醇化时间、存储地相同时，随处理水分的增加，总糖含量呈下降趋势；当烟叶部位、醇化时间、水分处理相同时，醇化环境温度高的地方（元江）比醇化环境温度低的地方（玉溪）总糖含量低。存储 24 个月，玉溪下部烟的两糖差减少了 2.31%～2.35%，中部烟减少了 1.03%～1.12%，上部烟减少了 0.98%～1.07%；元江下部烟的两糖差减少了 2.44%～2.49%，中部烟减少了 1.04%～1.61%，上部烟减少了 0.88%～1.17%。

表 8－20　储存醇化过程中 K326 烟叶总糖含量的变化（%）

地点	等级	水分（%）	0个月	3个月	6个月	9个月	12个月	15个月	18个月	21个月	24个月
玉溪	KX1	12.2～12.7	31.11	30.7	30.67	30.29	29.58	29.17	28.42	28.13	27.68
		12.7～13.2	31.11	30.78	29.53	29.05	28.72	28.45	28.31	28.05	27.52
		13.2～13.7	31.11	30.28	29.22	28.92	28.53	28.22	28.01	27.86	27.36
	KC1	12.2～12.7	29.32	29.25	29.08	28.83	28.46	28.31	27.83	27.45	27.09
		12.7～13.2	29.32	29.11	28.96	28.78	28.22	28.17	27.65	27.23	26.88
		13.2～13.7	29.32	29.02	28.87	28.66	28.15	28.07	27.61	27.1	26.67
	KB1	12.2～12.7	27.55	27.5	27.21	26.96	26.55	26.23	25.71	25.36	24.92
		12.7～13.2	27.55	27.45	27.06	26.78	26.4	26.08	25.67	25.19	24.98
		13.2～13.7	27.55	27.37	26.87	26.52	26.13	25.84	25.45	25.04	24.79

（续）

地点	等级	水分（%）	0个月	3个月	6个月	9个月	12个月	15个月	18个月	21个月	24个月
元江	KX1	11.5～12.2	31.11	30.74	30.10	29.67	29.23	28.70	28.25	27.83	27.42
		12.2～12.7	31.11	30.43	29.27	28.99	28.65	28.43	27.82	27.56	27.06
		12.7～13.2	31.11	29.75	28.85	28.52	28.36	—	—	—	—
	KC1	11.5～12.2	29.32	29.07	28.92	28.72	28.19	28.12	27.63	27.17	26.78
		12.2～12.7	29.32	28.59	28.37	27.55	27.27	27.06	26.82	26.52	26.25
		12.7～13.2	29.32	28.16	27.86	26.43	26.39	26.05	26.02	25.93	25.88
	KB1	11.5～12.2	27.55	27.41	26.97	26.65	26.27	25.96	25.56	25.12	24.74
		12.2～12.7	27.55	27.39	26.92	26.59	26.20	25.90	25.41	25.08	24.65
		12.7～13.2	27.55	27.35	26.84	26.52	26.14	25.81	25.43	24.88	24.33

表8-21 储存醇化过程中K326烟叶还原糖含量的变化（%）

地点	等级	水分（%）	0个月	3个月	6个月	9个月	12个月	15个月	18个月	21个月	24个月
玉溪	KX1	12.2～12.7	24.41	24.4	24.04	23.95	23.76	23.68	23.58	23.46	23.33
		12.7～13.2	24.41	24.3	23.7	23.52	23.47	23.32	23.25	23.17	23.13
		13.2～13.7	24.41	24.27	23.65	23.45	23.36	23.31	23.22	23.15	23.07
	KC1	12.2～12.7	24.68	24.5	24.35	24.03	23.75	23.65	23.59	23.51	23.48
		12.7～13.2	24.68	24.48	24.23	23.76	23.67	23.57	23.42	23.38	23.31
		13.2～13.7	24.68	24.42	24.22	24.17	23.62	23.59	23.39	23.23	23.15
	KB1	12.2～12.7	22.27	22.16	22.09	21.85	21.64	21.48	21.23	20.99	20.71
		12.7～13.2	22.27	22.15	21.92	21.72	21.53	21.25	21.14	20.82	20.56
		13.2～13.7	22.27	22.12	21.87	21.67	21.32	21.19	20.75	20.61	20.49
元江	KX1	11.5～12.2	24.41	24.35	23.95	23.74	23.65	23.47	23.55	23.36	23.21
		12.2～12.7	24.41	24.22	23.7	23.45	23.34	23.21	23.13	23.02	22.84
		12.7～13.2	24.41	24.27	23.57	23.4	23.21	—	—	—	—
	KC1	11.5～12.2	24.68	24.39	24.23	24.03	23.67	23.58	23.45	23.25	23.18
		12.2～12.7	24.68	24.38	23.87	23.59	23.45	23.33	23.23	23.15	22.96
		12.7～13.2	24.68	24.33	23.75	23.51	23.39	23.28	23.17	23.09	22.85
	KB1	11.5～12.2	22.27	22.14	22.08	21.48	20.99	20.75	20.56	20.48	20.34
		12.2～12.7	22.27	22.09	21.89	21.25	20.82	20.63	20.49	20.35	20.27
		12.7～13.2	22.27	21.58	21.43	21.19	20.61	20.51	20.31	20.28	20.22

（2）烟碱含量的变化。从表8-22可以看出，在玉溪和元江两个存储地，复烤烟叶自然醇化过程中随存储时间增加，烟碱含量呈下降趋势。部位、醇化时间、存储地相同的烟叶，随处理水分增加烟碱含量呈下降趋势；部位、醇化时间、水分处理相同的烟叶，醇化环境温度高的地方（元江）比醇化环境温度低的地方（玉溪）烟碱含量低。存储24个月，玉溪下部烟的烟碱含量减少了6.17%～9.13%，中部烟减少了4.82%～6.93%，上部烟减少了6.43%～7.31%；元江下部烟的烟碱含量减少了8.37%～9.69%，中部烟减少了6.02%～9.64%，上部烟减少了7.41%～8.48%。

（四）讨论与结论

复烤烟叶自然醇化过程中，储存地环境温度的季节性变化会导致烟包温度随之变化，并且醇化过程中烟包温度较环境温度高1～2℃。烟叶水分含量和存储地气候条件是影响烟叶内在物质分解和转化的主要因素，在玉溪和元江气候条件下，适当增加复烤烟叶的水分含量有利于烟叶内在物质的分解和转化。复烤烟叶自然醇化过程中内在物质变化对感官评吸质量的影响呈现出动态的、相互协调的关系。烟叶醇化是一个动态过程，烟叶储存的温度、含水量、醇化时间等多种因素的共同作用导致了烟叶品质的变化。

表8-22　储存醇化过程中K326烟碱含量的变化（%）

地点	等级	水分（%）	0个月	3个月	6个月	9个月	12个月	15个月	18个月	21个月	24个月
玉溪	KX1	12.2～12.7	2.27	2.26	2.24	2.23	2.2	2.2	2.18	2.16	2.13
		12.7～13.2	2.27	2.25	2.2	2.2	2.17	2.14	2.1	2.11	2.07
		13.2～13.7	2.27	2.23	2.22	2.18	2.15	2.14	2.08	2.1	2.04
	KC1	12.2～12.7	3.32	3.3	3.28	3.24	3.22	3.2	3.18	3.16	3.16
		12.7～13.2	3.32	3.28	3.26	3.2	3.18	3.16	3.14	3.15	3.1
		13.2～13.7	3.32	3.26	3.25	3.21	3.17	3.14	3.11	3.09	3.09
	KB1	12.2～12.7	3.42	3.41	3.37	3.34	3.31	3.29	3.25	3.21	3.2
		12.7～13.2	3.42	3.39	3.36	3.3	3.28	3.25	3.22	3.18	3.18
		13.2～13.7	3.42	3.37	3.34	3.27	3.25	3.21	3.2	3.18	3.17

（续）

地点	等级	水分（%）	0个月	3个月	6个月	9个月	12个月	15个月	18个月	21个月	24个月
元江	KX1	11.5～12.2	2.27	2.25	2.22	2.21	2.18	2.16	2.13	2.10	2.08
		12.2～12.7	2.27	2.24	2.21	2.2	2.16	2.13	2.08	2.07	2.05
		12.7～13.2	2.27	2.21	2.2	2.17	2.14	—	—	—	—
	KC1	11.5～12.2	3.32	3.28	3.26	3.25	3.20	3.18	3.17	3.15	3.12
		12.2～12.7	3.32	3.28	3.25	3.22	3.19	3.15	3.10	3.09	3.07
		12.7～13.2	3.32	3.25	3.21	3.18	3.15	3.13	3.07	2.96	3
	KB1	11.5～12.2	3.42	3.4	3.37	3.31	3.28	3.27	3.24	3.19	3.17
		12.2～12.7	3.42	3.38	3.35	3.28	3.27	3.24	3.2	3.18	3.14
		12.7～13.2	3.42	3.36	3.33	3.26	3.25	3.20	3.18	3.15	3.13

复烤片烟的适宜水分含量工艺指标，因烟叶存储地点的气候条件不同而有差异。其中在玉溪气候条件下，烤烟复烤的适宜水分含量工艺指标应稍高于国家标准（12%±0.5%）。下部烟叶适宜的复烤水分含量指标为12.2%～12.7%；中部烟叶适宜的复烤水分含量指标为12.5%～13.2%；上部烟叶适宜的复烤水分含量指标为12.8%～13.5%；而在元江气候条件下，烤烟复烤的适宜水分含量工艺指标应稍低于玉溪，下部烟叶适宜的复烤水分含量指标为11.5%～12.5%；中部烟叶适宜的复烤水分含量指标为12.2%～12.7%；上部烟叶适宜的水分含量指标为12.5%～13.2%。

烟叶的自然醇化时间，受烟叶储存地温度、烟叶部位、烟叶含水量的影响很大，自然醇化时间在温度较低的玉溪明显比温度较高的元江要长。其中在玉溪气候条件下，水分含量为12.2%～12.7%的下部复烤烟叶适宜的自然醇化时间是15个月左右；水分含量为12.5%～13.2%的中部复烤烟叶适宜的自然醇化时间是18个月左右；水分含量为12.8%～13.5%的上部复烤烟叶适宜的自然醇化时间是21个月左右。而在元江气候条件下，水分含量为11.5%～12.5%的下部复烤烟叶适宜的自然醇化时间是9个月左右；水分含量为12.2%～12.7%的中部复烤烟叶适宜的自然醇化时间是12个月左右；水分含量为12.5%～13.2%的上部复烤烟叶适宜的自然醇化时间是15个月左右。

四、不同产地、品种、仓储地点K326片烟醇化中化学成分变化研究

（一）研究背景

云南是种植烤烟的大省，立体气候特点明显，不同烟区生态条件差异较大。烟叶产地和烤烟品种不同，会直接影响烟叶的化学成分含量（周冀衡等，1996；Sun et al.，2011；吴玉萍等，2015），化学成分含量又会影响烟叶醇化发酵中产生的香味物质（陈秋会，2008；Cai et al.，2013；董高峰等，2015），因此有必要研究醇化过程中烟叶化学成分的变化情况。前人研究过醇化过程中烤烟片烟化学成分的变化（孙吉等，2013；黄沛，2015；Lai et al.，2017），烤烟化学成分可用性评价及其与潜香物质的关系（王育军等，2014），烤烟主要化学成分与烟叶等级和醇化时间的相关性（宫长荣等，2003；巩效伟等，2010；窦玉青等，2012），也有了基于化学成分和致香物质的烤烟上部叶的香型判断（詹军等，2013）等。

昆明、曲靖、红河均为云南重要烟区，每年提供大量的烟叶原料，曲靖、楚雄、红河、元江4个地区均处于云南中纬度地区，温湿度条件有利于烟叶的醇化处理，是建立大型仓储基地的合适地点，也是探究烟叶自然醇化的适宜地点。本研究旨在探究4个地区、3个烟叶产地、2个烤烟品种片烟醇化过程中，总糖、还原糖、总氮、烟碱、钾、氯、糖/氮、钾/氯、致香物质、挥发性有机酸、多酚等物质的变化情况。

（二）材料与方法

1. 研究材料

仓储地点为曲靖、楚雄、红河、元江4个烤烟片烟仓库。选取昆明、曲靖、红河3地的烤烟K326和红花大金元2个品种C3F片烟，烤烟生产时间为2014年，入库时间为2015年4月，其中第1批取样时间为2015年4月（即醇化时间为0个月），第2批取样时间为2015年10月（即醇化时间为6个月），第3批取样时间为2016年7月（即醇化时间为

15个月）。

2. 研究方法

分别在醇化0个月、6个月和15个月时，取烟样进行相关化学成分含量的测定。烟叶常规化学成分测定按国家相关标准进行，总糖和还原糖按《烟草及烟草制品 水溶性糖的测定 连续流动法》（YC/T 159—2019）测定，烟碱按《烟草及烟草制品 总植物碱的测定 连续流动法》（YC/T 160—2002）测定，氯按《烟草及烟草制品 氯的测定 连续流动法》（YC/T 162—2011）的方法测定，钾按《烟草及烟草制品 钾的测定 连续流动法》（YC/T 217—2007）的方法测定，致香物质、挥发性有机酸、多酚化合物按“烟草及烟草制品致香成分的测定同时蒸馏萃取-气相色谱质谱联用法”参考文献（丁超等，2004）的方法测定。

（三）结果与分析

1. 醇化过程中K326片烟总糖、烟碱含量变化

由表8-23可见，3个产地、4个存储地点的K326和红花大金元2个品种总糖含量有明显差异，红花大金元品种的总糖含量高于K326，3个产地的烟叶总糖含量昆明产区＞曲靖产区＞红河产区，且昆明产地的烟叶K326和红花大金元2个品种含量差异最大，随着醇化时间的延长，总糖含量有一定变化，但差异不大。还原糖的含量与总糖含量的变化趋势一致。

表8-23 不同仓储地点、品种、产区K326片烟总糖、烟碱含量变化

指标	存储地点	品种	红河产区			昆明产区			曲靖产区		
			0个月	6个月	15个月	0个月	6个月	15个月	0个月	6个月	15个月
总糖（%）	楚雄	K326	27.39	27.44	26.97	25.70	26.92	25.72	27.32	28.71	26.68
		红花大金元	28.21	28.35	29.33	31.66	32.93	30.17	31.01	29.21	28.48
	弥勒	K326	26.22	26.94	26.69	27.02	29.05	27.54	27.31	28.39	25.47
		红花大金元	28.14	28.06	28.97	31.30	31.97	29.50	27.78	27.47	29.82
	曲靖	K326	27.51	27.05	26.27	27.83	29.31	28.67	27.63	29.11	27.54
		红花大金元	29.07	28.84	30.45	31.45	32.28	31.73	30.26	27.14	29.19

（续）

指标	存储地点	品种	红河产区			昆明产区			曲靖产区		
			0个月	6个月	15个月	0个月	6个月	15个月	0个月	6个月	15个月
总糖（%）	元江	K326	26.52	25.60	23.57	26.93	28.89	25.75	26.44	27.35	25.32
		红花大金元	27.54	28.59	27.21	32.09	31.28	28.85	29.68	26.66	27.95
烟碱（%）	楚雄	K326	2.30	2.60	2.57	2.38	2.15	2.13	1.97	2.10	2.13
		红花大金元	2.06	2.14	2.44	1.55	1.70	1.78	1.76	1.70	1.84
	弥勒	K326	2.38	2.46	2.44	2.09	2.13	2.17	2.05	2.21	2.24
		红花大金元	2.10	2.18	2.31	2.20	2.05	2.12	1.63	1.71	1.70
	曲靖	K326	2.32	2.48	2.52	1.86	1.99	2.03	2.09	2.14	2.17
		红花大金元	2.15	2.14	2.19	2.08	1.99	2.16	1.63	1.59	1.66
	元江	K326	2.08	2.53	2.63	1.88	2.00	1.98	1.96	2.03	2.11
		红花大金元	2.27	2.14	2.23	1.61	1.77	1.87	1.77	1.61	1.74
糖碱比	楚雄	K326	11.90	10.60	10.50	10.80	12.50	12.10	13.90	13.70	12.50
		红花大金元	13.70	13.20	12.00	20.40	19.40	16.90	17.60	17.20	15.50
	弥勒	K326	11.00	11.00	10.90	12.90	13.60	12.70	13.30	12.80	11.40
		红花大金元	13.40	12.90	12.50	14.20	15.60	13.90	17.00	16.10	17.50
	曲靖	K326	11.90	10.90	10.40	15.00	14.70	14.10	13.20	13.60	12.70
		红花大金元	13.50	13.50	13.90	15.10	16.20	14.70	18.60	17.10	17.60
	元江	K326	12.80	10.10	9.00	14.30	14.40	13.00	13.50	13.50	12.00
		红花大金元	12.10	13.40	12.20	19.90	17.70	15.40	16.80	16.60	16.10

3个产地、4个存储地点的K326和红花大金元2个品种烟碱含量有明显差异，K326品种的烟碱含量高于红花大金元；3个产地的烟叶，烟碱含量红河产区>昆明产区>曲靖产区，且曲靖产地的烟叶K326和红花大金元2个品种差异最大，随着醇化时间的延长，烟碱含量有一定变化，但差异不大。

3个产地、4个存储地点的K326和红花大金元2个品种糖碱比差异明显，3个产地的糖碱比红花大金元品种均高于K326。

2. 醇化过程中K326片烟致香物质含量的变化

由表8-24可见，3个产地、4个存储地点的K326和红花大金元2个品种致香物质、挥发性有机酸、多酚化合物含量有明显差异，且醇化时间对这些指标影响显著，随着醇化时间延长，致香物质含量逐渐升高，挥发性有机酸和多酚物质含量则随醇化时间延长而减少。

2个烤烟品种烟叶致香物质总量的变化动态趋势基本一致，均为逐渐上升，但二者的上升幅度有一定差异，其中K326品种在醇化0～6个月时缓慢上升，6～15个月时上升幅度增大；红花大金元品种则在0～6个月时剧烈上升，6～15个月时上升幅度变缓。从致香物质总量看，红花大金元品种的致香物质总量要高于K326品种。

表8-24　不同仓储地点、品种、产区K326片烟致香物质含量的变化

指标	存储地点	品种	红河产区			昆明产区			曲靖产区		
			0个月	6个月	15个月	0个月	6个月	15个月	0个月	6个月	15个月
致香物质总量（mg/g）	楚雄	K326	435.97	639.1	939.04	508.04	624.83	1 031.29	432.99	725.61	1 049.1
		红花大金元	433.25	994.22	1 042.81	324.2	944.17	845.28	399.13	727.91	960.87
	弥勒	K326	435.97	518.03	1 047.73	508.04	505.35	1 078.97	432.99	531.18	1 046.23
		红花大金元	433.25	748.23	900.14	324.2	931.67	904.25	399.13	1 028.2	923.04
	曲靖	K326	435.97	558.67	1 069.28	508.04	670.04	1 060.24	432.99	464.71	990.16
		红花大金元	433.25	751.8	914.47	324.2	839.31	891.3	399.13	846.37	885.52
	元江	K326	435.97	703.47	1 115.27	508.04	535.69	998.06	432.99	520.24	1 065.87
		红花大金元	433.25	714.76	808.36	324.2	978.14	980.76	399.13	919.02	985.11
挥发性有机酸（mg/g）	楚雄	K326	103.56	101.09	85.84	73.05	58.2	55.37	102.46	100.35	81.8
		红花大金元	101.61	89.92	74.93	106.41	71.63	81.61	108.97	86.56	86.96
	弥勒	K326	103.56	93.45	81.04	73.05	69.93	61.78	102.46	102.11	88.03
		红花大金元	101.61	75.4	80.77	106.41	75.66	85.59	108.97	85.38	95.04
	曲靖	K326	103.56	102.64	86.52	73.05	65.17	56.18	102.46	103.79	82.89
		红花大金元	101.61	68.54	78.44	106.41	81.13	84.94	108.97	80.03	94.26
	元江	K326	103.56	103.42	84.51	73.05	67.94	61.32	102.46	100.53	82.1
		红花大金元	101.61	81.02	81.39	106.41	75.64	83.99	108.97	93.06	92.48
多酚化合物（mg/g）	楚雄	K326	25.67	24.29	23.81	25.79	24.14	21.53	29.12	27.31	25.51
		红花大金元	21.25	20.15	18.38	30.06	25.53	23.07	28.12	26.41	23.86
	弥勒	K326	25.67	24.58	22.37	25.79	23.79	21.08	29.12	27.18	25.74
		红花大金元	21.25	20.13	17.91	30.06	26.44	24.2	28.12	26.34	23.68
	曲靖	K326	25.67	23.62	22.77	25.79	22.1	20.74	29.12	26.01	25.31
		红花大金元	21.25	19.8	18.11	30.06	28.95	26.26	28.12	26.68	25.09
	元江	K326	25.67	22.32	20.75	25.79	22.36	19.71	29.12	26.64	22.66
		红花大金元	21.25	19.3	16.05	30.06	24.71	20.73	28.12	25.86	22.75

2个品种烟叶挥发性有机酸的变化动态有一定差异，K326品种在醇化0～6个月时挥发性有机酸缓慢下降，6～15个月时降幅增大；红花大金元品种则在醇化0～6个月时剧烈下降，6～15个月时有一定回升。从不同产地品种之间相比较来看，红河烟叶挥发性有机酸含量K326高于红花大金元，昆明红花大金元高于K326，曲靖两品种相当。不同产地烟叶挥发性有机酸含量表现为曲靖产区＞红河产区＞昆明产区。

2个品种烟叶多酚化合物含量的变化动态趋势基本一致，均随醇化时间的延长逐渐下降，从不同产地品种之间相比较来看，红河和曲靖的烟叶多酚化合物含量K326高于红花大金元，昆明则红花大金元品种高于K326。不同产地烟叶多酚化合物含量表现为曲靖产区＞昆明产区＞红河产区。

3. 醇化过程中K326片烟化学成分的相关分析

相关分析表明烤烟片烟的总糖与烟碱呈极显著负相关关系（$R^2=-0.46$）；总糖与还原糖呈显著正相关关系（$R^2=0.72$）；总氮与烟碱呈显著正相关关系（$R^2=0.28$），与总糖、还原糖呈显著负相关关系；钾与烟碱呈极显著负相关关系（$R^2=-0.34$），与总糖呈极显著正相关关系（$R^2=0.31$）；氯与总氮呈极显著正相关关系（$R^2=0.36$）。

由表8-25可见，糖/碱与钾呈极显著正相关关系（$R^2=0.38$）；氮/碱与总糖、糖/碱呈极显著正相关关系；钾/氯与总氮呈极显著负相关关系（$R^2=-0.38$）；致香物质总量与总氮含量呈极显著正相关关系（$R^2=0.34$）；挥发性有机酸与氯含量呈极显著正相关关系（$R^2=0.55$），与钾、钾/氯、致香物质总量呈显著或极显著负相关关系；多酚化合物含量与总糖、钾、氯、糖/碱、氮/碱、挥发性有机酸含量呈显著或极显著正相关关系，与烟碱、还原糖、总氮、钾/氯、致香含量呈负相关关系。

（四）讨论与结论

烟叶产地和烤烟品种对片烟的化学成分含量影响显著，存储地点对片烟的化学成分含量的影响不显著。红花大金元和K326为云南省的主栽品种，本研究发现红花大金元品种的总糖含量高、烟碱含量低，K326品种的烟碱含量较高、总糖含量相对较低，因而红花大金元的糖碱比显著高于K326，昆明产地的K326和红花大金元品种的钾氯比大小与红河和曲靖产

表 8-25 烟叶化学成分相关分析

相关系数	烟碱	总糖	还原糖	总氮	钾	氯	糖/碱	氮/碱	钾/氯	致香物质总量	挥发性有机酸	多酚化合物
烟碱	1	−0.46**	−0.03	0.28*	−0.34**	−0.04	−0.93**	−0.90**	−0.04	0.11	−0.06	−0.39**
总糖		1	0.72*	−0.23*	0.31**	0.13	0.73**	0.35**	−0.13	−0.15	0.1	0.26*
还原糖			1	−0.24*	0.20	−0.16	0.30**	−0.07	0.07	0.1	−0.22	−0.25*
总氮				1	−0.21	0.36**	−0.28*	0.15	−0.38**	0.34**	0.09	−0.17
钾					1	0.06	0.38**	0.25*	0.21	0.14	−0.25*	0.26*
氯						1	0.11	0.2	−0.92**	0.04	0.55**	0.37**
糖/碱							1	0.84**	−0.06	−0.13	0.13	0.41**
氮/碱								1	−0.15	0.04	0.14	0.33**
钾/氯									1	0.06	−0.62**	−0.27*
致香物质总量										1	−0.60**	−0.51**
挥发性有机酸											1	0.52**
多酚化合物												1

注：表中 * 表示达到 5%显著水平，** 表示达到 1%极显著水平。

的相反，这可能与各地区的生态位置有关。

在 3 个产地的烟叶中，红河产地的烟叶总糖含量低，烟碱含量高；昆明产地的烟叶总糖含量高，烟碱含量低；曲靖产地的烟叶总糖含量高，烟碱含量最低，挥发性有机酸和多酚化合物含量最高。这与 3 个产地的地理位置有关，红河州位于北纬 22°26′～24°45′，昆明市位于北纬 24°23′～26°22′，曲靖市位于北纬 24°19′～27°03′，烟碱与温度、光照时间、光线波长有密切的关系（彭新辉等，2010；宋鹏飞等，2017），烟叶烟碱含量随温度、日照时间的增加而增加（谢志坚等，2014），红河地区纬度低、温度较高、日照时间较长，因而烟碱含量最高。

随着醇化时间延长，烟叶致香物质含量增加，挥发性有机酸、多酚化合物含量减少，有利于烟叶香吃味品质的形成（王瑞新，2003）。相关分析表明致香物质总量与总氮含量呈极显著正相关关系（$R^2=0.34$）；挥发性有机酸与氯含量呈极显著正相关关系（$R^2=0.55$），与钾呈显著负相关关系、与致香物质含量呈极显著负相关关系；多酚化合物含量与总糖、钾、氯、糖/碱、氮/碱、挥发性有机酸含量呈正相关关系，与烟碱、还原糖、总氮、钾/氯、致香物质含量呈负相关关系，这些与前人研究基本一致（赵铭钦等，2000；胡有持等，2004；张西仲等，2008）。红花大金元品种的致香物质、挥发性有机酸含量在醇化 0～6 月时变化较大，K326 品种则在 6～15 个月时变化较大，这也是 2 个品种之间片烟醇化的差异。2 个品种的醇化过程在 3 个产地也有差异，昆明烟叶挥发性有机酸和多酚化合物含量红花大金元品种高于 K326，红河和曲靖烟叶则挥发性有机酸和多酚化合物含量 K326 品种高于红花大金元，这可能与各产地的生态条件差异有关。

综上可见，在影响烟叶化学成分含量的诸多要素中，产地（生态因素）和品种具有重要的作用，云南 2 个主栽品种和 3 个产地的烟叶化学成分含量在醇化过程中有明显差异。

五、适宜醇化条件下不同烘丝强度对 K326 烟叶品质的影响

（一）研究背景

K326 烟叶经复烤加工和仓储醇化后，最终要经过制丝环节才能进行

卷烟生产。通过之前的研究表明，温度对云南K326烟叶的风格特征和品质特性影响较大；选取不同复烤工艺处理的K326烟叶为试验材料，在制丝环节开展了不同温度对烟丝感官质量影响的试验，旨在对比验证K326烟叶合理复烤工艺的趋势性规律的正确性。

（二）材料与方法

1. 样品

选择2012年云南中烟正常复烤生产玉溪产地K326上部（B2F）、中部（C3F）、下部（X2F）烟叶。

2. 工艺参数设置

（1）复烤工艺参数。以复烤工艺烤叶关键工序干燥区温度为主要参数，设置试验1（低强度）、试验2（中强度）、试验3（高强度）3种不同强度复烤处理，参数设置因不同品种及模块的品质情况有所不同，每个复烤处理留样4箱，具体见表8-26。

表8-26 针对不同模块等级的不同复烤工艺参数设置（℃）

模块配方等级	复烤工艺烤机温度技术要求	复烤工艺试验1	复烤工艺试验2	复烤工艺试验3
玉溪K326品种B2F	干燥区一/二区热风温度	76/83	78/85	80/86
	干燥区三/四区热风温度	80/75	82/76	82/78
	干燥四区总温度	≤319	≤326	≤331
玉溪K326品种C3F	干燥区一/二区热风温度	74/81	76/83	78/85
	干燥区三/四区热风温度	78/73	80/75	82/76
	干燥四区总温度	≤311	≤319	≤326
玉溪K326品种X2F	干燥区一/二区热风温度	76/81	78/83	80/85
	干燥区三/四区热风温度	78/74	80/76	82/78
	干燥四区总温度	≤317	≤326	≤333

（2）醇化。将复烤后的5个模块配方等级片烟放置在云南中烟烟叶仓库进行自然醇化，醇化时间为14个月。

（3）制丝工艺参数。以制丝工艺环节烘丝工序温度为主要参数设置A、B、C3种不同强度处理，筒壁温度分别为115℃、126℃、133℃，实际温度与设置略有差异，均在0.6℃以内，试验安排在云南中烟制丝试验线进行。

醇化后（2014 年 3 月），对 5 个模块等级、3 种复烤工艺强度处理样品进行取样，每个样品取样 45kg，每个样品分为 3 份（每份 15kg），供制丝工艺环节烘丝工序进行 3 种不同烘丝强度处理，共计 45 个烟丝样品按照云南中烟单体烟叶感官评价方法进行感官评吸。

（三）结果与分析

1. 不同复烤工艺强度对 K326 烟叶感官质量的影响

对 5 个模块配方等级复烤工艺烤叶关键工序、3 种复烤强度烟叶样品进行感官评吸，并对最终生产时的复烤工艺进行了选择，具体见表 8-27。结果表明：玉溪 K326 品种 X2F 在中强度处理下，感官评吸质量较好；玉溪 K326 品种 C3F 在中强度处理下，感官评吸质量较好；玉溪 K326 品种 B2F 在低强度处理下，感官评吸质量较好。

表 8-27　各模块等级在不同强度复烤工艺下的感官评吸质量评价

模块配方等级	感官评吸质量评价		
	复烤工艺试验 1	复烤工艺试验 2	复烤工艺试验 3
玉溪 K326 品种 B2F	▲烟香清晰度尚好，清甜韵较好，余味稍苦	枯焦杂气、粉杂气稍显，余味稍苦	焦枯、粉杂气较显、刺激性较大
玉溪 K326 品种 C3F	生青杂气较显，甜韵稍欠	▲清甜香、烤香表现较好	烟香较空，粉杂气较重
玉溪 K326 品种 X2F	清甜香表现较好，甜香较自然，有生青杂气和粉杂气	▲清甜香、烤香突出，丰富性好	枯焦杂气明显

▲为经产品配方人员确认的最终复烤加工生产工艺参数，该参数对后续的制丝工艺环节试验结果具有重要参考意义。

2. 不同烘丝强度对烟叶感官评吸质量的影响

对玉溪 K326 品种 B2F 不同复烤强度（低、中、高强度分别用 1、2、3 表示）、不同制丝工艺强度（低、中、高强度分别用 A、B、C 表示）处理后，进行感官质量评吸，具体评吸结果见表 8-28。结果表明：经过不同复烤强度处理后玉溪 K326 品种 B2F 烟叶，再经过不同烘丝强度处理，整体上表现为：中低复烤强度下的中低烘丝强度烟叶感官评吸质量较好。

对玉溪 K326 品种 C3F 不同复烤强度（低、中、高强度分别用 1、2、

3 表示）、不同制丝工艺强度（低、中、高强度分别用 A、B、C 表示）处理后，进行感官质量评吸，具体评吸结果见表 8－29。结果表明：经过不同复烤强度处理后玉溪 K326 品种 C3F 烟叶，再经过不同烘丝强度处理，整体上表现为：中低复烤强度下的中低烘丝强度烟叶感官评吸质量较好。

表 8－28　感官评吸质量评价表（品质特性）

样品名称	香韵	香气量	香气质	浓度	刺激性	劲头	杂气	干净度	湿润	回味	合计
玉溪 K326 品种 B2F－1－A	7.5	13.0	13.0	8.5	13.0	4.5	7.5	7.5	4.0	3.5	82.0
玉溪 K326 品种 B2F－1－B	8.0	13.5	13.0	8.5	13.0	4.5	8.0	7.5	4.0	4.0	84.0
玉溪 K326 品种 B2F－1－C	7.5	13.0	13.0	8.0	13.0	4.5	8.0	7.5	4.0	3.5	82.0
玉溪 K326 品种 B2F－2－A	8.5	13.0	13.0	8.5	13.0	4.5	8.0	8.0	4.0	4.0	84.5
玉溪 K326 品种 B2F－2－B	8.0	13.0	13.0	8.5	13.0	4.5	8.0	8.0	4.0	4.0	84.0
玉溪 K326 品种 B2F－2－C	7.5	12.5	13.0	8.0	13.0	4.5	7.5	7.5	4.0	3.5	81.0
玉溪 K326 品种 B2F－3－A	7.5	12.5	12.5	8.0	13.0	4.5	7.0	7.5	4.0	3.5	80.0
玉溪 K326 品种 B2F－3－B	7.0	12.5	12.5	8.0	13.0	4.5	7.5	7.5	3.5	3.5	79.5
玉溪 K326 品种 B2F－3－C	7.0	12.5	12.5	7.5	13.0	4.5	7.0	7.5	3.5	3.0	78.0

表 8－29　感官评吸质量评价表（品质特性）

样品名称	香韵	香气量	香气质	浓度	刺激性	劲头	杂气	干净度	湿润	回味	合计
玉溪 K326 品种 C3F－1－A	8.5	13.0	13.0	8.5	13.0	5.0	8.0	8.0	4.0	3.5	84.5
玉溪 K326 品种 C3F－1－B	8.5	13.5	13.5	8.5	13.0	5.0	8.0	8.0	4.0	3.5	85.5
玉溪 K326 品种 C3F－1－C	8.0	13.0	13.0	8.5	13.0	5.0	8.0	8.0	4.0	3.5	84.0
玉溪 K326 品种 C3F－2－A	8.5	13.0	13.5	8.5	13.0	5.0	8.0	8.0	4.0	4.0	85.5
玉溪 K326 品种 C3F－2－B	8.0	13.0	13.0	8.0	13.0	5.0	8.0	8.0	4.0	3.5	83.5
玉溪 K326 品种 C3F－2－C	7.5	12.5	12.5	8.0	13.0	5.0	7.5	8.0	4.0	3.5	81.5
玉溪 K326 品种 C3F－3－A	8.0	13.0	12.5	8.0	13.0	5.0	8.0	7.5	4.0	3.5	82.5
玉溪 K326 品种 C3F－3－B	8.0	12.5	12.5	8.0	13.0	5.0	8.0	7.5	4.0	3.5	82.0
玉溪 K326 品种 C3F－3－C	7.5	12.5	12.5	7.5	12.5	5.0	7.5	7.5	3.5	3.5	79.5

对玉溪 K326 品种 B2F 不同复烤强度（低、中、高强度分别用 1、2、3 表示）、不同制丝工艺强度（低、中、高强度分别用 A、B、C 表示）处理后，进行感官质量评吸，具体评吸结果见表 8－30。结果表明：经过不同复烤强度处理后玉溪 K326 品种 X2F 烟叶，再经过不同烘丝强度处理，整体上

表现为：中低复烤强度下的中低烘丝强度烟叶感官评吸质量较好（表 8－31）。

表 8－30　感官评吸质量评价表（品质特性）

样品名称	香韵	香气量	香气质	浓度	刺激性	劲头	杂气	干净度	湿润	回味	合计
玉溪 K326 品种 X2F－1－A	8.0	12.5	12.5	7.5	13.0	4.5	8.0	8.0	4.0	3.5	81.5
玉溪 K326 品种 X2F－1－B	7.5	12.5	12.0	7.5	13.0	4.5	7.5	7.5	4.0	3.5	79.5
玉溪 K326 品种 X2F－1－C	7.0	12.0	12.0	7.5	13.0	4.5	7.0	7.5	3.5	3.0	77.0
玉溪 K326 品种 X2F－2－A	8.0	12.5	12.5	8.0	13.0	4.5	7.5	7.5	4.0	3.5	81.0
玉溪 K326 品种 X2F－2－B	8.0	12.0	12.5	7.5	13.0	4.5	8.0	7.5	4.0	3.5	80.5
玉溪 K326 品种 X2F－2－C	7.0	11.5	12.0	7.0	13.0	4.5	7.5	7.5	3.5	3.0	76.5
玉溪 K326 品种 X2F－3－A	7.0	12.0	12.0	7.5	13.0	4.5	7.0	7.5	3.5	3.0	77.0
玉溪 K326 品种 X2F－3－B	7.0	11.5	12.0	7.0	13.0	4.5	7.0	7.5	3.5	3.0	76.0
玉溪 K326 品种 X2F－3－C	6.5	11.5	11.5	6.5	13.0	4.5	7.0	7.5	3.5	3.0	74.5

表 8－31　基于感官评吸质量的 K326 复烤工艺和制丝强度选择

产地	等级	复烤工艺强度	制丝工艺强度	感官评吸结果
玉溪	X2F	中	低	
玉溪	B2F	低	中	最优
玉溪	C3F	中	中	

(四) 讨论与结论

K326 烟叶复烤加工工艺应根据烟叶的部位和质量等因素，以“柔性加工，低温快烤”为指导原则，综合考虑后续自然醇化环节和制丝环节的品质变化设置相应的工艺参数。在进入卷烟生产之前的单个加工环节，并不要求达到综合品质最佳，而是要综合考虑各加工环节对卷烟生产的影响，统筹协调“复烤加工、自然醇化和制丝过程烘丝”等环节，合理制定各阶段的质量目标和要求，既要发挥各环节的品质形成潜力、又要在各环节之间预留一定的加工空间。

因此，在适宜的醇化条件下，K326 烟叶以经过中低复烤工艺强度及制丝强度处理的烟叶感官评吸结果表现为最佳。

第九章 K326品种烟叶生产、收购扶持政策研究及应用

一、K326品种生产扶持政策研究及应用

1. K326品种与当前主栽品种云烟87的投入产出差距

为了使烟农自愿种植K326品种，就要想办法让烟农种植K326品种的收益达到或超过云烟87品种的收益。为此，2010年项目组在昆明、曲靖、红河3市（州）的K326品种烟叶产区内，从每市（州）随机抽取20户烟农，对K326品种烟叶的亩产量、亩产值进行调查；同时对种植K326品种的各市（州）、县烟草公司和烟农的投入、产出及当地政府财政收入的减少情况进行了调查。

（1）投入增加、产量产值减少、烟农收入减少。2010年，与云烟87品种相比，种植K326品种的烟农因该品种病害严重，每亩需多投入50元植保费；同时因该品种叶片较厚，失水和变黄慢，至少需要多烤1d，每亩要多投入烤煤30kg，按当年煤价0.85元/kg计算，每亩需多投入烤煤费用25.5元。因此，种植K326品种的烟农，每亩需多投入生产费用75.5元。而K326品种平均可收购烟叶的亩产量为140kg，均价为14.97元/kg，亩产值为2 095.80元；云烟87品种烟叶平均亩产量为145kg，均价为15.87元，亩产值为2 301.15元。综合上述数据可见，与云烟87品种相比，K326品种烟叶亩产量低5.0kg，均价低0.90元，亩产值低205.35元。

综上所述，烟农种植K326品种比云烟87品种收入减少205.35元/亩，成本增加75.5元/亩（22.5元/亩+50元/亩）。

（2）政府税收减少。根据以上数据计算，K326品种产值比云烟87品种少205.35元/亩，按烟叶税及附加税税率22%计算，种植K326品种当地政府每年减少税收为：205.35元/亩×22%=45.18元/亩。

2. K326品种烟叶生产补贴政策的出台及应用情况

为了恢复和扩大K326品种种植面积，项目组在昆明、曲靖、红河三个K326品种烟叶主要种植基地内经过充分调查后，建议从2010年开始对K326品种的烟叶生产进行补贴，在国家政策允许的范围内，采取了逐步加大补贴力度的方式，即2010年每担补贴20元，2011年每担补贴50元，2012年每担补贴60元。

3. 生产扶持政策对K326品种大面积恢复种植的激励效果

通过应用研究技术和生产收购扶持政策，促进了K326品种烟叶产量和产值的增加，提高了烟农、地方政府和烟草公司种植K326品种的积极性，从而使可用于生产调拨的K326品种烟叶逐年增加，其中某卷烟企业从2009年的65万担，增加至2013年的108.8万担，有效地保障了K326品种烟叶对该卷烟品牌的供应。

因此，在目前情况下要保持K326品种的持续种植，项目组认为仍然要坚持“一靠科技、二靠政策扶持”的两条腿走路方针，这已成了云南省昆明、红河、曲靖、保山四大产区烟农、烟草公司、地方政府及卷烟企业的共识。大家认为，这是一个工业主导的卷烟品牌导向型优质特色品种恢复种植的成功范例，这一范例可供人们在恢复和扩大其他特色优质品种种植时借鉴。

二、K326品种烟叶收购扶持政策研究及应用

（一）研究背景

K326品种是某高档高端卷烟不可替代的烟叶品种，但是由于杂色重等原因烟农不愿种，因此在收购中必须对其烟叶收购扶持政策进行专门研究，以便找出可行的办法解决其在烟叶生产收购过程中“杂色烟叶多”和“柠檬色至橘黄色的界限色烟叶”不好定级的问题。解决这两个问题的总原则是：在坚持烤烟收购国标的基础上，在不影响烟叶使用价值的前提下，制定出专门针对K326品种烟叶收购的扶持政策，确保烟农种植

K326品种的积极性，促进K326品种烟叶的持续种植。

（二）K326品种杂色烟叶的收购政策依据研究

1. 材料与方法

在云南省昆明市宜良县古城烟站，按照《烤烟》（GB 2635—1992）的规定，挑选不同杂色面积的烟叶作为评吸烟样。烟样分以下两组进行评吸：

A组：中部烟叶——T1（CK），杂色面积20%；T2，杂色面积30%；T3，杂色面积40%。

B组：上部烟叶——T1（CK），杂色面积20%；T2，杂色面积30%；T3，杂色面积40%；T4，杂色面积50%。

采用行业标准《烟草及烟草制品 感官评价方法》（YC/T 138—1998）中规定的三点检验法进行各处理烟样的感官评吸，以评价各杂色比例烟样与对照烟样在感官质量上是否存在显著差异。三点检验是为评吸员准备三个试样，其中两个相同、一个不同，要求评吸员找出与其他两个不相同的试样。三点检验方法是一种差别检验，用于确定两种产品之间是否存在细微的差别，适用于质量检验。这种检验是单边的，只能判断出是否相同，不能判断出谁更优。如果回答正确的人数大于或等于标准中两项分布显著性表（$\alpha=5\%$）所规定的相应人数，则表示在5%的水平下，差异显著。

A组：中部烟叶评吸以杂色面积为20%的烟样（CK）为对照，分别与杂色面积为30%和40%的中部烟样每3支一组放在一起，按三点检验法进行评吸。其中12名评委中有6人的3支烟样是由CK、CK和处理烟样组成；另6人的3支烟样是由CK、处理和处理烟样组成。要求找出其中不同的1支烟样，判断处理与对照是否差异显著。如找出3支烟样中不同的1支的人数大于或等于标准中两项分布显著性表（$\alpha=5\%$）所规定的相应人数（12人评吸，规定找出3支烟样中不同的1支的人数至少要达到8人），则表示在5%的水平下差异显著。

B组：上部烟叶评吸以杂色面积为20%的烟样（CK）为对照，分别与杂色面积为30%、40%和50%的上部烟样每3支一组放在一起，按上述中部叶烟样的三点检验法进行检验和判断。

2. 结果与分析

由表9－1可知，在各处理中，只有上部叶含20％杂色面积的烟样（CK）与含50％杂色面积的烟样，在评吸后能正确找出3支烟样中有1支不同的评委人数达到9人，大于两项分布显著性表（α＝5％）所规定的人数（8人）。表明上部烟叶中含50％杂色面积的烟样与含20％杂色面积的烟样（CK）评吸后感官质量差异显著。其他杂色面积的烟样与20％杂色面积的烟样（CK），评吸后感官质量差异不显著。

表9－1　K326品种烟叶不同杂色比例样品评吸结果

部位	烟叶杂色面积比例	正确人数（人）	评吸总人数（人）	达到显著需正确人数（α＝5％）（人）
中部叶	20％杂色面积与30％杂色面积	7	12	8
	20％杂色面积与40％杂色面积	6	12	8
上部叶	20％杂色面积与30％杂色面积	5	12	8
	20％杂色面积与40％杂色面积	4	12	8
	20％杂色面积与50％杂色面积	9	12	8

3. 讨论与结论

评吸结果表明：只有上部烟叶含50％杂色面积的烟样与含20％杂色面积的烟样（CK），评吸后感官质量差异显著，其他杂色面积的烟样与20％杂色面积的烟样（CK），感官质量差异不显著。

无论是上部烟叶还是中部烟叶，杂色面积为30％、40％的烟样与杂色面积为20％的烟样，评吸质量差异均不显著。但为进一步提高K326品种烟叶的生产、调制水平，防止误导烟农认为K326品种烟叶的杂色面积多，从而影响烟叶的交售等级，项目组认为在收购调拨K326品种烟叶时，可把杂色面积放宽至30％，即含杂色面积在30％以内的烟叶，与含杂色面积在20％以内的烟叶一样，在正组定级。这样就在保证烟叶收购质量和不影响烟叶使用价值的前提下，适当放宽了杂色面积的限制，保护了烟农、地方政府和烟草公司种植K326品种的积极性。

（三）K326品种界限色烟叶的收购政策依据研究

K326品种有部分烟叶的颜色处于“柠檬色至橘黄色”的界限色之间，

按照烤烟国标的规定，“处于界限色的烟叶，视其他品质先定色后定级”。经多年调查研究发现，K326品种烟叶颜色比云烟85、云烟87的颜色要深；而且，K326品种烟叶的油分和身份，也比云烟85、云烟87的油分要多，身份要厚。同时有80%处于界限色的K326烟叶，油分、身份与同部位橘黄色烟叶无明显差别，这些烟叶在品质上和橘黄色烟叶相近，按照烤烟国标规定，这部分烟叶允许在橘黄色组定级；另外，项目组还发现K326品种的这种界限色烟叶在密封堆内存放15～20d，烟叶颜色会加深，变成浅橘黄色。因此，这种界限色的烟叶，不影响其使用价值。

因此，项目组认为在烟叶收购中，K326品种的柠檬黄至橘黄之间的界限色烟叶可在橘黄色组定级，并专门制作收购标样来落实，这样就在保证烟叶收购质量和不影响使用价值的前提下，保护了烟农、地方政府和烟草公司种植K326品种的积极性；同时卷烟工业企业的利益也没有受到损害。

（四）制定K326烟叶收购扶持政策

根据上述研究结果，项目组制定了以下K326品种烟叶的收购扶持政策，并制定了相应的收购标样来落实。具体收购政策如下：

1. K326品种烟叶处于“杂色面积不超过30%的，在正组定级”。

2. K326品种烟叶处于“柠檬黄至橘黄之间的界限色，在橘黄色组定级”。

第十章 K326品种关键配套生产技术成果应用

一、合理布局

（一）生态气候条件

适宜种植在海拔1 400～2 000m的区域内，大田期温度要求19～22℃，大田期日照时数要求500h以上，大田期降水量要求为600～800mm。

（二）土壤类型

最适宜种植的是红壤、水稻土、紫色土。

（三）土壤质地

适宜在壤土、黏土和沙土上种植，其中最适宜种植的土壤质地是壤土和沙土。

二、坚持轮作与种植结构优化

（一）品种轮换种植顺序推荐

红花大金元～K326～云烟87。

（二）田块轮作推荐

田烟最适宜与水稻轮作；地烟最适宜与玉米轮作。

（三）前茬作物推荐

最适宜作物为空闲或绿肥，其次考虑麦类、荞等其他作物。

三、盖膜掏苗、查塘补缺与揭膜培土

（一）地膜要求

透光率在 30%以上的黑色地膜，厚度不低于 0.01mm，宽 1～1.2m。

（二）开孔

移栽后注意在膜上两侧（非顶部）分别开一直径 3～5cm 小孔，以降低膜下温度，防止膜下温度过高灼伤烟苗。

（三）掏苗

观察膜下小苗生长情况，以苗尖生长接触膜之前为标准，把握掏苗关键时间，一般在移栽后 10～15d，掏苗时间选择在阴天的早上 9 点或下午 5 点之后。

（四）查塘补缺

移栽后 3～5d 内及时查苗补缺，并用同一品种、大小一致的烟苗补苗，确保苗全苗齐。膜下小苗在掏苗结束后及时采用备用苗进行补苗。

（五）揭膜培土

在移栽后 30～40d 进行（雨季来临时），2 000m 以下海拔烟区进行完全揭膜、培土和施肥，2 000m 以上海拔可以采用不完全揭膜、培土和施肥。

四、适时早栽

（一）膜下小苗移栽

最佳时间在 4 月 15 日至 4 月 30 日，2 000m 及以下海拔段可以适当推迟膜下小苗移栽时间，2 100m 及以上海拔应尽量提前移栽。

（二）膜上壮苗移栽

最佳时间为 4 月 15 日至 5 月 15 日，在昆明、红河、曲靖、保山 4 市（州）最适宜移栽期为 4 月 20 日至 5 月 10 日。此时移栽才能满足该品种烟株前期生长的温度需求，而且在正常年份移栽 2 周后即会进入雨季，对烟株生长有利；同时要坚持盖膜移栽，盖膜移栽能保温保湿，有利于烟株早生快发，健壮生长。

（三）移栽要求及技术

（1）苗龄控制：在 30～35d，苗高 5～8cm，4 叶 1 芯至 5 叶 1 芯，烟苗清秀健壮，整齐度好。

（2）膜下小苗育苗盘标准：300～400 孔。

（3）膜下小苗移栽塘标准及移栽规格：塘直径 35～40cm，深度 15～20cm；株距 0.5～0.55m，行距 1.1～1.2m。

（4）移栽浇水：移栽时浇水，每塘 3～4kg；第一次追肥时浇水，即在移栽后 7～15d（掏苗时）浇水 1kg 左右；第二次追肥时浇水，即移栽后 30～40d（破膜培土）浇水 1～2kg。

五、养分平衡管理与科学施肥

（一）施肥原则

按“测土配方、平衡施肥、节肥增效”的原则，坚持用地与养地相结合、有机肥与无机肥相结合、铵态氮与硝态氮相结合、基肥与追肥相结合、根际施与叶面施相结合、大量元素与中微量元素相结合的原则，增施有机肥，减少化肥使用量，有机肥施用比例达到 20%～40%；合理施用氮肥、磷肥、钾肥、腐熟的农家肥、商品有机肥或微生物菌肥；大量元素的施用量根据土壤肥力、气温、雨量和品种的耐肥性决定，中微量元素采取“缺什么补什么”的方针，达到营养的协调与均衡。

（二）肥料种类及使用指导

（1）无机肥。符合《有机无机复混肥料》（GB/T 18877—2020）规定，烟草专用配方复合肥、硝酸钾、硫酸钾、普通过磷酸钙、钙镁磷肥、硼肥、锌肥等，慎重施用含氯肥料；禁用以废酸生产的过磷酸钙或其他磷肥；禁用含有酰胺态氮的氮肥、过磷酸钙和钙镁磷肥作为无机复合肥的原料。

（2）有机肥。符合《有机肥料》（NY525—2021）、《腐植酸有机肥料》（T/CHAIA 5—2018）、《土壤环境质量 农用地土壤污染风险管控标准（试行）》（GB 15618—2018）等要求的腐熟农家肥、发酵饼肥、生物钾肥或功能性有机肥等；符合《农用微生物菌剂生产技术规程》（NY/T 883—2004）规定的微生物菌剂和《生物有机肥》（NY 884—2012）规定的生物有机肥；施用的有机肥必须充分腐熟；不用含氯量偏高的人畜粪尿作为有机肥。

（3）肥料安全性。无机肥和有机肥中的重金属质量符合《肥料中有毒有害物质的 限量要求》（GB 38400—2019）、《生物有机肥》（NY884—2012）和《中国烟草总公司企业标准 烟用肥料重金属限量》（YQ 23—2013）要求；禁止在肥料中人为添加对环境、烟草生长和烟叶质量安全造成危害的染色剂、着色剂、激素等添加物。

（三）用量

（1）结合实测土壤有机质、有效氮含量，确定纯N用量和有机肥用量，结合实测土壤速效钾、有效磷含量，确定P_2O_5和K_2O的施用量（表10-1）。该施肥方案适用于前茬为空闲，如果前茬作物为大麦、小麦、荞麦且不施肥的条件下，施用量可适当增加1～2 kg/亩。

表10-1 K326品种N、P_2O_5、K_2O施用量

土壤供N能力及施肥推荐				土壤供P_2O_5能力及施肥推荐		土壤供K_2O能力及施肥推荐	
有机质（g/kg）	碱解氮（mg/kg）	抑制根结线虫病生物有机肥	纯N用量（kg/亩）	有效磷（mg/kg）	P_2O_5用量（kg/亩）	速效钾（mg/kg）	K_2O用量（kg/亩）
＜15	＜60或60～90	60～80	6.5～8.5	＜10	6.5～8.5	＜100	16.5～21.5
15～25	60～120	40～60	5.5～7.5	10～40	5～6.5	100～250	13～16.5
25～35	90～150	20～40	4.5～6.5	＞40	3.5～5	＞250	10～13
35～45	90～150或＞150	0～20	3.5～4.5				
＞45	120～150或＞150	不施	2.5～3.5				

（2）推荐有机态氮占总施氮量的20%～40%，不宜超过50%。

（3）气温较低的高海拔段，土壤温度较低，土壤矿化能力差，在同等肥力条件下，养分施用量可适当增加1～2kg/亩。

（4）紫色土保水保肥能力差，在同等肥力条件下，养分施用量可适当增加1～2kg/亩。

（5）做基肥土施硼泥15～25kg/亩，或硼砂0.5～0.75kg/亩，或做追肥在团棵期、现蕾期叶面喷施0.1%～0.25%硼酸或硼砂各1次；做基肥土施钼肥0.1～0.2kg/亩或做追肥在团棵期、现蕾期叶面喷施0.02%～0.1%钼肥溶液各1次；叶面喷施时期一般在上午9点或下午5点以后，阴天可全天喷，雨天或阳光过强时不宜喷，以免养分流失。

（四）施肥技术

（1）基肥。复混肥、有机肥均作为基肥，在移栽时环施盖土。施用生物炭基复混肥时，应避免直接接触烟株根系，膜下小苗移栽纯N用量为总N用量的30%～40%，按生物炭基复混肥含氮量计算。

（2）追肥。第一次追肥，移栽后15d左右（缓苗期—伸根期），纯N用量占总用量的20%～30%；第二次追肥，移栽后30d左右（团棵期～旺长期），纯N用量占总用量的40%；追肥纯N用量按烤烟专用复混肥或硝酸钾的含氮量计算，兑水浇施。

六、中耕管理与清洁生产

（一）提沟培土

移栽后7～10d结合第一次追肥，进行浅锄中耕；移栽后20～25d结合揭膜管理，进行提沟培土；地烟墒高30cm以上，田烟墒高35cm以上。

（二）水分管理

（1）水质符合《绿色食品产地环境质量》（NY/T 391—2021）要求。

（2）确保烟田地周围排水沟渠通畅，做到“沟无积水”。

（3）采用喷灌或人工措施灌溉。

（4）水分管理做到旱能浇、涝能排，以水调肥，提高肥料利用率，促进烤烟生长。

①缓苗后进入伸根期：此时需水量少，适当控水，配合浇施提苗肥补充烟田水分，促进根系发育。

②团棵期进入旺长期：此时烟株需水量最多，根据烟地与烟株需水情况，补给水分。若遇严重干旱，灌水深度为垄面高度的1/3。

③现蕾期进入成熟期：此时适当灌水，促进顶叶开展。

生育期中若降水量能满足烤烟生长对水的需求，则不需浇水；时逢雨季，要做好清沟排水工作，防止田间积水。

七、加强病虫害综合防治

（一）农业防治措施

选无病虫壮苗移栽，及时提沟培土，减少田间积水，创造有利于烟株生长的田间小气候，增强烟株抗病性。保持田间卫生和通风透光，及时拔除病株、清除病叶和田间杂草，减少病害滋生。

（二）物理防治

可采用灯光诱杀蝼蛄成虫、地老虎等，采用性诱捕器诱杀斜纹夜蛾、烟青虫，也可采用人工捕杀的方法消灭一些害虫。

（三）药剂防治及使用指导

（1）苗期。育苗前用10％硫酸铜溶液对育苗工具进行消毒；每次剪叶前用肥皂水对剪叶刀具进行消毒，剪叶后用8％宁南霉素水剂1 000倍液叶面喷雾预防病毒病；移栽前2d用8％宁南霉素水剂1 000倍液叶面喷雾烟苗带药移栽。

（2）大田期。团棵期病害初发时，用8％宁南霉素水剂1 000倍液防治普通花叶病；每亩用100～130g 20％噻菌铜悬浮剂喷雾防治野火病。

（3）苗期及整个大田生育期。均不使用国家禁用的六六六、滴滴涕、毒杀芬、二溴氯丙烷、杀虫脒、二溴乙烷、除草醚、艾氏剂、狄氏剂、汞制剂、砷类、铅类、敌枯双、氟乙酰胺、甘氟、毒鼠强、氟乙酸钠、毒鼠硅、甲胺磷、对硫磷、甲基对硫磷、久效磷、磷胺、苯线磷、地虫硫磷、甲基硫环磷、磷化钙、磷化镁、磷化锌、硫线磷、蝇毒磷、治螟磷、特丁硫磷、氯磺隆、胺苯磺隆、甲磺隆、福美胂、福美甲胂、三氯杀螨醇、林丹、硫丹、溴甲烷、氟虫胺、杀扑磷、百草枯、2,4-滴丁酯等农药；不使用国家限用且在烟草上未登记的甲拌磷、甲基异柳磷、克百威、水胺硫磷、氧乐果、灭线磷、内吸磷、硫环磷、氯唑磷、毒死蜱、三唑磷、丁酰肼、氟虫腈、氟苯虫酰胺、丁硫克百威（单剂）等农药；不使用国家限用且为高风险的涕灭威、灭多威等农药；不使用残留高风险的多菌灵、甲基硫菌灵、二甲戊灵、氟氯氰菊酯、氯氰菊酯等农药。

（4）采烤期前20d之后。不使用农残超标风险高的氯氟氰菊酯、霜霉威、烯酰吗啉、稻瘟灵、噁霜灵、异菌脲、腈菌唑、三唑醇（酮）、咪鲜胺和咪鲜胺锰盐与二硫代氨基甲酸酯类农药（代森锰锌、代森锌、代森联、丙森锌、福美双等）。

（四）生物防治

1. 释放烟蚜茧蜂防治烟蚜技术

可用烟蚜茧蜂的成蜂和僵蚜2虫态进行散放防治烟蚜，在烟株摆盘期、团棵期、旺长期及现蕾期分别进行放蜂防治烟蚜，共放蜂3～4次，每亩放蜂量不低于1 000头。

（1）散放成蜂。每亩设置4～6个放蜂点，任成蜂自由扩散寄生；或将成蜂直接放于烟蚜密度较高的烟株上寄生烟蚜。

（2）散放僵蚜（僵蚜产品）。根据烟蚜密度和放蜂区域实际，每10～50亩设置1个放蜂点，任烟蚜茧蜂僵蚜羽化后自由扩散寄生烟蚜。

2. 释放捕食螨防治传毒蓟马技术

（1）烟草苗期。在烟草出苗期（由播种至2片子叶平展的幼苗达50%时）进行释放捕食螨，每平方米释放成活的卵和各螨态≥1 500头，同一播种批次苗棚应同一时间释放。

（2）烟草大田期。在烟田有害蓟马发生初期或者按照往年预测即将发生前期进行释放捕食螨，平均每株释放成活的卵和各螨态≥10头，同一烟田应同一时间释放。

（3）释放条件。所释放的捕食螨要求种群密度在120头/g以上（包括成活的卵和各螨态）。育苗棚或者烟田最适宜的温度为 20～30℃；最适宜的相对湿度（RH）为 65%～85%。大田期释放以 3～7d 内烟田无降雨为宜，在雨季释放时应选择无雨天气。

（4）释放时间。当天释放或保管在合适区域 3d 内释放完毕；释放时应该选择晴天或多云天气的清晨或傍晚进行释放，阴天可全天释放。

（5）释放方式。

①苗期在出苗后宜采用小杯缓释（烟草有害蓟马种群密度较低）的方式释放捕食螨，释放时将装有“捕食螨”的小杯置于苗盘上，每“十”字形 4 盘的中央摆放 1 杯，确保牢固。

②大田期在掏苗后宜采用均匀撒施（烟草有害蓟马种群密度较高）的方式，撒释时直接均匀撒在烟株四周叶片上，避免撒在烟熵容易积水处，撒释时穿戴一次性手套。

③在旺长期以后易采用挂袋（烟草有害蓟马种群密度较低）的方式，将装有“捕食螨”的缓释袋剪开两边袋角，并套上一层塑料自封袋（缓释袋剪开处朝上，塑料自封袋袋口朝下防雨淋），用麻绳将其固定悬挂在烟株中部茎秆上，袋底应托在一个分枝上。

3. 释放夜蛾黑卵蜂防治烤烟夜蛾类害虫

夜蛾黑卵蜂可高效寄生在斜纹夜蛾、烟青虫、棉铃虫、小地老虎、甜菜夜蛾、草地贪夜蛾等害虫的卵上，与赤眼蜂相比，夜蛾黑卵蜂可寄生多层卵，活动能力更强，寄生效率更高，在国际上广泛用于夜蛾科害虫的生物防控。

（1）采用性诱剂监测或人工调查，发现夜蛾害虫成虫或卵即释放夜蛾黑卵蜂。上午或傍晚将夜蛾黑卵蜂卵卡挂于烟叶背面，每亩累计释放 1 000～5 000 头，在烟株团棵期～旺长期分别分 1～3 次释放。

（2）不得挤压夜蛾黑卵蜂卵卡，收到卵卡后尽快使用，也可在 15～25℃下保存 1～3d。释放后 30d 内避免使用农药，避免雨天释放。

八、适时封顶、合理留叶

（一）打顶原则

根据 K326 烟株长势、土壤肥力状况及当季气候情况进行灵活掌握、适时封顶，要留足叶片数，根据品种特性，留叶20～22片。

选在晴天的上午进行，先封健康株，后封带病株。打顶时，应注意所留烟梗比顶叶略高。先打无病烟株再打有病烟株，打下的花芽、花梗等要及时清理出烟田。

（二）打顶方法

（1）扣心打顶。在花蕾包在顶端小叶内时，将花蕾掐去。土壤瘠薄的山丘地、旱地、肥少而烟株长势差的烟田，宜采用。

（2）现蕾打顶。在烟株的花序完全露出顶端叶片，但中心花尚未开放时，将整个花序连同两三片小叶（也称花叶）一同摘去。土壤肥力中等，烟株长势正常的烟田可以考虑采用。

（3）初花打顶。在烟株花序的中心花开放到50%时，将整个花序，连同两三片小叶一同摘去。水肥条件好，烟株长势旺盛的烟田采用此打顶方式。

（4）盛花打顶。在多数烟株的花已经大量开放时进行打顶。在烟株长势特别旺盛，营养过剩的情况下宜采用盛花打顶。

（三）人工抹杈

做到早抹、勤抹，当腋芽长至3～5cm时抹去。一般每隔5～7d抹1次，要连腋芽基部一起抹掉。

（四）化学抑芽

封顶后及时以笔涂或杯淋法，采用允许在烟草上使用的化学抑芽剂进行抑芽，如果有化学抑芽不彻底或漏处理的烟株，辅以人工抹杈并补上抑芽剂。

九、成熟采收

（一）下部烟叶

应适当早收。在叶龄55d时开始采收，即当叶色初显黄色、主脉1/3变白及茸毛部分脱落时采收。

（二）中部烟叶

应适熟采收。在叶龄70d时开始采收，即当叶色黄绿色、叶面2/3以上变黄、主脉发白、支脉1/2～2/3发白、叶尖叶缘呈黄色及叶面有黄色成熟斑时采收为宜。

（三）上部烟叶

应充分成熟采收。在叶龄89d时开始采收，即当叶色黄色、叶面充分变黄发皱、成熟斑明显、叶脉全白、叶尖下垂及叶缘曲皱时采收为宜。

十、科学烘烤（解决变黄及青筋黄片等难题）

（一）中、下部叶烘烤工艺

1. 烟叶变黄阶段

（1）前期（30～34℃）。按要求装好烟后，点火升温前先关严四周排湿窗、进风洞，尽量不要出现跑风漏气现象；接好测控仪的电源或打开数字式烟叶温度显示器，确定测控仪或显示器工作运行正常；此阶段的主要目标是让底台烟叶的叶尖变黄5～6cm；在此阶段烘烤停留的时间符合指导图表中的“烘烤时间范围”，且底台烟叶达到“底台叶相要求”时，就开始转火。

（2）后期（35～37℃）。此阶段的主要目标是让底台烟叶叶片基本全黄，支脉微青。此时要微开风洞；延长变为黄色的时间，一般需要12～60h；要注意烟叶变黄程度达不到要求时，不提前转火。

2. 烟叶凋萎阶段（40～44℃）

此阶段的主要目标是使底台烟叶支脉全变黄，主脉微青，叶尖开始干燥，主脉凋萎发软超过一半；这一时期一般需要12～24h；顶台烟叶基本变黄，底台烟叶完全凋萎，主脉对折不断时可开始转火。

3. 烟叶主脉全变黄，叶肉干燥阶段

（1）前期（45～49℃）。此阶段的主要目标是使底台烟叶主脉全部变黄，叶边叶缘开始干燥；这一时期，一般需要12～24h；注意温度的平稳和通风脱水迅速，克服热挂灰、冷挂灰和黑糟烟的出现。

（2）后期（50～56℃）。此阶段的主要目标是使底台烟叶叶片全干燥，主脉干燥超过一半，一般需要12～24h；要做到不掉温、不猛升温，加快脱水，烤干支脉和叶肉。

4. 烟叶干筋阶段

（1）前期（57～63℃）。此阶段的主要目标是使底台烟叶的烟筋全干；这一时期，一般需要12～24h。

（2）后期（64～68℃）。此阶段的主要目标是烘烤至全炉烟叶达到基本干燥时，逐步控火直至完全熄火。

（二）上部叶烘烤优化工艺

第一步：烟叶装炉后点火，4h内将干球温度升到34～36℃，同时控制湿球温度在33～35℃，然后稳温8h左右，使烟叶叶尖变黄3cm，叶片发汗。

第二步：当烟叶变化达到第一步要求后，以1℃/h的速度，将干球温度升到38℃，同时控制湿球温度为35.5～36.5℃，稳温24h左右，使8成烟叶叶片变黄。

第三步：当烟叶变化达到第二步要求后，以0.5℃/h的速度，将干球温度升至40～42℃，同时控制湿球温度在36.5～37.5℃，稳温24h左右，使烟叶叶片达到基本全黄、烟叶小叶脉变白、叶片呈拖条状态。

第四步：当烟叶变化达到第三步要求后，以0.5℃/h的速度，将干球温度升至44～48℃，同时控制湿球温度在37.5～38.5℃，稳温18h左右，使烟叶主脉变白、叶片呈小卷筒状态。

第五步：当烟叶变化达到第四步要求后，以1℃/h的速度，将干球温度升至52～54℃，同时控制湿球温度在39.5～40.5℃，稳温12h左右，使烟叶呈大卷筒状态。

第六步：当烟叶变化达到第五步要求后，以1℃/h的速度，将干球温度升至65～69℃，同时控制湿球温度在40～42℃，稳温直到烟筋变干（图10-1）。

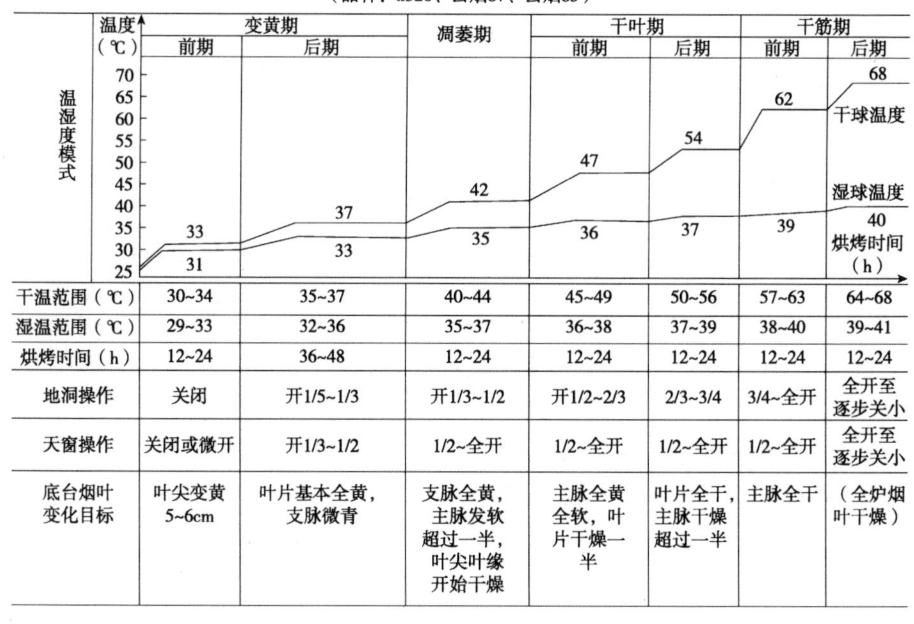

	变黄期		凋萎期	干叶期		干筋期	
	前期	后期		前期	后期	前期	后期
干温范围（℃）	30~34	35~37	40~44	45~49	50~56	57~63	64~68
湿温范围（℃）	29~33	32~36	35~37	36~38	37~39	38~40	39~41
烘烤时间（h）	12~24	36~48	12~24	12~24	12~24	12~24	12~24
地洞操作	关闭	开1/5~1/3	开1/3~1/2	开1/2~2/3	2/3~3/4	3/4~全开	全开至逐步关小
天窗操作	关闭或微开	开1/3~1/2	1/2~全开	1/2~全开	1/2~全开	1/2~全开	全开至逐步关小
底台烟叶变化目标	叶尖变黄5~6cm	叶片基本全黄，支脉微青	支脉全黄，主脉发软超过一半，叶尖叶缘开始干燥	主脉全黄全软，叶片干燥一半	叶片全干，主脉干燥超过一半	主脉全干	（全炉烟叶干燥）

图 10－1　K326 品种烟叶烘烤工艺图

十一、烘烤调香技术

在成熟烟叶烘烤过程中添加外源香料植物与烟叶同炉烘烤，对烟叶进行有针对性的调香处理，从而改善初烤烟叶的香气质量和吸食口感。

（一）香料植物

烟叶烘烤过程中加入的、能明显改善烟叶香气质量和吸食口感的天然植物香料。

1. 香料植物种类

烤烟烘烤调香添加的香料植物为墨红玫瑰或薰衣草的新鲜样、风干样。其中优先选择墨红玫瑰新鲜样用于烤烟烘烤调香。

2. 香料植物采摘

香料植物采自当季生长健壮，无病虫害的植物花序、花朵和叶片，香料植物的调香部分均于晴朗天气采摘，并用透气的网袋装好。装袋过程中不得用力挤压香料植物，保证网袋中的香料植物疏松。

3. 香料植物储存

香料植物的调香部分采摘、装袋后应及时送至当日需添加香料植物的烤房。余下的香料植物用透气网袋装好后放入冷库（0～5℃）进行保存；也可将香料植物平铺在通风、避雨、干净平整的地面上，香料植物平铺的厚度小于5cm。冷库保存的香料植物应在采摘后的6d内使用完，平铺在地上的香料植物应在采摘后的3d内使用完。

4. 香料植物风干样

将晴朗天气采摘的香料植物调香部分平铺于通风、避雨、干净平整的地面上，平铺的厚度应小于5cm，便于香料植物调香部分快速自然风干；或于晴朗天气置于干净平整的地面上晒干。风干（或晒干）的香料植物用密封袋装好后置于干燥、通风、避雨的地方。

（二）调香专用设备

烤烟烘烤调香时，用于盛放香料植物并对香料植物进行加热、且能将香气物质输送至烤房装烟室的可移动设备。调香专用设备由香料植物放置隔栏、温度传感器、控制器、小风机、加热管、通气管等组成。

（三）烘烤调香香料植物添加方法及操作

1. 香料植物添加量

烤烟烘烤调香时，香料植物新鲜样按鲜花0.002kg搭配1kg鲜烟叶的比例进行添加；香料植物风干样按0.001kg干花搭配1kg鲜烟叶的比例进行添加。

2. 香料植物添加时间

烤烟烘烤调香时，香料植物应在烟叶变黄前期或起火时放入烤房。

3. 香料植物盛放

烤烟烘烤调香时，香料植物可选用传统竹筛、簸箕等透气的工具盛放，也可采用烘烤调香专用设备进行盛放。

4. 烟叶烘烤调香操作方法

（1）密集烤房。采用密集烤房进行烟叶烘烤，且香料植物采用传统竹筛、簸箕等透气的工具盛放时，应在烤房装烟时将盛好香料植物的透气工具放在烤房热风进风口附近（距进风口 60～80cm）。即对于气流下降式密集烤房来说，应将盛好香料植物的透气工具放在烤房顶棚进风口附近；对于气流上升式密集烤房来说，应将盛好香料植物的透气工具放在烤房地面进风口附近，且放在地面的透气工具应用砖块垫起，使透气工具底部离地面 10～20cm，防止地面积水浸入从而引起香料植物的霉变与腐烂。

采用密集烤房进行烟叶烘烤且采用调香专用设备进行烤烟烘烤调香时，应在密集烤房装烟前先将调香专用设备置于该烤房排湿口附近（避免调香专用设备直接淋雨），用软管一端连接调香专用设备排风口，另一端通过烤房排湿口或其他小孔（如线孔）伸入烤房内部靠热风进风口附近并固定。待密集烤房干球温度达到 35℃时，将香料植物按添加比例放入调香专用设备，连通电源、设置香料植物加热温度（50℃）后，启动调香专用设备，最终使挥发出的香味物质散发至烤房。待烤房干筋温度达到 60℃后即可关闭调香专用设备电源，取出香料植物，清理调香专用设备以便后续使用。

（2）普通烤房。采用普通烤房进行烟叶烘烤，且香料植物采用传统竹筛、簸箕等透气的工具盛放时，应在烤房装烟后将盛好香料植物的透气工具，悬挂在普通烤房的底棚，悬挂高度应使竹筐距烤房底部＞50cm，使香料植物与烟叶同时烘烤。对悬挂高度达不到要求的普通小烤房，可将盛好香料植物的透气工具直接放在烤房底棚烟叶上，使香料植物与烟叶同时烘烤。

采用普通烤房进行烟叶烘烤，且采用调香专用设备进行烤烟烘烤调香时，应在普通烤房装烟前先将调香专用设备置于该烤房进风口附近（避免调香专用设备直接淋雨），用软管一端连接调香专用设备排风口，另一端通过烤房进风口或其他小孔伸入烤房底棚附近并固定，同时确保所有伸入烤房内的软管离地面高度＞30cm。待普通烤房干球温度达到 35℃后，将香料植物按添加比例放入调香专用设备，连通电源、设置香料植物加热温度（50℃）后启动调香专用设备，最终使挥发出的香味物质散发至烤房。待烤房干筋温度达到 60℃后即可关闭调香专用设备电源（未装有温湿度传感器的小烤房，待烟叶进入干筋后期即可关闭调香专用设备电源），取出香料植物，清理调香专用设备以便后续使用。

十二、关键配套收购管理规范

（一）烟叶收购扶持政策

（1）K326 品种烟叶杂色面积不超过 30%的，在正组定级。

（2）K326 品种烟叶处于柠檬黄至橘黄之间的界限色，在橘黄色组定级。

（3）调香烟叶由各烟叶工作站安排进行统一交售，实行单收单调。

（二）烟叶生产扶持政策

在国家政策允许的范围内，每担上中等烟烟叶，由卷烟企业补贴 60 元。

十三、复烤工艺要求

结合前期研究及大规模复烤在线生产应用效果，针对 K326 品种总结烟叶打叶复烤工艺参数设置及技术要求，具体如下：

（一）真空回潮

1. 工艺任务

提高烟叶的含水率和温度，松散烟叶。

2. 来料标准

根据当地气候条件、来料状况及工艺需求，确定是否进行真空回潮。

当工作环境气温低于 22℃、烟叶含水率低于 16%或结块烟叶较多时应采用真空回潮。

3. 技术要点

蒸汽压力、水压力、压缩空气压力等均满足工艺条件要求；各种仪表工作正常，数字及表盘显示准确无误。

真空回潮周期，应视烟叶产地、类型、品种、含水率、烟包粘结程度等情况而定。

真空回潮后的烟叶不得封存在真空柜中，出柜后的烟包存放时间不得超过30min。如遇设备故障，应采取措施解包散热。

真空回潮后的烟叶应松散柔软，保持原有色泽，叶片无潮红、水渍现象。

4. **质量要求**（表10－2）

表10－2 质量要求

指标	要求
包芯温度（℃）	≤75.0
含水率增加量（%）	≥2.0
回透率（%）	≥98.0

（二）热风润叶（预处理）

1. 工艺任务

提高烟片的温度和水分，使烟片松散，提高烟叶耐加工性。

2. 技术要点

蒸汽压力、水压力、压缩空气压力等均应符合设备的设计及工艺技术要求；各种仪表工作正常，数字显示准确。

加湿加热系统、热风循环系统及传动部件完好，自动调节系统工作正常；蒸汽、水、压缩空气的管道系统及喷嘴畅通，喷嘴雾化效果良好，能满足工艺技术要求，滤网完好畅通。润后烟叶松散，无粘结、水渍、潮红，确保烟叶原有色泽。

润叶机入口烟叶流量应均匀，流量变异系数不大于0.25%，符合设备工艺制造能力。

润叶筒内温度达到预热要求后方可进行投料生产。

如遇故障停机，应及时关闭汽水阀门。停机时间超过15min时，应对筒内烟叶进行清理并摊晾。

3. 质量要求

润后烟叶应松散、无粘连。

润后烟叶应保持原有色泽，无水渍、潮红、蒸片烟叶。

润后烟叶质量应符合下表要求（表10－3）。

表10-3 质量要求

指标	要求
温度（℃）	50.0～70.0
含水率（%）	17.0～20.0
含水率允差（%）	±1.0
含水率标准偏差（%）	≤0.33
松散率（%）	≥99.0

（三）烤叶

1. 工艺任务

将打叶分离出来的烟梗经过干燥、冷却、回潮，调控片烟含水率，灭杀霉菌、虫卵，适度去除青杂气，便于烟片醇化、贮存。

2. 来料标准

（1）来料含水率和流量均匀。

（2）烟叶配方完整一致。

3. 技术要点

（1）蒸汽、水、压缩空气压力符合设备技术要求；各种仪表工作正常，显示准确。

（2）加温、加湿系统及传动部件完好，网板孔不堵塞。

（3）各种阀门及管道接头无跑、冒、滴、漏现象；冷凝水回路排放畅通。

（4）喂料刮板、喂料输送带、匀叶辊速度要根据烟叶流量及时进行调节，网板的速度根据烟叶含水率及厚度进行调节。

（5）根据叶片含水率，设定烤机干燥区温度，采用弧线定温法，低温慢烤。

（6）复烤后叶片含水率要求均匀一致，叶片不得有水渍、烤红、潮红现象。

（7）投料前进行设备预热，夏季提前20min预热，冬季提前25min预热。

4. 质量要求（表10－4）

表10－4　质量要求

指标		要求	检测点
含水率（%）		8.0～12.0	冷却段
烟片结构（%）	＞25.4mm×25.4mm	＜40.0	烟片复烤后
	＞12.7mm×12.7mm	≥80.0	
	＜2.36mm×2.36mm	＜0.5	
含水率（%）		11.0～13.5	烟片复烤后
含水率标准偏差（%）		≤0.33	烟片复烤后
批内烟碱变异系数（%）		≤5.0	烟片复烤后
温度（℃）		40.0～60.0	烟片复烤后
含杂率（%）	一类杂物	0	烟片复烤后
	其他类杂物	＜0.006 65	烟片复烤后

十四、醇化工艺要求

（一）工艺任务

将复烤后片烟在适宜环境中存放一定时间，改善和提高烟叶的感官质量，满足卷烟产品配方设计要求。

（二）来料要求

（1）烟箱无破损及水浸、雨淋等情况。

（2）烟片无霉变、异味和虫情等现象。

（三）质量要求（表10－5）

表10－5　醇化后片烟质量要求

指标	要求
含水率（%）	10.5～13.0
包芯温度（℃）	＜34.0

（四）技术要点

（1）应根据片烟醇化特性及使用功能定位，确定醇化环境温湿度和醇化时间。

（2）不同醇化特性的片烟宜分区域存放。

（3）定期检测评价感官质量、外观质量、物理质量、化学成分等变化情况，及时掌握片烟醇化程度。

（4）应实时监测虫情、霉变情况，并采取防虫防霉措施。

（5）达到最佳醇化期的片烟应及时使用，如需延长使用时间，可采取抑止醇化措施。

参考文献

REFERENCES

艾绥龙，韦成才，1997. 农家旺烤烟专用叶面肥在烟草生产中的应用［J］. 陕西农业科学（5）：10－11.

白宝璋，1992. 植物生理学［M］. 北京：中国科学技术出版社.

白晓莉，邹泉，董伟，等，2009. 工艺加工对再造烟叶致香成分有害成分和感官质量的影响［J］. 烟草科技（10）：12－16，20.

宾柯，2009. 不同香型烤烟叶的理化特性研究［D］. 长沙：湖南农业大学.

蔡寒玉，王耀福，李进平，等，2005. 土壤水分对烤烟形态和耗水特性的影响［J］. 灌溉排水学报（3）：38－41.

曹景林，林国平，周应兵，等，2000. 皖南不同地貌和不同类型土壤香料烟质量特征分析［J］. 中国烟草科学（3）：25－28.

常爱霞，张建平，杜咏梅，等，2010. 烤烟香型相关化学成分主导的不同产区烟叶聚类分析［J］. 中国烤烟学报，16（2）：14－19.

常寿荣，徐兴阳，罗华元，等，2008. 美国引进烤烟新品种的筛选及利用［J］. 昆明学院学报，30（4）：50－54.

陈彩霞，卢彦华，于录，等，2009. 真空回潮工序对片烟加工质量的影响［J］. 安徽农学通报，15（12）：214－216.

陈朝阳，陈星峰，2012. 南平烟区植烟土壤理化性状聚类分析与施肥对策［J］. 中国烟草科学，33（3）：17－22.

陈传孟，陈继树，古堂生，等，1997. 南岭山区不同海拔烤烟品质研究［J］. 中国烟草科学，1（4）：8－12.

陈国康，易龙，肖崇刚，等，2009. 生物多样性控病及其在克服烟草连作障碍中的可能应用［J］. 安徽农业科学，37（11）：5031－5033，5042.

陈丽君，2011. 采用 GC－MS/O 分析精油和烟草中致香物质［D］. 上海：复旦大学.

陈良元，2002. 卷烟生产工艺技术［M］. 郑州：河南科学技术出版社.

陈乾锦，池国胜，吴华建，等，2020. 采收成熟度对 K326 不同部位烟叶品质的影响［J］. 贵州农业科学，48（9）：43－46.

陈乾锦，池国胜，徐磊，等，2020. 不同时间和程度优化结构对烤烟中部叶质量和经济效益的影响［J］. 湖北农业科学，59（S1）：414-416.
陈秋会，2008. 不同地区烤烟醇化质量的动态变化及醇化周期研究［D］. 郑州：河南农业大学.
陈瑞泰，1987. 中国烟草栽培学［M］. 上海：上海科学技术出版社.
陈卫国，刘勇，周冀衡，2011. 低温胁迫对烟草膜保护酶系统的影响［J］. 安徽农业科学，39（7）：3978-3980.
陈伟，王三根，唐远驹，等，2008. 不同烟区烤烟化学成分的主导气候影响因子分析［J］. 植物营养与肥料学报，14（1）：144-150.
陈雪，陈丽萍，艾复清，2011. 采收成熟度对特色烤烟后烟叶化学成分的影响［J］. 贵州农业科学，2011（5）：62-64.
陈永明，陈建军，邱妙文，2010. 施氮水平和移栽期对烤烟还原糖及烟碱含量的影响［J］. 中国烟草科学，31（1）：34-36.
陈志敏，彭业敏，许忠元，等，2012. 优化烟叶结构对烟叶产量及质量的影响［J］. 湖南农业科学（12）：19-20.
程亮，毕庆文，许自成，等，2009. 湖北保康不同海拔高度生态因素对烟叶品种的影响［J］. 郑州轻工业学院学报（自然科学版），24（2）：15-20.
褚清河，潘根兴，王成己，2009. 最佳施肥比例对烟草产量和品质的影响［J］. 土壤通报，1：137-139.
崔昌范，王书凯，宋立君，1999. 烤烟新品种K326和NC89特征特性及配套栽培技术规范［J］. 延边大学农学学报（1）：70-75.
崔国民，2006. 烟叶的成熟度标准［J］. 云南农业（9）：16-17.
崔国民，黄维，赵高坤，等，2013. 不同烘烤工艺对烟叶评吸质量及致香物质的影响［J］. 安徽农业科学（24）：10125-10128.
崔学林，2009. 不同前茬对植烟土壤及烟叶产质量的影响［D］. 长沙：湖南农业大学.
大久保隆弘，1980. 作物轮作技术与理论［M］. 北京：农业出版社.
戴冕，2000. 我国主产烟区若干气象因素与烟叶化学成分关系的研究［J］. 中国烟草学报，6（1）：27-34.
戴冕，冯福华，周会光，1985. 光环境对烟草叶片的若干生理生态影响［J］. 中国烟草（1）：1-5.
邓小华，谢鹏飞，彭新辉，等，2010. 土壤和气候及其互作对湖南烤烟部分中性挥发性香气物质含量的影响［J］. 应用生态学报，21（8）：2063-2071.
丁根胜，王允白，陈朝阳，等，2009. 南平烟区主要气候因子与烟叶化学成分的关系［J］. 中国烟草科学，30（4）：26-30.
丁伟，谢会川，杨伦文，等，2007. 重庆市优质烟草有害生物控制规范化技术体系的建立与应用［D］. 重庆：西南大学.
董高峰，殷沛沛，卢伟，等，2015. 昭通烤烟烟气成分与烟叶化学成分的关系分析［J］.

南方农业学报，46（3）：492-497.
董金皋，康振生，周雪平，2016. 植物病理学［M］. 北京：科学出版社.
董良早，2010. 测土施肥技术［J］. 现代农业科技，13：314-316.
董淑君，黄明迪，王耀锋，等，2015. 密集烤房与普通烤房烘烤中烟叶色素和多酚含量的变化分析［J］. 中国烟草科学（1）：90-95.
董谢琼，徐虹，杨晓鹏，等，2005. 基于GIS的云南省烤烟种植区划方法研究［J］. 中国农业气象（1）：4-8.
董艳，董坤，林克惠，2007. 微生物肥料对几种烤烟病害及烟叶含钾量的影响［J］. 江苏农业科学（1）：189-192.
董艳辉，李永杰，裴晓东，等，2013. 上部烟叶不同成熟度及采收方式对烤烟烘烤质量的影响［J］. 江西农业学报（7）：57-59，65.
董钻，沈秀瑛，2000. 作物栽培学总论［M］. 北京：中国农业出版社.
窦逢科，1981. 土壤肥料对烟草品质的影响［J］. 河南农林科技（9）：13-16.
窦玉青，张伟峰，程森，等，2012. 产地对主栽烤烟品种主要化学成分的影响［J］. 甘肃农业大学学报，47（1）：53-58，63.
杜广祖，胡永亮，陈华燕，等，2021. 玉米田草地贪夜蛾卵寄生蜂（黑卵蜂）的形态特征观察及分子生物学鉴定［J］. 南方农业学报，52（3）：619-625.
付战营，韩东恒，王国峰，2011. 不同烟麦套种方式对烤烟农艺性状及产量品质的影响［J］. 河南农业科学，40（3）：69-72.
富廷，1999. 优质烟七步烘烤法［J］. 农村新技术（10）：34.
高步青，1999. 怎样掌握烟叶的田间成熟度［J］. 山西农业，6：43.
高贵，田野，邵忠顺，等，2005. 留叶数和留叶方式对上部叶烟碱含量的影响［J］. 耕作与栽培（5）：26-27.
高汉，陈汉新，彭世阳，等，2002. 烟叶成熟度鉴别方法与实用五段式烘烤新工艺应用研究的回顾［J］. 中国烟草科学（4）：39-41.
高林，王新伟，申国明，等，2019. 不同连作年限植烟土壤细菌和真菌群落结构差异［J］. 中国农业科技导报，21（8）：147-152.
高卫锴，2011. 关键栽培措施及海拔高度对云南临沧烤烟品质的影响［D］. 郑州：河南农业大学.
葛鑫，戴其根，霍中洋，等，2003. 农田氮素流失对环境的污染现状及防治对策［J］. 环境科学技术，26（6）：53-54.
宫长荣，2003. 烟草调制学［M］. 北京：中国农业出版社.
宫长荣，刘东洋，2003. 烤烟烟叶内几种酶活性变化及对化学成分的影响［J］. 中国烟草科学，24（1）：1-2.
宫长荣，赵铭钦，汪耀富，等，1997. 不同烘烤条件下烟叶色素降解规律的研究［J］. 烟草科技（2）：33-34.

巩效伟，段焰青，黄静文，等，2010. 烤烟主要化学成分与烟叶等级和醇化时间的相关性研究［J］. 江西农业大学学报，32（1）：31－34，50.
古战朝，2012. 烤烟主产区生态因子与烟叶品质的关系［D］. 郑州：河南农业大学.
顾明华，周晓，韦建玉，等，2009. 有机无机肥配施对烤烟脂类代谢的影响研究［J］. 生态环境学报（2）：280－284.
顾学文，王军，谢玉华，等，2012. 种植密度与移栽期对烤烟生长发育和品质的影响［J］. 中国农学通报，28（22）：258－264.
官春云，2011. 现代作物栽培学［M］. 北京：高等教育出版社.
郭芳军，刘盛富，宋江雨，等，2015. 不同时期优化结构对烤烟生长发育和产质量的影响［J］. 安徽农业科学，43（2）：55－56.
郭金梁，周月凤，2013. 外界环境条件对烟草生产的影响［J］. 现代化农业（3）：2－4.
郭世昌，常有礼，胡非，等，2004. 纬度和海拔高度对云南地面紫外线强度影响的数值试验［J］. 云南地理环境研究，16（1）：9－13.
郭月清，1992. 烤烟栽培技术［M］. 北京：金盾出版社.
韩锦峰，陈建军，王瑞新，1992. pH 对烤烟物质生产和营养的影响［J］. 中国烟草学报（2）：37－44.
韩锦峰，刘维群，杨素勤，等，1993. 海拔高度对烤烟香气物质的影响［J］. 中国烟草，3（1）：1－3.
韩锦峰，汪耀富，杨素勤，等，1994. 干旱胁迫对烤烟化学成分和香气物质的影响［J］. 中国烟草（1）：35－38.
郝葳，田孝华，1996. 优质烟区土壤物理性状分析与研究［J］. 烟草科技（5）：34－35.
何宏仪，2009. 烤烟品种青枯病抗性遗传改良效应研究［D］. 长沙：湖南农业大学.
何念杰，唐祥宁，游春平，1995. 烟稻轮作与烟草病虫害关系的研究［J］. 江西农业大学学报，17（3）：294－299.
胡国松，杨林波，魏巍，等，2000. 海拔高度、品种和某些栽培措施对烤烟香吃味的影响［J］. 中国烟草科学（3）：9－13.
胡有持，牟定荣，王晓辉，等，2004. 云南烤烟复烤片烟自然醇化时间与质量关系的研究［J］. 中国烟草学报（4）：4－10.
胡雨彤，2017. 长期定位施肥条件下旱地小麦“产量差”影响因子评估［D］. 杨凌：中国科学院教育部水土保持与生态环境研究中心.
胡钟胜，杨春江，施旭，等，2012. 烤烟不同移栽期的生育期气象条件和产量品质对比［J］. 气象与环境学报，28（2）：66－70.
华一崑，汪显国，袁逢春，等，2012. 打叶复烤对模块烟叶致香成分和感官质量的影响［J］. 江西农业学报，24（6）：120－125.
黄保宏，林桂坤，王学辉，等，2013. 防虫网对设施蔬菜害虫控害作用研究［J］. 植物保护，39（6）：164－169，187.

黄成江，张晓梅，李天福，等，2007. 植烟土壤理化性状的适宜性研究进展［J］. 中国农业科技导报（1）：42－46.

黄德明，2003. 十年来我国测土施肥的进展［J］. 植物营养与肥料学报，9（4）：495－499.

黄建，冯琦，卢迪，等，2015. 有机无机肥配施条件下烤烟的致香成分及香气指数［J］. 江苏农业科学（1）：84－86.

黄建华，陈洪凡，王丽思，等，2016. 应用捕食螨防治蓟马研究进展［J］. 中国生物防治学报，32（1）：119－124.

黄夸克，马彦清，李祖红，等，2013. 田间不适用鲜烟叶的消化时期与消除叶片数对烟叶经济性状的影响［J］. 中国农学通报，20（4）：163－167.

黄立钰，傅彬英，2010. 植物细胞程序化死亡响应非生物逆境胁迫反应机理［J］. 分子植物育种，8（4）：764－770.

黄沛，2015. 烤烟化学成分与感官评吸的相关分析［J］. 安徽农业科学，43（28）：288－290.

黄晓，李发强，2016. 细胞自噬在植物细胞程序性死亡中的作用［J］. 植物学报，51（6）：859－862.

黄一兰，李文卿，陈顺辉，等，2001. 移栽期对烟株生长、各部位烟叶比例及产、质量的影响［J］. 烟草科技（11）：38－40.

黄一兰，王瑞强，王雪仁，2004. 打顶时间与留叶数对烤烟产质量及内在化学成分的影响［J］. 中国烟草科学（4）：18－22.

黄莺，黄宁，冯勇刚，等，2008. 不同氮肥用量、密度和留叶数对贵烟4号烟叶经济性状的影响［J］. 安徽农业科学，36（2）：597－600.

黄勇，周冀衡，郑明，等，2009. UV－B对烟草生长发育及次生代谢的影响［J］. 中国生态农业学报，17（1）：140－144.

黄中艳，朱勇，王树会，等，2007. 云南烤烟内在品质与气候的关系［J］. 资源科学（2）：83－90.

霍梁霄，周金成，宁素芳，2019. 夜蛾黑卵蜂寄生草地贪夜蛾和斜纹夜蛾卵的生物学特性［J］. 植物保护，45（5）：60－64.

简辉，杨学良，王保兴，等，2006. 复烤温度对烟叶化学成分及感官质量的影响［J］. 烟草科技（12）：12－15，19.

简永兴，董道竹，刘建峰，2007. 湘西北海拔高度对烤烟多元酸及高级脂肪酸含量的影响［J］. 湖南师范大学自然科学学报，30（1）：72－75.

简永兴，杨磊，谢龙杰，2005. 湘西北海拔高度对烤烟常规化学成分含量的影响［J］. 生命科学研究，9（1）：63－67.

江豪，陈朝阳，2001. 打顶、留叶数对烟叶产量及质量的影响［J］. 福建农业大学学报（自然科学版），30（3）：329－333.

江厚龙，刘国顺，周辉，等，2012. 变黄时间和定色时间对烤烟烟叶化学成分的影响［J］. 烟草科技（12）：33－38.

蒋丽，孔莹莹，韩凝，等，2012. 植物细胞程序性死亡的分类和膜通透性调控蛋白研究进展［J］. 植物生理学报，48（5）：419－424.

蒋利明，2017. 植烟土壤保育及改良技术的研究进展［J］. 农村经济与科技，28（12）：31－33.

蒋水萍，张拯研，郑仕方，等，2013. 优化烟叶结构后不同采收成熟度对烤烟品质的影响［J］. 河南农业科学，42（11）：40－45.

金爱兰，1991. 晒红烟成熟期气象因素对叶片烟碱含量的影响［J］. 烟草科技（1）：29－30.

金亚，韦建玉，屈冉，等，2008. 烤烟大田期干物质动态积累研究［J］. 安徽农业科学（14）：5830－5832，5865.

晋艳，杨宁虹，段玉琪，等，2002. 烤烟连作对烟叶产量和质量的影响研究初报［J］. 烟草科技（1）：41－45.

景延秋，宫长荣，张月华，等，2005. 烟草香味物质分析研究进展［J］. 中国烟草科学（2）：44－48.

孔琼，杨红玉，王云月，等，2012. 植物与病原物互作中的细胞程序化死亡［J］. 植物保护，38（6）：1－6.

雷捌金，范雄，曹志强，等，2013. 不同打叶数量对烟叶等级结构及工业可用性的影响［J］. 现代农业科技（17）：27－29.

雷子渊，2005. 烤烟优质高效栽培技术（连载七）［J］. 湖北农业（6）：6－9.

黎成厚，刘元生，何腾兵，等，1999. 土壤质地等对烤烟生长及钾素营养的影响［J］. 山地农业生物学报（4）：203－208.

黎根，毕庆文，汪健，等，2007. 烤烟主要化学成分与烟叶品质关系研究进展［J］. 河北农业科学，11（6）：6－9，41.

黎妍妍，徐自成，王金平，等，2007. 湖南烟区气候因素分析及对烟叶化学成分的影响［J］. 中国农业气象（3）：308－311.

李葆，刘春奎，闫启峰，等，2010. 湖北恩施烟区烤烟化学成分特点及综合评价［J］. 江西农业学报，22（5）：12－14.

李东霞，杨兴友，刘国顺，等，2009. 遮阳对烤烟叶片结构和中性致香物质含量的影响［J］. 安徽农业科学，37（18）：8449－8450，8483.

李佛琳，赵春江，刘良云，等，2007. 烤烟鲜烟叶成熟度的量化［J］. 烟草科技（1）：54－58.

李富强，宋朝鹏，宫长荣，等，2007. 烤烟烘烤环境条件对烟叶品质影响研究进展［J］. 中国烟草学报，4：70－74.

李浩，赵予新，2016. 大剂量使用化肥的负面影响及防控措施［J］. 市场周刊（理论研究）（7）：3－4.

李洪勋，2008. 海拔高度对贵州烤烟化学成分的影响［J］. 生态环境，17（3）：1170－1172.

李姣，刘国顺，高琴，等，2013. 不同生物有机肥与烟草专用复合肥配施对烤烟根际土壤微生物及土壤酶活性的影响［J］. 河南农业大学学报，47（2）：132－137.

李天福，黄成江，王树会，等，2008. 思茅市主要植烟土壤养分特征及推荐施肥技术［J］. 中国土壤与肥料（1）：18－21.

李天福，王彪，王树会，2006. 云南烤烟轮作的现状分析与保障措施［J］. 中国烟草科学（2）：48－51.

李天金，2000. 烤烟主要灾害性病害及其防治措施［J］. 植保技术与推广，20（2）：22－23.

李卫红，李洪勋，2007. 营养元素对烟草产量和品质的影响浅析［J］. 甘肃科技（1）：210－212.

李伟，王超，刘浩，等，2017. 云烟品牌省内基地烟碱含量区划与分类调控技术探讨［J］. 西南农业学报，3（增刊）：106－109.

李文卿，陈顺辉，柯玉琴，等，2013. 不同移栽期对烤烟生长发育及质量风格的影响［J］. 中国烟草学报（4）：48－54.

李文卿，陈顺辉，李春俭，等，2008. 土壤氮和肥料氮对烤烟总氮和烟碱积累的影响［J］. 福建农业学报，23（3）：314－317.

李雪芳，周必贵，谢佳伟，等，2020. 海拔对烤烟生长和化学成分的影响［J］. 浙江农业科学，61（8）：1496－1500，1543.

李艳红，徐智，汤利，等，2015. 化肥减量配施生物有机肥对烤烟青枯病及其病原菌的影响［J］. 云南农业大学学报（自然科学版），30：612－617.

李永福，容辉，宁夏，等，2014. 薰衣草在造纸法再造烟叶中的应用研究［J］. 云南农业大学学报（自然科学版），29（6）：941－947.

梁兵，黄坤，阙劲松，2017. 红河植烟区烟叶品质与土壤中微量元素含量关系研究［J］. 西南农业学报，30：824－829.

梁艳萍，刘静，王少先，等，2010. 不同烤烟品种烟叶品质特性研究［J］. 湖南农业科学（5）：19－21.

廖惠云，甘学文，陈晶波，等，2006. 不同产地烤烟复烤烟叶C3F致香物质与其感官质量的关系［J］. 烟草科技（7）：46－50.

林福群，张云鹤，1996. 凤阳县烤烟生产现状与烟稻连作栽培技术［J］. 安徽农业技术学院学报，10（3）：35－36.

刘彩云，刘洪祥，常志隆，等，2010. 烟草香气品质研究进展［J］. 中国烟草科学，31（6）：75－78.

刘闯，陈振国，李进平，等，2011. 不同装烟方式对烟叶挥发性致香成分含量的影响［J］. 云南农业大学学报，26（1）：70－74.

刘春奎，王建民，李葆，等，2010. 云南烟区烤烟品种K326主要化学成分特点分析［J］. 郑州轻工业学院学报（自然科学版）（5）：44－48.

刘恩科，赵秉强，李秀英，等，2008. 长期施肥对土壤微生物量及土壤酶活性的影响

[J]. 植物生态学报，32 (1)：176-182.
刘方，何腾兵，刘元生，等，2002. 长期连作黄壤烟地养分变化及其施肥效应分析 [J]. 烟草科技 (6)：30-33.
刘枫，赵正雄，李忠环，等，2011. 不同前茬作物条件下烤烟氮磷钾养分平衡 [J]. 应用生态学报，22 (10)：2622-2626.
刘国顺，2003a. 国内外烟叶质量差距分析和提高烟叶质量技术途径探讨 [J]. 中国烟草学报，9 (增刊)：54-58.
刘国顺，2003b. 提高我国烟叶质量：看齐国际市场先进水平 [Z]. 陕西省烟叶生产收购会议资料.
刘国顺，2003c. 烟草栽培学 [M]. 北京：中国农业出版社.
刘国顺，乔新荣，王芳，等，2007. 光照强度对烤烟光合特性及其生长和品质的影响 [J]. 西北植物学报，27 (9)：1833-1837.
刘国顺，周辉，等，2012. 变黄时间和定色时间对烤烟烟叶化学成分的影响 [J]. 烟草科技 (12)：33-38.
刘好宝，李锐，1995. 论我国优质烟生产及其发展对策 [J]. 中国烟草科学 (4)：1-4.
刘红光，杨义，罗华元，等，2015. 红云红河卷烟原料 K326 的种植海拔及土壤条件研究 [J]. 云南农业大学学报，30 (6)：895-901.
刘洪华，赵铭钦，王付峰，等，2010. 有机无机肥配施对烤烟质体色素及降解产物的影响 [J]. 中国烟草科学，31 (5)：38-43.
刘洪祥，1980. 烤烟几个性状间相关性的初步分析 [J]. 中国烟草 (2)：8-10.
刘君丽，陈亮，孟玲，2003. 疫霉病害的发生与化学防治研究进展 [J]. 农药，42 (4)：13-15.
刘魁，田阳阳，王正旭，等，2020. 有机肥替代部分化肥对烤烟生长及烟叶质量的影响 [J]. 湖南农业科学 (12)：24-27，35.
刘淑欣，曾鸿棋，熊德中，等，1994. 土壤性质与烤烟总糖、烟碱关系的研究 [J]. 福建农业科技 (6)：14-17.
刘腾江，张荣春，杨乘，等，2015. 不同变黄期时间对上部烟叶可用性的影响 [J]. 西南农业学报，28 (1)：73-78.
刘卫群，郭红祥，石永春，等，2004. 配施饼肥对烤烟叶片组织结构的影响 [J]. 中国农业科学，37 (增刊)：6-10.
刘伟，雷东锋，黄飞燕，等，2016. 采收成熟度对 K326 烟叶内在质量和经济性状的影响 [J]. 湖南农业科学 (10)：41-44.
刘晓迪，景延秋，宫长荣，2013. 烘烤过程中烤烟类胡萝卜素类及多酚的变化 [J]. 烟草科技 (12)：41-44.
刘秀娣，李建云，1994. 土壤有效微量元素含量与不同地貌单元关系研究：以河南省新乡地区卫辉市和辉县市为例 [J]. 环境科学 (5)：17-22.

刘绚霞，刘朝佚，1993. 影响烟叶烟碱含量的因素分析 [J]. 甘肃农业科技，7：39-40.
刘燕，赵正雄，付修廷，等，2014. 施肥调整对昭通烤烟生长及烟叶品质的影响 [J]. 中国烟草科学，35 (6)：32-37.
刘勇，周冀衡，周国生，等，2012. 采收方式和成熟度对烤烟上部烟叶产质量的影响 [J]. 江西农业大学学报，34 (1)：16-21.
刘宇，颜合洪，2006. 烟草致香物质的研究进展 [J]. 作物研究，20 (5)：470-474.
刘贞琦，伍贤进，刘振业，1995. 土壤水分对烟草光合生理特性影响的研究 [J]. 中国烟草学报 (1)：44-49.
龙大彬，2006. 浏阳烤烟漂浮育苗几个关键技术的研究 [D]. 长沙：湖南农业大学.
龙大彬，郭亮，李帆，等，2012. 烤烟 K326 最佳施肥技术研究 [J]. 湖南农业科学 (10)：65-68.
陆引罡，王家顺，赵承，等，2008. 有机—无机专用混配肥对烤烟产量和养分利用率的影响 [J]. 土壤通报，39 (2)：334-337.
陆宗鲁，2009. 薰衣草与香味整理 [C]. //广东纺织助剂行业协会. 第一届广东纺织助剂行业年会论文集：306-314.
吕芬，邓盛斌，李卓麟，2005. 烤烟品种小区比较试验 [J]. 西南农业学报 (6)：724-727.
罗登山，宗永立，王兵，等，1997. 贵州、湖南、河南、山东 1995 年烤烟 (40 级) 分析及质量评价 [J]. 烟草科技 (3)：10-13.
罗华，邓小华，张光利，等，2009. 邵阳市主产烟县烤烟化学成分特征与可用性评价 [J]. 湖南农业大学学报 (自然科学版)，35 (6)：623-627.
罗静，2020. 烟叶质量安全影响因素及防控措施 [J]. 安徽农业科学，48 (19)：15-17，33.
马国胜，郭红，陈娟，2000. 浅析皖北烟草脉斑病连年发生并间歇式暴发原因及对策 [J]. 植物保护，26 (4)：26-28.
马建彬，敖金成，龙明海，等，2015. 品种、叶位及留叶打顶对烤烟叶片组织结构的交互影响 [J]. 安徽农业科学，43 (9)：59-61.
马武军，陈元生，罗战勇，1999. 烟草花叶病防治技术研究概况 [J]. 广东农业科学 (2)：36-38.
马旭，殷端，濮瑜，等，2010. 增湿调制对芳香型香料烟各部位烟叶外观质量的影响 [J]. 湖南农业科学 (自然科学版) (12)：54-56.
马燕，孙桂芬，王岚，等，2010，烤烟成熟度与常规化学成分之间的关系 [J]. 安徽农业科学，38 (30)：16844-16846.
蒙世贵，胡启贤，吕道林，2002. 灭蚜宁防治烟蚜药效试验 [J]. 烟草科技 (8)：47-48.
孟可爱，聂荣邦，肖春生，等，2006. 密集烘烤过程中烟叶水分和色素含量的动态变化

[J]. 湖南农业大学学报（自然科学版），32（2）：144－148.
穆青，潘悦，蒋水萍，等，2016. 释放捕食螨对蓟马传播烟草番茄斑萎病的控制效果[J]. 贵州农业科学，44（9）：63－67.
聂东发，盛孝，2007. 提高烟叶香吃味的烘烤工艺研究[J]. 中国农学通报，23（5）：104－108.
聂荣邦，赵松义，曹胜利，等，1995. 烤烟生育动态与烟叶品质关系的研究[J]. 湖南农业大学学报，21（4）：354－360.
欧阳磊，李鹏飞，蒋福昌，等，2015. 不同打叶数对烤烟经济性状和化学成分的影响[J]. 安徽农业科学，43（2）：273－276.
潘广为，向炳清，孔伟，等，2013. 高海拔地区烟草留叶数对烤烟产量、质量的影响[J]. 湖北农业科学，52（14）：3338－3341.
潘秋筑，钱晓刚，1994. 钾肥施用技术对烟叶钾含量影响的初步研究[J]. 耕作与栽培（3）：26－28.
潘耀谦，高丰，成军，2000. 细胞凋亡与细胞坏死比较的研究进展[J]. 动物医学进展（4）：5－8.
潘周云，包正元，田景先，等，2019. 绿肥压青对植烟土壤改良研究进展[J]. 安徽农学通报，25（16）：115－117.
彭黔荣，2002. 贵州烟草中性香味物质的提取分离和分析研究[D]. 成都：四川大学.
彭清云，易图永，2008. 防治烟草黑胫病研究进展[J]. 河北农业科学，12（6）：29－31.
彭新辉，邓小华，易建华，等，2010. 气候和土壤及其互作对烟叶物理性状的影响[J]. 烟草科技（2）：48－54.
彭新辉，蒲文宣，易建华，等，2010. 湖南不同烟区烤烟烟碱含量差异的生态原因[J]. 应用生态学报，21（10）：2599－2604.
彭玉富，张书伟，蔡宪杰，2011. 不同成熟度对河南烤烟上部叶品质的影响[J]. 中国烟草学报，17（4）：62－66.
彭云，赵正雄，李忠环，等，2010. 不同前茬对烤烟生长、产量和质量的影响[J]. 作物学报，36（2）：335－340.
乔新荣，杨兴有，刘国顺，等，2008. 弱光胁迫对烤烟化学成分及中性挥发性致香物质的影响[J]. 烟草科技（9）：56－58，65.
秦松，樊燕，刘洪斌，等，2008. 地形因子与土壤养分空间分布的相关研究[J]. 水土保持研究，1：46－49，52.
秦艳青，李春俭，赵正雄，等，2007. 不同供氮方式和施氮量对烤烟生长和氮素吸收的影响[J]. 植物营养与肥料学报，13（30）：436－442.
邱标仁，林桂华，沈焕梅，等，2000. 提高龙岩烟区上部叶可用性的途径[J]. 中国烟草科学，21（2）：18－20.
屈剑波，闫克玉，李兴波，等，1996. 河南烤烟（40级）各等级烟叶填充力的测定[J].

烟草科技（5）：6-7.
屈剑波，闫克玉，李兴波，等，1997. 烤烟国家标准（40级）河南烟叶含梗率的测定[J]. 烟草科技（2）：8-9.
冉法芬，许自成，李东亮，等，2010. 我国主产烟区烤烟钾、氯、钾氯比与评吸质量的关系分析[J]. 西南农业学报，23（4）：1147-1150.
任四海，徐辰生，孙敬权，等，2004. 土壤肥力因子与烤烟品质的关系[J]. 安徽农业科学，32（2）：368-369，390.
任竹，张刚领，2009. 贵州不同生态烟区烤烟质量状况分析[J]. 贵州农业科学，37（10）：51-54.
山东省农业科学院，中国农业科学院烟草研究所，1999. 山东烟草[M]. 北京：中国农业出版社.
尚素琴，刘平，张新虎，2016. 不同温度下巴氏新小绥螨对西花蓟马初孵若虫的捕食功能[J]. 植物保护，42（3）：141-144.
邵丽，晋艳，杨宇虹，等，2002. 生态条件对不同烤烟品种烟叶产质量的影响[J]. 烟草科技（10）：40-45.
邵岩，方敦煌，邓建华，等，2007. 云南与津巴布韦烤烟致香物质含量差异研究[J]. 中国农学通报，23（8）：70-74.
沈杰，蔡艳，何玉亭，等，2016. 种植密度对烤烟养分吸收及品质形成的影响[J]. 西北农林科技大学学报（自然科学版），44（10）：51-58.
石发翔，2003. 烤烟“两长一短”烘烤法[J]. 农村实用技术（9）：50.
时俊锋，徐凌彦，李枝林，等，2008. 墨红玫瑰的组织培养研究[J]. 现代园艺（8）：10-12.
时修礼，李国栋，杨庆敏，2002. 利用气候资源发展豫西烤烟生产[J]. 河南气象（3）：25.
史宏志，1998. 烟草香味学[M]. 北京：中国农业出版社.
史宏志，刘国顺，杨慧娟，等，2011. 烟草香味学[M]. 北京：中国农业出版社.
宋歌，2015. 化肥使用不当对土壤和农作物的影响[J]. 科技传播，7（18）：81-82.
宋鹏飞，马迅，王萝萍，等，2017. 纬度和海拔二维因素对云南烤烟农艺性状的影响[J]. 西南农业学报，30（10）：2345-2351.
宋淑芳，陈建军，周冀衡，等，2012. 留叶数对烤烟品质形成的影响[J]. 中国烟草科学（6）：39-43.
苏海燕，程传策，宫长荣，等，2010. 连作对烤烟化学成分和中性致香物质的影响[J]. 江西农业学报，22（5）：5-8.
苏世鸣，任丽轩，霍振华，等，2008. 西瓜与旱作水稻间作改善西瓜连作障碍及对土壤微生物区系的影响[J]. 中国农业科学（3）：704-712.
孙吉，杨斌，窦佳宇，等，2013. 烤烟烟叶物理特性与产地、等级及常规化学成分关系研究［J］. 安徽农业科学，41（17）：7670－7672.
孙建锋，宫长荣，许自成，等，2005. 河南烤烟主产区烟叶物理性状的分析评价［J］. 河南农业科学（12）：17－20.
孙梅霞，李凯军，王艳，2002. 烤烟成熟期土壤含水量对叶片品质的影响［J］. 安徽农业科学（2）：280－282.
孙曙光，汪健，2011. 不同密集烘烤工艺对烤后烟叶质量的影响［J］. 江西农业学报，23（6）：37－39.
孙义祥，郭跃升，于舜章，等，2009. 应用“3414”试验建立冬小麦测土配方施肥指标体系［J］. 植物营养与肥料学报，15（1）：197－203.
唐莉娜，熊德中，1999. 有机无机肥配施对烤烟氮磷钾营养分配及产量和质量的影响［J］. 福建农业学报（2）：50－55.
唐伟杰，何飞飞，周冀衡，等，2009. 不同形态氮肥在稻田土壤中的变化规律及对烤烟生长和烟碱含量的影响［J］. 作物研究，23（1）：30－34.
唐新苗，王丰，纪春媚，等，2011. 贵州省土壤养分环境与烟叶质量的关系研究［J］. 河南农业科学，40（5）：84－88.
田卫霞，2013. 不同移栽期对烤烟品质的影响［D］. 福州：福建农林大学.
汪季涛，胡克玲，杨波，等，2015. 采收成熟度对K326烟叶品质和烟气指标的影响［J］. 安徽农业大学学报，42（3）：478－483.
汪耀富，高华军，刘国顺，等，2006. 氮、磷、钾肥配施对烤烟化学成分和致香物质含量的影响［J］. 植物营养与肥料学报，12（1）：76－81.
王爱华，徐秀红，王松峰，等，2008. 变黄温度对烤烟烘烤过程中生理指标及烤后质量的影响［J］. 中国烟草学报，14（1）：27－31.
王爱华，杨斌，管志坤，等，2010. 烤烟烘烤与烟叶香吃味关系研究进展［J］. 中国烟草学报，16（4）：92－97.
王彪，李天福，2005. 气象因子与烟叶化学成分的关联度分析［J］. 云南农业大学学报，20（5）：742－745.
王斌，周冀衡，杨未，等，2012. 不同时间二次打顶对烤烟上部烟叶理化性质的影响［J］. 湖南农业科学（7）：43－45.
王博文，2006. 喜树幼苗次生代谢产物对光强的响应［D］. 哈尔滨：东北林业大学.
王传义，2008. 不同烤烟品种烘烤特性研究［D］. 北京：中国农业科学院.
王付锋，赵铭钦，张学杰，等，2010. 种植密度和留叶数对烤烟农艺性状及品质的影响［J］. 江苏农业学报，26（3）：487－492.
王广山，陈卫华，薛超群，等，2001. 烟碱形成的相关因素分析及降低烟碱技术措施［J］. 烟草科技（2）：38－42.
王寒，陈建军，林锐峰，等，2013. 粤北地区移栽期对烤烟成熟期生理生化指标和经济性状的影响［J］. 中国烟草学报，19（6）：71－77.

王怀珠，汪健，胡玉录，等，2005. 茎叶夹角与烤烟成熟度的关系［J］. 烟草科技（8）：32－34.
王娟，李文娟，周丽娟，等，2013. 云南主要烟区初烤烟叶物理特性的稳定性及质量水平分析［J］. 湖南农业科学（17）：28－31.
王岚，王璐，廖臻，等，2008. 气质联用仪对烤烟烘烤调制过程中烟叶主要致香成分变化的研究［J］. 分析测试学报，27（z1）：96－98.
王磊，陈科伟，钟国华，等，2019. 重大入侵害虫草地贪夜蛾发生危害、防控研究进展及防控策略探讨［J］. 环境昆虫学报，41（3）：479－487.
王林，2008. 湖南烟区土壤肥力状况评价和土壤养分与烤烟化学成分的关系［D］. 郑州：河南农业大学.
王茂胜，陈懿，薛小平，等，2010. 长期连作对烤烟产量和质量的影响［J］. 耕作与栽培（1）：8－9，43.
王瑞，刘国顺，向必坤，2010. 恩施州不同海拔下烤烟产量和质量及香型风格的差异性分析［J］. 中国烟草科学，33（1）：27－31.
王瑞新，2003. 烟草化学［M］. 北京：中国农业出版社.
王世英，卢红，杨骥，2007. 不同种植海拔高度对曲靖地区烤烟主要化学成分的影响［J］. 西南农业学报，20（1）：45－48.
王淑敏，刘春明，邢俊鹏，等，2006. 玫瑰花中挥发油成分的超临界萃取及质谱分析［J］. 质谱学报，27（1）：45－49.
王树会，李天福，邵岩，等，2006. 不同烤烟品种及海拔对烟叶中有机酸的影响［J］. 西南农业大学学报（1）127－130.
王松峰，王爱华，王金亮，等，2012. 密集烘烤定色期升温速度对烤烟生理生化特性及品质的影响［J］. 中国烟草科学，33（6）：48－53.
王伟宁，于建军，张腾，等，2013. 定色期不同升温速率对烤烟品种红花大金元烟叶品质及产值的影响［J］. 江苏农业科学，41（2）：242－244.
王小东，汪孝国，许自成，等，2007. 对烟叶成熟度的再认识［J］. 安徽农业科学，35（9）：2544－2645.
王晓宾，周亮，刘春奎，等，2012. 新形势下烟叶原料供需结构性矛盾分析［J］. 现代农业科技（17）：284－285.
王欣英，李文庆，张兴海，等，2006. 前茬作物营养对烟草生长和品质的影响［J］. 河南农业科学（2）：42－46.
王彦亭，王树声，刘好宝，2005. 中国烟草地膜覆盖栽培技术［M］. 北京：中国农业科学技术出版社.
王艺霖，赵丽伟，肖炳光，等，2012. 不同基因型烤烟的钾素营养特性［J］. 江苏农业学报，28（3）：472－476.
王勇，刘红恩，杨超，等，2011. 重庆市烤烟质量空间变异特征及其与作物茬口关系研究

[J]. 江西农业学报，23 (9)：27 - 30.
王玉兵，冯永刚，田必文，等，2008. 不同烘烤环境对散烟密集烤房初烤叶等级质量的影响 [J]. 安徽农业科学，36 (7)：2789 - 2791.
王玉军，谢胜利，姜茱，等，1997. 烤烟叶片厚度与主要化学组成相关性研究 [J]. 中国烟草科学 (1)：11 - 14.
王育军，周冀衡，鲁鑫浪，等，2014. 昆明市烤烟化学成分可用性评价及其与潜香物质的关系 [J]. 中国农业科技导报，16 (5)：108 - 114.
王正旭，陈明辉，申国明，等，2011. 施氮量和留叶数对烤烟红花大金元产质量的影响 [J]. 中国烟草科学 (3)：76 - 79.
王志勇，2014. 优化烟叶结构对烟叶品质及经济性状的影响 [D]. 长沙：湖南农业大学.
王柱石，张晓龙，何永菊，等，2014. 不同风机转速对叠层装烟烤后中部烟叶质量的影响 [J]. 河南农业大学学报，48 (5)：550 - 554.
韦成才，马英明，艾绥龙，等，2004. 陕南烤烟质量与气候关系研究 [J]. 中国烟草科学 (3)：38 - 41.
温永琴，徐丽芬，陈宗瑜，等，2002. 云南烤烟石油醚提取物和多酚类与气候要素的关系 [J]. 湖南农业大学学报 (自然科学版) (2)：103 - 105.
文柳璎，刘旦，龚敏，等，2018. 抗病毒病 K326 新品系 Y48 抗 TMV 的细胞学机制研究 [J]. 中国烟草科学，39 (4)：18 - 25，31.
吴帼英，黄静勋，王宝华，等，1983. 烤烟留叶数与产量、品质相关关系的初步研究 [J]. 中国烟草科学 (3)：1 - 6，12.
吴守清，2007. 烤烟品种 K326 的特征特性及高产栽培技术 [J]. 江西农业学报，19 (4)：113.
吴玉萍，高云才，刘玲，等，2015. 玉溪市烤烟 K326 烟碱、总糖含量和烟叶品质的分析 [J]. 西南农业学报，28 (6)：2763 - 2768.
吴正举，刘淑欣，熊德中，等，1996. 福建烟区土壤特性及其与烟叶品质的关系 [J]. 中国烟草学报，3 (1)：49 - 53.
吴中华，徐秀红，王松峰，等，2004. 不同调制方法对烤烟淀粉含量及香吃味的研究 [J]. 云南烟草 (2)：17 - 24.
伍优，罗以贵，崔国民，等，2013. 重庆烟区 K326 上部烟叶烘烤工艺研究 [J]. 中国农学通报 (9)：213 - 220.
武雪萍，朱凯，刘国顺，等，2005. 有机无机肥配施对烟叶化学成分和品质的影响 [J]. 土壤肥料 (1)：10 - 13.
夏海乾，孟琳，石俊雄，等，2011. 精准施肥技术在烟草上的应用 [J]. 西南农业学报，24 (6)：2263 - 2269.
夏凯，齐绍武，周冀衡，等，2005. 烤烟的成熟度与叶片组织结构及叶绿素含量的关系 [J]. 作物研究，19 (2)：102 - 105.

夏启中，吴家和，张献龙，2005. 与植物超敏反应（HR）相关的细胞编程性死亡［J］. 华中农业大学学报，24（1）：97－103.

冼可法，沈朝智，戚万敏，1992. 云南烤烟中性香味成分的分析研究［J］. 中国烟草学报，1（2）：1－9.

肖吉中，江锡瑜，周敏兰，等，1993. 烤烟鲜叶外观成熟特征的研究［J］. 中国烟草（2）：15－18.

肖金香，刘正和，王燕，等，2003. 气候生态因素对烤烟产量与品质的影响及植烟措施研究［J］. 中国生态农业学报（4）：158－160.

肖枢，龙荣，王锡云，等，1997. 瑞丽地区烟草寄生性线虫与栽培关系研究［J］. 植物检疫，11（1）：8－10.

肖艳松，李晓燕，李圣元，等，2008. 种植密度对旱地烤烟生长发育及产量质量的影响［J］. 安徽农业科学，36（9）：3723－3724.

谢敬明，尹文有，2006. 浅析红河州中低海拔日照时数对烟叶品质的影响［J］. 贵州气象（1）：34－36.

谢永辉，张宏瑞，刘佳，等，2013. 传毒蓟马种类研究进展（缨翅目，蓟马科）［J］. 应用昆虫学报，50（6）：1726－1736.

谢永辉，张留臣，王志江，等，2019. 烤烟不同生长期蓟马种类和发生规律分析［J］. 烟草科技（11）：23－29.

谢志坚，涂书新，张嵚，等，2014. 影响烤烟烟碱合成与代谢的因素及其机理分析［J］. 核农学报，28（4）：714－719.

徐玲，陈晶波，刘国庆，等，2008. 烤烟成熟度的研究进展［J］. 安徽农业科学，36（20）：8630－8632.

徐树德，赵忠华，尚志强，2010. 种植密度对烤烟生长和产量质量的影响［J］. 内蒙古农业科技（4）：46－47.

徐晓燕，孙五三，2003. 烟草多酚类化合物的合成与烟叶品质的关系［J］. 中国烟草科学，24（1）：3－5.

徐晓燕，孙五三，李章海，2001. 烟碱的生物合成及控制烟碱形成的相关因素［J］. 安徽农业科学（5）：663－664，666.

徐兴阳，欧阳进，张俊文，2008. 烤烟品种数量性状与烟叶产量和产值灰色关联度分析［J］. 中国烟草科学，29（2）：23－26.

徐秀红，孙福山，王永，等，2008. 我国密集烤房研究应用现状及发展方向探讨［J］. 中国烟草科学，295（4）：54－56，61.

徐照丽，杨宇虹，2008. 不同前作对烤烟氮肥效应的影响术［J］. 生态学杂志，27（11）：1926－1931.

许石剑，肖炳光，李永平，2009. 烟草抗TMV育种研究进展［J］. 中国农学通报，25（16）：91－94.

薛超群，段卫东，王建安，2017. 烟草病虫害绿色防控［M］. 郑州：河南科学技术出版社.
薛焕荣，谭青涛，蒋本利，等，1999. 解决烟叶挂灰的几项技术措施［J］. 中国烟草科学（1）：49－50.
国家烟草专卖局，2006. 烟草及烟草制品多酚类化合物绿原酸、莨菪亭和芸香苷的测定［S］. 北京：中国标准出版社.
闫克玉，李兴波，谢华，等，1994. 河南烤烟（40级）各等级烟叶阴燃时间测定报告［J］. 烟草科技（2）：12－14.
闫克玉，李兴波，闫洪洋，等，1998. 烤烟（40级）烟叶焦油量与燃烧性的相关性研究［J］. 郑州轻工业学院学报，13（1）：5－10.
闫克玉，李兴波，闫洪洋，等，1999. 烤烟国家标准（40级）河南烟叶叶片厚度、叶质重及叶片密度研究［J］. 郑州轻工业学院学报，14（2）：45－50.
闫克玉，李兴波，张勇，等，1995. 河南烤烟（40级）自由燃烧速度研究［J］. 郑州轻工业学院学报，10（3）：73－78.
闫克玉，刘江豫，李兴波，等，1993. 烤烟国家标准（40级）烟叶平衡含水率测定报告［J］. 烟草科技（2）：16－19.
闫克玉，赵铭钦，2008. 烟草原料学［M］. 北京：科学出版社.
闫玉秋，方智勇，王志宇，等，1996. 试论烟草中烟碱含量及其调节因素［J］. 烟草科技（6）：32－34.
阎世江，张京社，刘洁，2020. 草地贪夜蛾的生物防治研究进展［J］. 天津农林科技（1）：4－5，8.
颜成生，2006. 衡南植烟土壤肥力及其与烟叶质量的关系［D］. 长沙：湖南农业大学.
杨波，卢幼祥，杨继福，等，2014. 打叶复烤主要工序对烟叶品质的影响［J］. 湖南文理学院学报（自然科学版）（3）：90－94.
杨红旗，2006. 中国烤烟主要香气前体物的研究［D］. 长沙：湖南农业大学.
杨虹琦，周冀衡，李永平，等，2008. 云南不同产区主栽烤烟品种烟叶物理特性的分析［J］. 中国烟草学报，14（6）：30－36.
杨军章，钱文友，黄铧，等，2012. 施氮量对烤烟云烟97和云烟99生长及产量的影响［J］. 浙江农业科学，1（11）：1492－1494.
杨立均，宫长荣，马京民，2002. 烘烤过程中烟叶色素的降解及与化学成分的相关分析［J］. 中国烟草科学（2）：5－7.
杨隆飞，占朝琳，郑聪，等，2011. 施氮量与种植密度互作对烤烟生长发育的影响［J］. 江西农业学报，23（6）：46－48.
杨式华，王保兴，徐济仓，等，2007. 烟草中叶黄素和β-胡萝卜素的HPLC快速测定［J］. 分析试验室（S1）：235－237.
杨式华，王保兴，许国旺，等，2008. 烟草中挥发性和非挥发性有机酸的快速测定［J］.

分析科学学报 (2)：167 - 172.

杨树申，宫长荣，乔万成，等，1995. 三段式烘烤工艺的引进及在我国推广实施中的几个问题 [J]. 烟草科技 (3)：35 - 37.

杨树勋，2003. 准确判断烟叶采收成熟度初探 [J]. 中国烟草科学 (4)：34 - 36.

杨铁钊，杨志晓，林娟，等，2009. 不同烤烟基因型根际钾营养和根系特性研究 [J]. 土壤学报，46 (4)：646 - 651.

杨夏孟，2012. 有机肥料配合施用对土壤养分、烤烟生长及品质的影响 [D]. 郑州：河南农业大学.

杨兴有，崔树毅，刘国顺，等，2008. 弱光环境对烟草生长、生理特性和品质的影响 [J]. 中国生态农业学报，13 (3)：635 - 639.

杨兴有，刘国顺，2007. 成熟期光强对烤烟理化特性和致香成分含量的影响 [J]. 生态学报，27 (8)：3450 - 3456.

杨宇虹，冯柱安，晋艳，等，2004. 烟株生长发育及烟叶品质与土壤 pH 的关系 [J]. 中国农业科学，37 (增刊)：87 - 91.

杨园园，穆文静，王维超，等，2013. 调整烤烟移栽期对各生育阶段气候状况的影响 [J]. 江西农业学报，25 (9)：47 - 52.

杨志清，1998. 云南省烤烟种植生态适宜性气候因素分析 [J]. 烟草科技 (6)：40 - 42.

姚光明，乔学义，申玉军，等，2011. 真空回潮工序对烤烟烟叶感官质量的影响 [J]. 烟草科技 (3)：2 - 8.

叶为民，李旭华，卢叶，等，2013. 不同成熟度烤烟的植物学性状和组织结构研究 [J]. 西南农业学报，26 (4)：1352 - 1355.

叶旭刚，王小国，2008. 贵阳烤烟区茬口套种豌豆栽培技术 [J]. 农技服务 (9)：39 - 40.

易迪，彭海峰，屠乃美，2008. 施氮量及留叶数与烤烟产量质量关系研究进展 [J]. 作物研究，22 (5)：476 - 479.

易建华，蒲文宣，张新要，等，2006. 不同烤烟品种区域性试验研究 [J]. 中国农村小康科技 (6)：21 - 24.

易念游，1993. 优质烤烟生产技术 [M]. 成都：四川大学技术出版社.

阴耕云，徐世涛，侯读成，等，2010. 以化学指标衡量打叶复烤片烟均质性的初步研究 [C]. 中国烟草学会工业专业委员会烟草工艺学术研讨会论文集：201 - 205.

于建军，董高峰，毕庆文，等，2009. 四川大理烟区生态因素与烟叶质量特点分析 [J]. 四川农业大学学报，27 (1)：83 - 88.

于永靖，周树云，2012. 烤烟烟叶结构优化配套栽培技术研究 [J]. 现代农业科技 (6)：50 - 52.

余志虹，陈建军，林锐锋，等，2012. 不同打顶方式对烤烟农艺性状及上部叶可用性的影响 [J]. 华南农业大学学报，33 (4)：429 - 433.

袁晓霞，李舒雯，王生才，等，2013. 不同采收方式和成熟度对烤烟上部叶质量和经济效益的影响［J］. 江西农业学报，25（12）：53－56.

云菲，刘国顺，史宏志，2010. 光氮互作对烟草气体交换和部分碳氮代谢酶活性及品质的影响［J］. 作物学报，36（3）：508－516.

曾洪玉，张国治，苏以荣，等，2005. 烟草钾素营养与提高烤烟烟叶含钾量的研究现状与展望［J］. 云南农业大学学报（2）：219－224.

曾祥难，2013. 不同成熟采收对烤烟香气物质及前体物的影响［J］. 天津农业科学，19（12）：59－62.

詹军，宫长荣，李伟，等，2011. 密集烘烤干筋期干球和湿球温度对烟叶香气质量的影响［J］. 湖南农业大学学报（自然科学版），37（5）：484－489.

詹军，李伟，王涛，等，2011. 密集烘烤定色期升温速度对上部烟叶吸食品质的影响［J］. 江西农业大学学报，33（5）：866－872.

詹军，张晓龙，周芳芳，等，2013. 密集烤房与普通烤房烤后烟叶香气质量的对比分析［J］. 河南农业科学，42（7）：36－42，56.

詹军，周芳芳，邓国宾，等，2013. 基于化学成分和致香物质的烤烟上部叶香型判别分析［J］. 湖南农业大学学报（自然科学版），39（3）：232－241.

詹军，周芳芳，贺帆，等，2012. 密集烘烤定色期升温速度对烤烟类胡萝卜素降解和颜色的影响［J］. 福建农林大学学报（自然科学版），41（2）：122－127.

詹军，周芳芳，张晓龙，等，2013. 密集烘烤过程中添加香料植物对烤烟上部叶香气质量的影响［J］. 河南农业大学学报，47（6）：639－647.

张北赢，陈天林，王兵，2010. 长期施用化肥对土壤质量的影响［J］. 中国农学通报，26（11）：182－187.

张波，王树声，史万华，等，2010. 凉山烟区气象因子与烤烟烟叶化学成分含量的关系［J］. 中国烟草科学，31（3）：13－17.

张崇范，1987. 烤烟烘烤技术改革初探［J］. 中国烟草（2）：36－39.

张国，朱列书，陈新联，等，2007. 湖南烤烟部分化学成分与气象因素关系的研究［J］. 安徽农业科学（3）：748－750.

张海宏，2000. 烟叶的成熟与采收［J］. 山西农业（7）：35.

张汉球，2010. 麦烟套种综合利用研究［J］. 安徽农业科学，38（30）：16840－16841.

张家智，2005. 云烟优质适产的气候条件分析［J］. 中国农业气象，21（2）：17－21.

张静，王超，刘浩，等，2017. 云烟品牌省内原料基地烟叶钾含量区划及增钾技术研究［J］. 西南农业学报，30（增刊）：122－125.

张黎明，周童，张胜，等，2014. 不同时期清除脚叶对烤烟产质量的影响［J］. 安徽农业科学，42（19）：6174－6176.

张礼生，陈红印，李保平，2014. 天敌昆虫扩繁与应用［M］. 北京：中国农业科学技术出版社.

张丽英，2012. 采收成熟度对红花大金元烟叶烘烤品质的影响 [D]. 郑州：河南农业大学.
张鹏，2002. 中国烟叶生产实用技术指南 [M]. 北京：中国烟叶生产购销公司出版.
张润琼，刘艳雯，万汉芸，2003. 影响六盘水优质烤烟生产的气候资源分析 [J]. 贵州气象 (4)：15-17.
张桃林，李忠佩，王兴祥，2006. 高度集约农业利用导致的土壤退化及其生态效应 [J]. 土壤学报，43 (5)：843-850.
张文锦，梁月容，张应根，等，2006. 遮荫对夏暑乌龙茶主要内含化学成分及品质的影响 [J]. 福建农业学报 (4)：360-365.
张文军，刘华，谢扬军，等，2012. 有机肥对烤烟生长及内在质量的影响 [J]. 现代农业科技 (3)：76-77.
张西仲，徐晓燕，韩忠明，等，2008. 烤烟片烟醇化过程中化学成分及相关酶活性的分析 [J]. 贵州农业科学，36 (6)：24-26.
张喜峰，2013. 移栽期对陕南烤烟生长、产量和品质的影响及其生物学机制 [D]. 杨凌：西北农林科技大学.
张翔，毛家伟，黄元炯，等，2012. 不同施肥处理烤烟氮磷钾吸收分配规律研究 [J]. 中国烟草学报，18 (1)：53-56.
张晓龙，普郑才，陈芳锐，等，2010. 有机无机肥配施对红花大金元烤烟产质量的影响 [J]. 现代农业科技 (7)：56-58.
张晓远，毕庆文，汪健，等，2009. 变黄期温湿度及持续时间对上部烟叶呼吸速率和化学成分的影响 [J]. 烟草科技 (6)：56-59.
张新要，袁仕豪，易建华，等，2006. 有机肥对土壤和烤烟生长及品质影响研究进展 [J]. 耕作与栽培 (5)：20-21，46.
张燕，李天飞，宗会，等，2003. 不同产地香料烟内在化学成分及致香物质分析 [J]. 中国烟草科学 (4)：12-16.
张颖，崔星江，武珂峰，等，2012. 内蒙古赤峰烟区植烟土壤养分分类及施肥对策 [J]. 中国烟草学报，33 (6)：23-38.
张永安，王瑞强，杨述元，等，2006. 生态因子与烤烟中性挥发性香气物质的关系研究 [J]. 安徽农业科学，34 (18)：4652-4654.
张真美，赵铭钦，王一丁，等，2016. 不同变黄条件对烤烟上部叶中性致香成分和感官质量的影响 [J]. 山东农业科学，48 (12)：57-63.
张振平，2004. 中国优质烤烟生态地质背景区划研究 [D]. 杨凌：西北农林科技大学.
张仲凯，方琦，丁铭，等，1999. 烟草主要病毒病的细胞病理研究 [J]. 云南大学学报 (自然科学版) (S1)：12-15.
章新军，黎妍妍，许自成，等，2007. 河南烤烟外观与内在质量的综合评价 [J]. 安徽农业科学，35 (7)：1953-1954，1959.

招启柏，汤一卒，王广志，2005. 烤烟烟碱合成及农艺调节效应研究进展 [J]. 中国烟草科学 (4)：19-22.

招启柏，王广志，王宏武，等，2006. 烤烟烟碱含量与其他化学成分的相关关系及其阈值的研究 [J]. 中国烟草学报 (2)：26-28.

赵会纳，蔡凯，雷波，等，2015. 烤烟中性致香物质在烘烤前后的差异分析 [J]. 中国烟草科学 (2)：8-13.

赵铭钦，邱立友，张维群，等，2000. 醇化期间烤烟叶片中生物活性变化的研究 [J]. 华中农业大学学报，19 (6)：537-542.

赵铭钦，苏长涛，姬小明，等，2008. 不同成熟度对烤后烟叶物理性状、化学成分和中性香气成分的影响 [J]. 华北农学报，23 (3)：146-150.

赵铭钦，于建军，程玉渊，等，2013. 烤烟营养成熟度与香气质量的关系 [J]. 中国农业大学学报，19 (12)：59-62.

赵平，曾小平，孙谷畴，2004. 陆生植物对 UV-B 辐射增量响应研究进展 [J]. 应用与环境生物学报，10 (1)：122-127.

赵瑞蕊，2012. 曲靖烟区生态因素对烤烟成熟度的影响及成熟度与品质的关系 [D]. 郑州：河南农业大学.

赵松义，肖汉乾，2005. 湖南植烟土壤肥力与平衡施肥 [M]. 长沙：湖南科学技术出版社.

赵文军，薛开政，杨继周，等，2015. 玉溪烟区 K326 上部烟叶烘烤工艺优化研究 [J]. 湖南农业科学 (7)：67-69，73.

赵旭，朱凯辉，张柱亭，等，2020. 夜蛾黑卵蜂对草地贪夜蛾田间防效的初步评价 [J]. 植物保护，46 (1)：74-77.

赵应虎，王涛，何艳辉，等，2013. 烘烤过程中烤烟外观与内在质量变化研究进展 [J]. 作物研究，27 (6)：700-704.

中国农业科学院烟草研究所，2005. 中国烟草栽培学 [M]. 上海：上海科学技术出版社.

钟鸣，曾文龙，张宏斌，等，2012. 不同留叶数对优化烤烟等级结构的影响 [J]. 现代农业科技 (11)：9-10.

钟晓兰，张德远，李江涛，等，2008. 施钾对烤烟钾素吸收利用效率及其对产量和品质的影响 [J]. 土壤，40 (2)：216-221.

周初跃，沈嘉，祖朝龙，等，2012. 打顶措施对烤烟中上部烟叶质量及等级结构的影响 [J]. 安徽农学通报，18 (2)：42-44，78.

周冀衡，王勇，邵岩，等，2005. 产烟国部分烟区烤烟质体色素及主要挥发性香气物质含量的比较 [J]. 湖南农业大学学报 (自然科学版)，31 (2)：128-132.

周冀衡，杨虹琦，林桂华，等，2004. 不同烤烟产区烟叶中主要挥发性香气物质的研究 [J]. 湖南农业大学学报 (自然科学版)，30 (1)：20-23.

周冀衡，朱小平，王彦亭，等，1996. 烟草生理与生物化学 [M]. 合肥：中国科学技术大学出版社.
周建军，2007. 海拔高度对烟叶产量和质量的影响研究 [D]. 长沙：湖南农业大学.
周昆，周清明，胡晓兰，等，2008. 烤烟香气物质研究进展 [J]. 中国烟草科学，29 (2)：58-61.
周瑞增，1999. 中国烟草 50 年 [M]. 北京：中国农业科学出版社.
周兴华，1993. 烟稻轮作与烟草土传病害发生关系的初步探讨 [J]. 中国烟草 (2)：39-40.
周亚哲，杨梦慧，王芳，等，2016. 嘉禾烟区云烟 99 适宜施氮量与种植密度初探 [J]. 作物研究，30 (6)：714-718.
朱海滨，王柱石，杨义，等，2017. 添加香料植物材料和添加量对烘烤过程烤烟致香成分和感官质量的影响 [J]. 河南农业大学学报，51 (6)：747-754.
朱尊权，1993. 当前我国优质烤烟生产中存在的问题：1993 年 1 月 5 日在全国烟叶生产收购会议上的讲话 [J]. 烟草科技 (2)：2-7.
朱尊权，2000. 烟叶的可用性与卷烟的安全性 [J]. 烟草科技 (8)：3-6.
訾莹莹，2011. 烤烟密集烘烤关键参数研究 [D]. 北京：中国农业科学院.
邹诗恩，田仁进，2012. 打顶时期与留叶数对兴烟一号农艺性状及产质量的影响 [J]. 安徽农业科学 (40)：13297-13299.
祖世亨，1984. 烟烤质量的光温水指标及黑龙江省优质烤烟适宜栽培区的初步划分 [J]. 烟草科技 (1)：32-38.
左丽君，张增样，董婷婷，等，2009. 耕地复种指数研究的国内外进展 [J]. 自然资源学报，24 (3)：553-560.
左敏，周冀衡，何伟，等，2010. 不同品种烤烟对 UV-B 辐射的生理响应能力 [J]. 湖南农业大学学报 (自然科学版)，36 (6)：644-648.
左天觉，1993. 烟草的生产、生理和生物化学 [M]. 上海：上海远东出版社.
AKEHURSTBC，1981. Tobacco [M]. New York：Humanities Press.
AKTER M S，SIDDIQUE S S，MOMOTAZ R M，et al.，2019. Biological control of insect pests of agricultural crops through habitat management was discussed [J]. Journal of Agricultural Chemistry and Environment，8 (1)：1-13.
ALAMADE D，ANTEN P R，VILLAR R，2012. Soil compaction effects on growth and root traits of tobacco depend on light，water regime and mechanical stress [J]. Soil& Tillage Research，120：121-129.
BIGLOUEI M H，ASSIMIM H，AKBARZADEH A，2010. Effect of water stress at different growth stages on quantity and quality traits of Virginia (flue-cured) tobacco type [J]. Plant，Soil and Environment，56 (2)：67-75.
CAVE R D，2000. Biology，ecology and use in pest management of Telenomus remus [J]. Biocontrol News and Information，21 (1)：21-26.

CHAPPELL T M, BEAUDOIN A L P, KENNEDY G G, 2013. Interacting virus abundance and transmission intensity underlie tomato spotted wilt virus incidence: an example weather-based model for cultivated tobacco [J]. PLoS ONE, 8 (8): e73321.

CHENNIAPPAN C, NARAYANASAMY M, DANIEL G M, et al., 2019. Biocontrol efficiency of native plant growth promoting rhizobacteria against rhizome rot disease of turmeric [J]. Biological Control, 129: 55 - 64.

COOKE M, 2010. The chemical components of tabacco and tobacco smoke [J]. Chromatographia, 71 (9/10): 977.

FROHNMERER H, STAIGER D, 2003. Ultraviolet-B radiation-mediated responses in plants: Balancing damage and protection [J]. Plant Physiology, 133 (4): 1420 - 1428.

HANG W J, 2009. The effect of ultraviolet radiation on the accumulation of medicinal compounds in plants [J]. Fitoterapia, 80 (4): 207 - 218.

HUYSKENS K S, EICHHOLZ I K L, et al., 2012. UV-B induced changes of phenol composition and antioxidant activity in black currant fruit (*Robes nigrum* L.) [J]. Journal of Applied Botany and Food Quality, 81 (2): 140 - 144.

JIAO Y, LAU O, DENG X W, 2007. Light-regulated transcriptional networksinhigher plants [J]. Nature Reviews Genetics, 8 (3): 217 - 230.

SUN J G, HE J W, WU F G, 2011. Comparative analysis on chemical components and sensory quality of aging flue-cured tobacco from four main tobacco areas of China [J]. Agricultural Sciences in China, 10 (8): 1222 - 1231.

KAI C C, ZHANG M X, WEN J P, 2013. Identification and quantitation of glycosidically bound aroma compounds in three tobacco types by gas chromatography-mass spectrometry [J]. Journal of Chromatography A (8): 149 - 156.

KUMAR J, GUPTA P K, 2008. Molecular approaches for improvement of medicinal and aromatic plants [J]. Plant Biotechnology Reports, 2: 93 - 112.

LIAO Y L, YANG B, XU M F, et al., 2019. First report of Telenomus remus parasitizing *Spodoptera frugiperda* and its field parasitism in southern China [J]. Journal of Hymenoptera Research, 73 (73): 95 - 102.

LIU Y, SCHIFF M, CZYMMEK K, et al., 2005. Autophagy regulates programmed cell death during the plant innate immune response [J]. Cell, 121 (4): 567 - 577.

PATEL S H, PATEL N R, PATEL J A, et al., 1989. Planting time, spacing, topping and nitrogen requirement of bidi tobacco varieties [J]. Tobacco Research, 15 (1): 42 - 45.

PETERS D, KITAJIMA E, HAAN P, et al., 1991. An overview of tomato spotted wilt virus [J]. ARS-US Department of Agriculture, Agricultural Research Service (USA), 87: 1 - 14.

POMARI-FERNANDES A, BUENO A dE F, BORTOLI S A dE, et al., 2018. Dispersal capacity of the egg parasitoid Telenomus remus Nixon (Hymenoptera: Platygastridae) in maize and soybean crops [J]. Biological Control, 126 (1): 158-168.

RICKSON F L, HOLZBERG S, CALDERONURREA A, et al., 1999. The helicase domain of the TMV replicase proteins induces the N-mediated defence response in tobacco [J]. Plant Journal, 18 (1): 67-75.

LAI R Q, YOU M S, ZHU C Z, 2017. *Myzus persicae* and aphid-transmitted viral disease control via variety intercropping in flue-cured tobacco [J]. Crop Protection, 100 (8): 157-162.

ROWLANG R L, 1957. Flue-cured tobacco neophytadiene [J]. Journal of The American Chemical Society, 79: 5007-5010.

RYU M H, LEE U C, JUNG H J, 1988. Growth and chemical proper ties of oriental tobacco as affected by transplanting time [J]. Journal of The Korean Society of Tobacco Science, 10 (2): 109-116.

SCHREINER M, MEWIS I, HUYSKENS-KEIL S, et al., 2012. UV-B-induced secondary plant metabolites-potential benefits for plant and human health [J]. Critical Reviews in Plant Sciences, 31 (3): 229-240.

SEVERSON R F, 1984. Quantitation of the major components from green leaf of different tobacco types [J]. J Agric Food Chem, 32: 566-570.

SRINIVASAN R, SUNDARAJ S, PAPPU H R, et al., 2012. Transmission of Iris yellow spot virus by Frankliniella fusca and Thrips tabaci (Thysanoptera: Thripidae) [J]. Journal of Economic Entomology, 105 (1): 40-47.

ZUCKER M, AHRENS J F, 1958. Quantitative assay of chlorogenic acid and its pattern of distribution with in tobacco leaves [J]. Plant Physiology, 33 (4): 246.